海洋磁力测量

主 编 边 刚
主 审 李 红

国防工业出版社
·北京·

内容简介

海洋磁力测量是海洋工程测量和军事海道测量的重要内容之一,其目的是获取海域地磁场参数及其分布特征,它与海洋水深测量和海洋重力测量共同组成了当前海道测量的三大研究和发展热点。地磁场是随时间和空间变化的物理场,海洋磁力测量的任务就是通过各种手段获取海洋区域地磁场的分布和变化特征信息,为进一步研究、解释和应用海洋磁力提供基础信息。

本书以“地磁场基本知识—海洋磁力仪器—测量设计与实施—测量数据处理—测量成果应用”为主线的内容体系,涵盖了从理论到实践再到应用的整个过程,跟踪学科前沿发展,并引入了近年来海洋磁力测量领域最新的科研和学术成果。本书内容丰富新颖,理论联系实际,是培养高技术条件下海洋测绘人才的权威性教科书。

本书可作为海道测量专业本科生的教材,也可作为从事测绘、导航、海洋资源勘探、地学研究、海洋工程和海上军事应用领域科技工作人员的参考书。

图书在版编目(CIP)数据

海洋磁力测量 / 边刚主编. --北京: 国防工业出版社, 2024. 5. -- ISBN 978-7-118-13370-7

Ⅰ. P714

中国国家版本馆 CIP 数据核字第 2024GG1359 号

※

国防工业出版社出版发行

(北京市海淀区紫竹院南路 23 号　邮政编码 100048)

三河市天利华印刷装订有限公司印刷

新华书店经售

*

开本 710×1000　1/16　**彩插** 3　**印张** 18 ¼　**字数** 316 千字

2024 年 5 月第 1 版第 1 次印刷　**印数** 1-1000 册　**定价** 118.00 元

(本书如有印装错误,我社负责调换)

国防书店:(010)88540777　　书店传真:(010)88540776

发行业务:(010)88540717　　发行传真:(010)88540762

编委会名单

主　编　边　刚

副主编　金绍华

主　审　李　红

编　委　王美娜　孙　超　温凤丹

前　言

根据海军大连舰艇学院年度教材编写计划,依据测绘技术与保障(测绘工程)专业人才培养方案和《海洋磁力测量》课程教学计划,编写了本教材。本教材是海道测量专业人才培养的基本教材,也可作为海道测量专业培训和其他高等学校海洋测绘专业的教学用书。

教材紧贴新的人才培养方案及教学大纲,并按照国际海道测量师资格教育标准相结合的原则进行内容设置,以"地磁场基本知识—海洋磁力仪器—测量设计与实施—测量数据处理—测量成果应用"作为主线的内容体系。教材内容设计基于由理论到实践、由一般到具体的指导思想,跟踪学科前沿发展,引入近年来海洋磁力测量领域的最新科研和学术成果,充分反映了该领域国内外的最新研究水平,是培养高技术条件下海洋测绘人才的权威性教科书。

教材共7章。第一章绪论,介绍了海洋磁力测量的任务与作用、主要技术方法以及历史与发展趋势;第二章海洋磁力测量基础理论,从稳定磁场的基本定律出发,介绍了地磁要素及其分布特征、地磁场组成及主磁场成因、地磁场的解析表示、地球变化磁场以及海洋区域磁异常;第三章海洋磁力测量仪器,主要包括海洋磁力仪的分类及主要技术性能指标、海洋磁力仪工作原理以及海洋磁力仪的组成;第四章海洋磁力测量技术设计与实施,从海洋磁力测量模式出发,介绍了海洋磁力测量海区技术设计的几个关键内容以及海洋磁力测量的海上实施;第五章海洋磁力测量数据处理,主要介绍了海洋磁力测量磁测数据的表示方法、数据处理的内容、数据的成果形式以及成果质量评估;第六章磁异常的处理与解释,主要介绍了磁异常的正演和反演的知识;第七章海洋磁力测量的应用,介绍了海洋磁力测量在各个方面的应用。

本教材由军事海洋与测绘系海道测量教研室边刚讲师主编,主要负责编写第一章、第四章、第五章内容;第二章由金绍华副教授编写;第三章由王美娜讲师编写;第六章由孙超讲师编写;第七章由温凤丹助教编写。崔杨讲师、冯金涛讲师、陈娜讲师、刘国庆讲师等参与了编辑、绘图等工作。张立华教授、殷晓冬教授、赵俊生副教授、尤宝平副教授、肖付民副教授、徐卫明副教授对教材编写提出了宝贵意见，海军研究院海洋环境研究所任来平高工、黄辰虎高工、吴太旗高工，以及来自一线测绘部队的张启国高工、孙雪洁高工、吕良高工、周青高工等提供了有关海洋磁力测量的宝贵资料，在此一并致谢！

本教材由海军大连舰艇学院基础部物理教研室李红副教授主审，李树军教授、李天伟教授参加了审阅，在此表示衷心感谢。

由于编者水平有限，书中难免有疏漏和不妥之处，敬请读者批评指正。

编　者
2023 年 5 月

目　录

第一章　绪　论

地磁场是人类赖以生存的自然界的一个重要属性，像一道天然的屏障保护着地球上的生命，使其免受高温、高速太阳风的威胁和宇宙高能离子的轰击。地磁场伴随着地球的形成和演变过程，影响着生灵万物的存在方式。在漫长的历史进程中，到处留下地磁场影响的痕迹和地磁场注入的“基因”。在地球表面广泛开展磁力测量，是人类认识地磁场的主要技术手段。陆地磁力测量起步较早，目前也比较成熟；而占整个地球表面面积的70%以上的海洋磁力测量，由于测量环境和测量设备的复杂性，则起步较晚。随着人类活动空间向海洋拓宽，作为全球磁力测量的重要组成部分的海洋磁力测量的意义和作用变得越来越重要，其地位也日益突出。

第一节　海洋磁力测量的任务和作用

一、海洋磁力测量的任务

海洋磁力测量是海洋工程测量和军事海道测量的重要内容之一，其目的是获取海域地磁场参数及其分布特征，它与海洋水深测量和海洋重力测量共同组成了当前海道测量的三大研究和发展热点。通过海洋水深测量，可以掌握地球表面海洋底部的几何面貌；通过海洋重力测量，可以了解海洋区域地球内部的物质分布特征和地球空间重力场的特性。地磁场是随时间和空间变化的物理场，海洋磁力测量的任务就是通过各种手段获取海洋区域地磁场的分布和变化特征信息，为进一步研究、解释和应用海洋磁力提供基础信息。海洋磁力测量学作为一门应用科学分支，研究海洋区域地磁场特征获取的手段与方法，并对海洋地磁场的特征与规律进行初步描述和解释的科学。

二、海洋磁力测量的作用

海洋磁力测量是服务于航运业、海上军事活动、海洋资源探测、海洋工程和地学研究的一项实用性测量工作，为研究地球演变、海底地质构造和地球空间信息提供必要的空间信息。其作用和应用主要体现在以下方面。

(一)导航方面

世界上80%以上的国际贸易是通过海上进行的。海上贸易是一个国家经济的基础要素。早在公元前6世纪,人类就发现磁现象,并开始应用磁现象服务于各种生产生活实践;中国船队早在公元前101年,就借助天然磁石的指北性到达了印度的东海岸。作为中国四大发明的“指南针”传入欧洲后,开辟了以磁罗经为主要导航工具的现代航海,直至今日磁罗经仍然是航海的主要工具,尤其是在战时,GPS定位系统将受到极大的限制,将给舰船和潜艇的导航带来很大的不便。然而磁偏角导航具有廉价、抗干扰、稳定性好的特点,历来是海军舰艇、潜艇及水中兵器导航的主要手段。同时,磁罗经也是空中飞行器的主要辅助导航工具。

(二)海洋资源调查方面

海底强磁性铁矿床、弱磁性铁矿床、海底油气、非金属矿床以及铜、镍、铬、金刚石等各种矿石的分布、性质和基本储量与海洋区域的地磁场存在密切联系。海洋磁力测量就是通过获取海洋区域的海洋磁场信息,利用有效的手段和方法,科学解释海洋资源与海洋区域地磁特征的关系,对海洋资源的性质、构造、分布和储量进行科学评估,为海洋资源开发和利用提供基础信息。

(三)地学研究方面

海洋磁力测量获取的信息是研究海洋构造、海底板块漂移及地震研究的重要地学参数之一,可以协助我们认识和了解地球成因和演变过程,掌握火山的活动规律,进行地震预报等。近百年来,随着新技术不断地引入,海洋磁力测量技术取得重大进展,世界各国陆续研制并投入使用了高精度、高采样率的海洋磁力仪,海洋磁力测量为地学研究提供了更为详细的海洋地磁场信息。

(四)军事方面

海洋磁场测量信息不但是保证海上舰船航行的重要保证,而且是水下运动载体导航、反潜技术、反探测、水雷布设和水下预警的基础。随着高精度、高采样率的海洋磁力仪的采用,海洋磁力测量信息在军事上的应用更为广泛。高精度的地磁场信息已成为探测水下潜艇、磁性障碍物、水下未爆炸军火、沉船等的重要信息源,有时海洋磁力仪是发现这些水下目标的唯一有效工具。在海战场环境建设方面,高精度的海洋地磁场信息是海战场环境建设的重要参数,对海洋磁场了解得越详细、越彻底,对海上战场态势就越易把握。相反,就容易暴露自己,遭受攻击。

(五)海洋工程方面

随着人类海洋开发的加快,海岸建筑物建设、海上平台建设、海底管线的布设与探测等,急需必要的海洋区域地磁场信息,以保证海上工程的实施和维护。特别是在掩埋管线探测以及小型或掩埋磁性物体的精细探测方面,海洋船载磁力测量是其他多波束和测扫声纳所不能比拟的,有时甚至是唯一的手段。

总之,海洋磁力测量在军事、航运业、海洋资源探测以及地学研究上均有重大意义。

第二节 海洋磁力测量的主要技术方法

海洋磁力测量是在陆地磁力测量的基础上发展起来的,因此陆地磁力测量的许多手段和方法可以在海洋磁力测量中得到应用。随着空间技术的发展,人们除了通过常规的海底和海面船载磁力测量手段获得海洋磁力场信息,航空和卫星探测技术是目前解决全球高覆盖率和高分辨率磁力测量最为有效的途径。上述测量手段各有特点,其应用范围也略有差异,但可以肯定的是,海面(船载)磁力测量、航空磁力和卫星磁力测量仍是当今测定海洋磁力场的主要技术手段。

一、海面(船载)海洋磁力测量

海面(船载)海洋磁力测量是将磁力仪传感器拖曳于船尾一定距离,采用走航式线状或网状测量来对测区的地磁场分布情况进行探测。海面(船载)海洋磁力测量所使用的仪器结构简单,观测方便,工作效率高,一般与水深测量同时进行,还可结合海道测量、海洋重力测量、海洋地震勘探、海洋水文气象调查等进行。目前,我国的重点区域海洋磁力测量主要采用海面(船载)海洋磁力测量,其主要特点是:①在运动的测船上采用拖曳海洋磁力仪的方式进行海洋磁场观测;②测船本身的固有磁场也在随船的空间位置的变化而改变。

二、航空磁力测量

航空磁力测量是将航空磁力仪及其配到的辅助设备装载在飞行器上,在测量地区上空按照预先设定的测线和高度对地磁场总强度(Total Magnetic Intensity,TMI)或梯度进行测量的地球物理方法,又称航空磁测或航空磁力勘探,简称航磁或航磁测量,航磁测量是航空物探方法中使用时间最早(第二次世界大战)、最成熟和最多的磁测方法。

航空磁力测量的特点是:①测量效率较船载磁力测量高,能快速提供大尺度的较低精度的海洋区域磁场信息;②不受水域、森林、沼泽、沙漠和高山的限制;③距地表一定高度,减弱了地表磁性不均匀体的影响;④清楚反映深部地质体的磁场特征。因此,航磁测量广泛应用于寻找磁性或与磁性有关的矿体、了解地质构造、进行磁性填图、解决城市和工程稳定性及考古。

三、卫星磁力测量

卫星磁力测量是基于高精度的星载磁力测量技术、精密定轨和定姿技术,获得沿卫星轨道的空间地磁场信息,并利用空间电场的电粒子测量数据,经过误差标定、数据处理等技术手段计算分离出电离层、磁层等外源场的影响,最终反演得到高精度的全球主磁场和地壳磁场模型。

卫星磁力测量的特点是:①可以在相对较短的时间内获取全球磁场数据;②实时监测地球变化磁场;③区域小的地壳磁异常和靠近地面的电磁感应现象可以在卫星高度上很大程度地消弱,为地磁场观测提供了一个较为干净的地球主磁场。

四、海底磁力测量

海底磁力测量是将磁力仪通过锚系系统投放于海底进行观测的一种磁测技术,这种方法主要用于建立海底日变站,对一定范围内的地磁日变化进行监测。海底地磁日变站的关键技术是合理地设计和布设海底地磁日变观测锚系,确保观测仪器以及辅助设备安全回收和成功地采集到高质量的地磁日变观测资料。

第三节　海洋磁力测量的历史与发展趋势

最早的磁现象是由公元前 6 世纪希腊哲学家 Thales 发现并阐述的。1600 年,William Gilbert 首次进行了陆地磁测。17 世纪后期,Edmond Halley 借助天文观测测量磁偏角的方法实施大西洋磁场测量,并于 1702 年出版了世界上第一张全球磁偏角图。1944 年,Basely 第一次进行了航磁测量。

早期的海洋磁力测量主要是磁偏角测量。1880 年,感应式磁力仪研制成功,并用于海洋磁力测量。1905—1929 年,美国卡内基研究所在太平洋、大西洋和印度洋等海域进行了大规模海洋磁测,取得了大量磁偏角、磁倾角和水平强度资料。1931 年,磁通门磁力仪研制成功,大大提高了磁测精度。第二次世界大战中,Victor Vacquier 将磁测方法应用于飞机探潜。1948 年,Lamout 在大西洋上进行船载磁力测量。1952 年和 1955 年,美国 Victor Vacquier 在加利福尼亚南海岸进行了二维海洋磁力测量，发现了断裂区的磁条纹现象，为 Vine-Matthews-Morley 海底扩张学说的形成奠定了坚实的基础。20 世纪中期，美国和苏联均建造了无磁性船，可以将陆地磁测仪安装在船上进行测量，其偏角和倾角测量的精度可达 0.1°，水平强度的磁测精度可达 50nT。1957 年以后，苏联用“曙光”号无磁性船实施了印度洋、太平洋和大西洋的磁测，获得了大量总强度、水平分量、垂直分量和磁偏角资料。1955 年，海洋质子旋进式磁力仪成功应用于海洋磁力测量，随后出现了欧弗豪泽（Overhauser）质子磁力仪，极大地提高了磁测灵敏度和采样率。目前，典型的磁力仪有美国 Geometrics 公司的 G-886 型海洋质子磁力仪、法国 GeoMag SARL 公司的 SMM2III 型 Overhauser 海洋质子磁力仪。自 1962 年光泵磁力仪问世以来，磁力仪各项技术性能指标不断提高，目前先进的光泵磁力仪灵敏度可达 0.001nT，磁测准确度达到±0.01nT，如美国 Geometrics 公司的 G-8XX 系列海洋铯光泵磁力仪。20 世纪 80 年代出现的海洋磁力梯度仪系统极大地削弱了磁力仪载体和地磁日变的影响，如美国 Geometrics 公司的 G880G 型磁力梯度仪。20 世纪 90 年代，为进一步提高海底磁性物体的磁探测能力和准确性，世界各国相继研制并投入使用了的磁力仪阵列产品，大大提高了磁探测的能力，如芬兰地质测量局（Geological Survey of Finland, GSF）和德国 GeoPro 公司的磁力仪阵列，以及加拿大的 SeaQuest 和 SeaSpy 磁力仪阵列。以 GPS 为代表的卫星定位系统的出现和不断完善基本解决了困扰海上测量多年的测船海上定位问题，也为海洋磁力测量提供了重要的技术保证。

鉴于海洋磁场在军事上的重要性，西方各国如美国、英国、加拿大、俄罗斯和澳大利亚等都通过航磁测量完成了本国管辖海域的磁场测量工作，并对部分重要海区通过船载磁测进行了详查，出版了航磁图。美国海军在 1950—1990 年的“磁铁”计划对全球进行了航磁测量，并编制了全球地磁图，航磁图的等值线间隔由标准的 10nT 提高到中等间隔 1nT，继而又提高到 0.1nT。Hood 等在 1965 年首次进行了航磁梯度测量。1958 年，苏联发射了第一颗测量地磁场的卫星（“人造地球卫星”3 号），以后又有美国的“先锋”3 号、苏联的“宇宙”26 号、“宇宙”49 号、“宇宙”321 号等，这些卫星只携带测量总强度的质子旋进磁力仪和光泵磁力仪。极轨地球物理观测站（Polar Orbit Geophysical Observation Station, POGO）卫星第一次提供了适合用来研究全球地磁场的资料。1979 年，美国地质调查局（United States Geological Survey, USGS）和美国国家航空航天局（National Aeronautics and Space Administration, NASA）发射乐 MAGSAT 卫星，并开始矢量卫星磁测。

我国的磁测工作始于 1938 年，20 世纪 50 年代，我国在黄海、东海海域开展了以找矿为目的的大面积的地面和航空磁力测量;20 世纪 60—70 年代,我国自制了地面和航空磁力仪,并逐步改变了从国外引进磁力仪的局面。20 世纪 80 年代开始,由于采用高精度磁力仪和电子计算技术的迅猛发展,我国磁测进入了高精度测量和自动化解释阶段。我国于 20 世纪 70 年代开始由原地质矿产部航空物探地质总队对中国附近海域进行航空磁测,其由北向南从黄海、东海及南海北部依次进行,测量面积达 130 万 km^2。1987 年,编制出版了 1∶200 万比例尺的南海区域地质地球物理系列图集;1989 年,出版了 1∶200 万比例尺的全国海域及其邻区的地质地球物理系列图集,这些图集包括了我国海域及邻海大陆架区的磁异常图。由于测量的主要目的是为地学基础调查和海洋矿产资源开发服务,并受当时技术条件限制,多数航空磁力测量比例尺一般为 1∶50 万~1∶100 万,磁测精度较低。我国海军也从 20 世纪 50 年代曾开始磁偏角测定工作,用于海图标注,其他磁力要素的测量一直没有开展。随着地学研究的深入和海洋开发进程的加快,不同目的的用户不断向海域磁场信息的描述提出新的要求,这些小比例尺磁测资料远远不能满足这些新要求。因此,近年来我国开展了以航空磁测为主,船载测量为辅,对我国海域磁场和部分重要海区磁场进行精密探测。

一、国内外研究现状

任何一个学科的发展,首先都是观测工具的发展,其次才是观测方法和理论研究的发展。海洋磁力测量学也不例外。海洋磁力测量是一个涉及海区技术设计、数据采集、磁测数据处理与成图和科学解释与应用等复杂的过程,其每一项内容都直接关系到磁力测量成果的质量和磁力信息的可靠性。就目前海洋磁力仪的发展水平而言,已经能够满足任何当前不同目的的精度要求,但是由于测量模式、监测设备、数据处理的方法不同,导致即使是相同的仪器设备所获得的海洋磁力测量数据质量也存在较大差异。特别是在海洋磁力测量数据处理和各项技术指标的确定等方面,直接关系到海洋磁力测量成果质量的提高。世界各国对此进行了广泛的研究和分析,在此,将国内外海洋磁场测量的研究进展阐述如下。

(一)海洋磁力仪进展

海洋磁力仪器的发展,从 1931 年世界上出现了第一台磁通门磁力仪到现在广泛使用的光泵磁力仪,海洋磁场探测仪器的测量精度、灵敏度、采样率、稳定性大大提高,并且海洋磁力仪阵列的问世,使得海洋磁场探测能力大大提高。

1. 早期的磁力仪

17 世纪中叶,瑞典的采矿磁针是最早用于磁探矿的仪器,随后出现了机械式磁力仪。例如,1915 年出现的 Askania-Schimidt 刃口式磁秤和在 20 世纪 30 年代末出现的凡斯洛悬丝式磁秤,它们的磁测精度可达 10~20nT。随后,这些仪器很快被感应式磁力仪所代替。

我国于 20 世纪 50 年代,从国外引进地面悬线式和刃口式磁秤以及磁通门航空磁力仪。在此基础上,20 世纪 60 年代,地质部系统开发研制成地面 CS_2-61 型悬丝式和 CR_2-69 型刃口式磁秤,以及 CSS-1 型悬丝式水平磁力仪,为我国广泛开展地面磁测提供了物质基础。

2. 磁通门磁力仪

磁通门磁力仪(Fluxgate Magnetometer)出现于第二次世界大战期间,主要用于飞机反潜,第二次世界大战后广泛应用于海洋磁测、未爆军火探测(Unexploded Ordnance,UXO)、海底管线探测等。

国外较早的磁通门磁力仪有 20 世纪 50 年代苏联研制的 АСГМ-25 型和 АЭМ-49 型航空磁力仪。NASA 于 1979 年发射的 MAGSAT 磁测卫星就载有磁通门式标量磁力仪。国外典型的磁通门磁力仪还有英国巴订顿公司的 MAG 系列和地球扫描探测公司的 FM 系列、芬兰的 JH-13 型和加拿大先达利公司的 FM-2-100 型,灵敏度达到 0.1nT。

我国于 20 世纪 60 年代,由地矿部物探研究所和航空物探队联合研制出磁通门式航空磁力仪(402 型,403 型),其灵敏度为 10nT。之后,我国又研制了 403 型磁通门磁力仪,其灵敏度为 1nT。1975 年,北京地质仪器厂生产了 CCM-2 型地面磁通门磁力仪,而 CTM-302 型三分量高分辨率磁通门磁力仪,其灵敏度可达 0.1nT,应用于南极地磁场观测。

3. 质子磁力仪

质子磁力仪(Proton Magnetometer)于 20 世纪 50 年代中期间世,在航空、海洋及地面等领域均得到了应用,它具有灵敏度、准确度高的特点,可测量地磁场总强度 T 的绝对值、梯度值。

自 20 世纪 60 年代中期以来,法国、苏联、加拿大等国相继研制了欧弗豪泽质子磁力仪,大大提高了磁测灵敏度和采样率,其采样率和分辨率分别达 5Hz 和 0.01nT。国外代表性的质子磁力仪有加拿大先达利公司的 IGS-2/MP-4 型(0.1nT);美国 Geometrics 公司的 G803 型(0.25nT)、G801 型(0.05nT)和 G856 型(0.01nT);加拿大 GEM system 系统公司的 GSM 系列(0.1~1nT);英国利通锚科学公司的 Elsec820 型(0.1nT)及美国 Geometrics 公司研制的 G-886 型海洋质子磁力仪;法国 GeoMag SARL 公司的 SMM2III 型 Overhauser 海洋质子磁力仪等。

我国 20 世纪 60 年代初研制成功的 302 型航空质子旋进磁力仪,其灵敏度为 1nT。北京地质仪器厂在 20 世纪 60 年代以来相继研制出 CHD1～CHD6 型质子旋进磁力仪;1983 年鉴定的 CZM-2 型质子磁力仪和 CHKK-1 型海洋质子磁力仪,其灵敏度为 1nT;20 世纪 80 年代和 90 年代研制的 CZM-2B 型质子磁力仪和 CZCS-90 型分量质子磁力仪,其灵敏度为 0.1nT。

4. 光泵磁力仪

20 世纪 50 年代中期,光泵技术应用于磁力仪研制,它具有灵敏度高、响应频率高,可在快速变化中进行测量的特点,其灵敏度超过 0.01nT。光泵磁力仪(Optical Pump Magnetometer)体积小、重量轻,不足之处是由于玻璃罩易碎、存在内在的航向误差。目前,已成为航空、海洋和地面磁测的主要手段。

国外代表性的光泵磁力仪有加拿大的 V-210 型铯光泵磁力仪(灵敏度达 0.01nT);加拿大 GEM system 公司的 GSM 系列钾光泵磁力仪,其中 GSMP-20GS3 型磁力仪灵敏度分辨率可达 0.0001nT,采样率可达 20 次/s。美国 Geometrics 公司生产的 G-822 型自振式铯光泵磁力仪,其读数精度为 1nT;G-833 型亚稳态氦光泵磁力仪,其探头使用扫描技术,消除了通常导致铯蒸气光泵磁力仪的自振荡,提高了仪器的性能;另外,该公司还研制了 G-8××系列海洋铯光泵磁力仪,如 G868、G877、G881 型、G882 型铯光泵磁力仪和 G880G 型铯光泵海洋磁力梯度仪。

1965 年,长春地质学院研制出第一台光泵磁力仪样机;1976,北京地质仪器厂研制成功 CBG-1 型氦跟踪式光泵磁力仪和 CSZ-1 型铯自激式光泵磁力仪以及 GQ-A 型氦光泵磁力仪。在此基础上,地矿部航空物探遥感中心研制出实用的 GQ-30 型氦光泵磁力仪,其灵敏度达 0.25nT,改进后的仪器型号为 GQ-B 型,其灵敏度达 0.1nT,并先后于 1985 年和 1990 年研制出 HC-85 型和 HC-90 型高灵敏度氦光泵磁力仪,其灵敏度分别为 0.01nT 和 0.0025nT。1995 年,地矿部航空物探遥感中心研制成功 HC-95 型地面手持式氦光泵磁力仪,其灵敏度为 0.05nT,成为地面磁力仪的换代产品,2003 年,研制成功的 HC-2000K 型航空氦光泵磁力仪,其主要技术性能指标达到了国际先进水平。另外,中国船舶总公司 715 所还研制了 GB-4、GB-5 型、GB-6 氦光泵磁力仪,其灵敏度可达 0.01nT。

5. 超导磁力仪

超导磁力仪(SQUID Magnetometer)于 20 世纪 60 年代中期研制成功,又称为 SQUID 磁力仪(超导量子干涉器件),其灵敏度高出其他磁力仪几个数量级,可达 10^{-5} ~ 10^{-6}nT。超导磁力仪测程范围宽,磁场频率响应高,观测数据稳定可靠。超导磁力仪在大地电磁、古地磁研究和航空地磁分量测量中有所应用,但还没有得到广泛的应用。其主要是因为仪器需要低温,从而降低了超导磁力仪的可移动性。

目前,国外先进的超导磁力仪有美国 2G-760R 和 2G-755 型超导磁力仪,我国地质力学所于 2002 年引进美国 2G-755 型超导磁力仪,用于古地磁测量。我国北京大学物理系承担的一项 863 计划项目“高温超导射频量子干涉仪”通过鉴定,其技术性能指标已达到国际先进水平。

6. 海洋磁力仪阵列

磁力仪阵列(Magnetometer Array)是按一定的几何形状,将多个磁力传感器进行有机集成形成的探测阵列,它的出现大大提高了磁性物质探测的能力和效率。其按阵元的空间排列方式不同,可分为线性阵、平面阵、圆柱阵、球阵、体积阵、共形阵等,磁力仪阵列通常和侧扫声纳或多波束测深系统等设备共同对海底磁性目标进行探测。从军事角度考虑,磁力仪阵列无疑是一种快速高效的扫雷、探潜工具,而从民用的角度来讲,其大大提高了海洋打捞能力。

目前,国外代表性的磁力仪阵列有芬兰地质测量局的磁力仪阵列,由 4 个铯光泵磁力仪组成,磁力仪间隔 1.8m。另外,德国 GeoPro 公司使用的磁力仪阵列、加拿大的 SeaQuest 和 SeaSpy 磁力仪阵列,测量灵敏度达到了 0.01nT,分辨率达到 0.001nT,测量绝对精度达到 0.2nT。然而,我国海洋磁力仪阵列的研究还处于起步阶段。

(二)海洋磁力测量海区技术设计

海洋磁力测量海区技术设计是海洋磁力测量的重要内容之一,海区技术设计的好坏关系到能否高质、高效地完成测量任务。相对而言,陆地磁力测量起步较早且发展较快,已基本形成了一套较为成熟的理论和实施方法;由于海洋磁力测量的动态性、高投入和数据处理的复杂性,其发展落后于陆地磁力测量,而在我国落后状况表现得更为明显。另外,我国的水深和重力测量工作已开展多年,已形成较为成熟的工作模式。由于海洋磁力测量开展较晚,我国已有的海洋磁力测量资料是在地学基础调查和海洋矿产资源开发中积累起来的,磁测精度要求低,大都是小比例尺的普测,其对技术设计的要求较低,磁测成果不能满足对海洋磁场精细描述的要求。然而,大规模正规的海洋磁力测量于近几年才开展,还没有海洋磁力测量的国家标准,我国海洋磁力测量按照海区的重要性对测量等级进行了初步分类,并制定了暂行技术规定。

(三)海洋磁力测量数据处理

海洋磁力测量数据处理的内容包括磁测点位置确定、船磁改正、地磁日变改正、地磁正常场模型、系统误差的探测与补偿以及磁测成果的可视化显示。

1. 磁测点位置确定

海洋磁力测量中定位信息由船载 GPS 完成,磁测信息由拖曳式磁力仪完成,为了实现位置信息和磁测信息的融合,必须对磁测点位置进行计算。国外船磁测量中,采用 GPS 及 DGPS 技术提高定位精度的同时,增加了若干辅助测量装置,如压力深度仪、声学高度计、声学超短基线定位系统等,提高了传感器定位和环境噪声改正的精度,甚至实现了 GPS 一体化技术,实时测出传感器的位置。目前,我国的海洋磁力测量中,磁测点位置通常通过拖缆长度直接计算得到。海洋磁力测量的动态特性,使得直接概算法产生很大的误差,为此我们提出了拖鱼位置的拖曳概算方法。

2. 船磁改正

船载海洋磁力测量中,测船的固有磁性和其在运动中受地磁场影响所产生的感应磁场都会影响磁测精度。船磁影响与测船的船型参数(大小、体积及磁性参数)、拖缆长度及所处位置的地磁背景场有关。磁力仪拖曳式工作是减小船磁的重要手段(拖缆的长度为船长的 3 倍),但是要彻底消除船磁的影响,还需寻求更为有效的船磁影响补偿方法。E. C. Bullard 等计算了船尾的磁场,将船磁分为固有磁和感应磁两部分,并发现了其与测船航向的规律,为船磁改正提供了基础;Alexander 等采用球谐函数法分析了测船外部磁场特征;而韩范畴和任来平则提出采用傅里叶级数法计算固有磁和感应磁影响的方法,改善了船磁校正值的计算方法。另外,于波等基于磁偶极子磁场模型,建立了测量船简化磁场模型,分析了拖缆长度对磁测的影响,提出了拖鱼最佳拖曳距离的确定方法。

3. 地磁日变改正

根据地磁学理论,地球变化磁场对海洋磁力测量的影响,在磁静日可达10~40nT,而磁扰日时可达 100~1000nT,为此必须从海上磁测数据中消除地磁日变的影响。Schuster 首先把高斯方法应用到地磁日变场的分析中;随后 Chapman 对该方法加以发展,成功地建立了一套全球性地磁日变场的分析方法;Benkova 等研究了太阳静日(Sq)场的经度变化,对前者的方法进行了改进,并得出太阳静日场的纬度变化约占总变化的 80%;A. T. Price 和 G. A. Wilkins 提出了新的日变场分析方法,改变了以日均值为基值的统计方法,而改用子夜值为基值;Parkinson 等指出当日变站设立在沿岸附近时,受海岸效应的影响,一般不宜用于地磁日变改正;D. R. Auld 等分析了近岸日变站和海底日变站的差异,指出最好的方法是联合采用陆地和海底日变站数据进行日变改正;O'Connel 则提出可变时互相关法来消除远距离测量时变效应的方法;郭建华和薛典军提出了多站日变改正值的拟合方法,并且在航磁测量中取得了较好的效果;另外,海洋磁力梯度仪也是有效消除地磁日变影响的方法,但是很难重构得到总场强度。

4. 地磁正常场模型

海洋磁力测量中,为了得到测区磁异常分布,需要从测量数据中去除地磁正常场。地磁正常场是由模拟地磁场分布的正常场模型提供的。正常场值计算大多采用国际地磁参考场(International Geomagnetic Referencefield,IGRF)模型,它于 1968 年建立,随着数字化技术的发展,在 20 世纪 70 年代被广泛使用。1981 年,为了使其保持从 1944 年后的连续性,对 IGRF 模型进行了改进。目前,国际地磁参考场模型还有 WMM2005-2010,它可以更好地模拟不同场源产生的时间变化场。2002 年,美国国家地球物理数据中心推出了 EMM 模型(Extended Magnetic Model),可以计算地磁场磁位球谐展开 720 阶的系数,不仅可以计算地核主磁场,还可以计算地壳磁场和简单的磁层磁场。磁层磁场包括电离层磁场的日变和年变,以及其引起的二次感应磁场。

国际地磁参考场模型在研究全球地磁场分布时效果较好,但其忽略了区域性地壳磁异常的影响,用于模拟我国的地磁场分布时就会存在很大的差异。为此,国外许多学者采用各种数学计算方法,建立了区域地磁场模型。Barton 分析了全球地磁场模型和区域地磁场模型。Haines 探讨了区域地磁场模型的建立。McKnight 提出了模拟区域地磁场的全球正常场模型。徐文耀等分析了 2003 年中国地磁场模型。顾左文建立了 2003 年中国及邻区地磁场泰勒多项模型和球冠模型,需要说明的是,这些模型大多采用分布在我国大陆地磁台建立的,当用来模拟海洋区域地磁场分布时同样会产生很大的误差。随着我国海洋磁力测量资料的积累,建立模拟我国海域地磁场分布的正常场模型有其重要的经济及军事意义。

5. 系统误差的探测与补偿

海洋磁力测量的动态性和船磁效应,决定了影响海洋磁力测量的误差源较多。由于受到测量平台动态性的影响,海洋磁力测量除了受到仪器观测误差、测点位置归算误差和正常场校正误差的影响,还增加了固有的地磁日变改正误差、船磁改正误差以及测点位置归算误差的影响,其中船磁和地磁日变是影响海洋磁力测量的主要误差。为了提高海洋磁力测量成果的质量,对影响海洋磁力测量的误差来源及其特性进行分析,对测量过程中的环境效应和误差干扰问题进行深入的研究和探讨，寻求合适的误差削弱和补偿方法。对于这些误差，一方面可以通过如前所述各种改正方法减小其影响；另一方面可以通过平差的方法来进一步探测和消除各种误差的影响（航磁测量中也将系统误差调整称为调平）。Strang van Hees 提出应用最小二乘配置法进行交叉点平差；Wessel 和 Watts 使用线性内差法来计算交差点误差；Adjaout 和 Sarrailh 使用了加约束条件的交叉点平差方法；范守志提出不规则海洋重磁测网的调差方法；刘晨光等提出了海洋重磁资料的最小二乘平差处理方法；黄谟涛等建立了反映海洋磁力测量误差变化规律的误差模型，并提出了相应的补偿模型；刘雁春等提出了海洋测线网秩亏自由网平差模型，他们都在系统误差探测中取得了良好的效果。

6. 磁异常处理及解释

磁异常处理和解释是根据磁异常场的数学物理特征，对实测磁异常进行必要的数学加工处理，使之满足某种特定需要的过程，其目的是：①使观测的磁异常信号满足或接近解释理论所要求的假设条件，如将曲面上的磁异常信号转换至同一水平面或分离叠加磁异常等；②使观测的磁异常信号满足解释推断方法的需求，如将某分量测量结果换算为其他分量值、斜磁化转化为垂直磁化等；③突出磁异常某一方面的特点，如通过向上延拓、向下延拓压制或突出浅源磁性目标的磁异常，采用方向滤波或换算方向导数来突出某一走向的磁异常特征。磁异常信号处理与解释的内容有叠加磁异常信号分离、磁异常空间延拓（向上或向下延拓）、分量换算（由实测磁异常进行 B_m、B_x、B_y、B_z、B_A间互算）、导数转换（由实测磁异常转换水平或垂直方向导数）以及曲面上磁异常转换等。

在磁异常分量换算研究方面：Lourenco 首先给出了频域磁异常分量转换公式；随后 Gunn 将该方法应用于三度体磁异常分量转换中；王硕儒等检验了该方法在二度体磁异常分量换算中的应用效果；卞光浪等详细推导了独立目标和多目标磁场总强度换算磁异常三分量的公式。

相同磁性目标在低纬度地区磁异常形态比高纬度地区要复杂得多。为了定性判断和定量计算，需要对磁异常信号进行化极处理。由于化极因子是放大性转换因子，随着纬度的降低，其放大作用逐渐加强，在磁赤道地区达到极值，使化极结果很不稳定。为了得到稳定的化极处理结果，Hansen 提出维纳滤波法，张小路和 Keating 等将噪声干扰思想引入化极处理中；1998 年，柴玉璞等应用偏移抽样理论消除了磁异常化极中纬度对波数域的限制，在近赤道和跨赤道磁测资料解释中发挥了重要作用；2003 年，姚长利等在分析低纬度地区化极制约因素后，提出了压制因子法对低纬度地区磁异常进行化极。为了解决海量磁异常数据的化极问题，姚长利等还立足改造化极因子提出了直接阻尼法，代表了磁异常化极处理的最新研究成果,在我国南方地区磁异常解释推断中发挥了重要作用。

磁异常导数广泛应用于磁性目标磁异常解释,是压制区域场、圈定局部场、分离叠加异常以及异常反演中常用的方法。利用解析信号法和欧拉反褶积法确定磁性目标空间位置,或者采用泰勒级数法实现磁场空间延拓,都需要以高精度磁异常水平和垂直方向的一阶或二阶导数作为基础数据。刘保华和汪炳柱等将拉格朗日插值法和样条函数插值法用于重力场垂向导数计算中,受当时计算条件的限制,这些方法的计算精度偏低。1965 年,快速傅里叶变换问世后,磁异常垂向导数转换大都基于频率域的快速傅里叶变换(Fast Fourier Transform, FFT)进行,该方法理论较为完善,但受函数非周期性因子以及有限截断的影响,其适用范围受到较大限制。为避免复杂的复数运算,张凤旭等提出采用离散余弦变换(Discrete Cosine Transform, DCT)计算磁异常导数,DCT 法和 FFT 法同属正交变换,但去除了原信号的相关性,在二维磁异常导数转换中应用效果较好,关于该方法能否适用于三维磁异常导数精确转换还有待进一步研究。

根据某观测面上的实测磁异常,换算场源外其他空间位置的磁异常称为磁异常的解析延拓,当换算平面位于实测平面之上时,称为向上延拓;当换算平面位于实测平面以下时,称为向下延拓。通过分析延拓转换因子可知,向上延拓是适定问题,而向下延拓是经典的不适定问题,即 FFT 法向上延拓很稳定,向下延拓的不稳定性十分明显。FFT 法一般只能向下延拓 2~3 倍资料点距。为了改善磁场向下延拓的稳定性,提升延拓深度,国内外研究人员提出了各种改进措施。1989 年,梁锦文等将正则化方法引入位场向下延拓中,有效压制了观测误差或高频干扰所引起的振荡,并应用于实测资料解释中。此外,在向下延拓方面,还相继提出了 Weiner 滤波法、样条函数法、奇异值分解法和导数补偿法。2005 年,宁津生院士提出基于多尺度边缘约束的位场信号向下延拓方法,改善了向下延拓的稳定性;陈生昌等提出波数域广义逆算法,解决了位场大深度向下延拓的不稳定性问题。虽然早在 20 世纪 60 年代,苏联 Strakhov 等就提出采用迭代法进行位场延拓的构想,但缺乏具体的数据处理流程和步骤。徐世浙院士在此基础上,采用新的迭代公式,展开一系列具体研究,取得了良好的延拓效果。张辉等对迭代法的收敛性从理论上给予了证明,并进一步提出基于正则化和递增型维纳滤波的稳健向下延拓方法。理论上,应用多元泰勒级数法也可以实现位场的延拓,但该方法应用的关键和难点在于怎样精确获取磁场各阶垂向导数。Peters 等提出联立向上延拓和向下延拓公式来消除表达式中的奇次项,Hsu 等根据磁场及其垂向导数在频率域的频谱关系,应用 FFT 求解磁场各阶垂向导数。

海洋磁异常随高度变化的衰减量与海区磁性目标的分布情况有关，目前还没有严格的数学表达式来表述这种关系，通常采用“曲化平”的处理方式。国内外学者对“曲化平”方法进行了诸多研究，Bhattacharyya 等提出了等效源法；杨再朝提出泰勒级数迭代法，并证明了级数的收敛性和迭代的稳定性；刘金兰对泰勒级数迭代法进行了改进；徐世浙提出了插值-迭代法，其突出优点是大大增加了向下延拓深度。

综上所述，磁异常信号处理与解释方法可分为空间域和频率域两大类。频率域转换方法具有关系式简单、速度快等优点，已成为主流的转换方法。不过，这里有两个问题需要说明：一是如何合理选择处理与解释的方法，目前磁异常信号处理与转换的方法很多，各种方法有其自身特点和用途，也有其特定适用条件，使用时应当综合磁异常特征、测区背景场以及所要解决问题的具体情况，根据各种方法原理的功能及适用条件进行选择；二是磁异常处理与转换只是一种数学加工处理，它能使某些信息更加突出，但不能获得观测数据中不包含的信息，即数学处理只能改变磁异常信号的信噪比，而无法增加新信息。因此，在应用各种方法时，必须要注意实际资料的精度和处理方法本身的精度。

7. 数据采集及数据处理软件

国内应用最多的磁测数据采集系统是美国 Geometrics 公司研制的 MagLog™，适合多种型号的海洋磁力仪，它可以实现定位及磁测数据的采集及实时显示、测量回放等，且可以完成对测点（拖鱼）位置的实时计算。在研制数据采集系统的同时，该公司还开发了数据处理系统 MagMap2000，此系统提供了对 GPS 定位数据、磁力数据和日变站数据进行平滑、滤波、跳变修复、粗差剔除、内插处理功能模块，自动化程度高，人机交互工作量相对较少。而 MagPick 软件是其配套软件，提供了对磁异常目标进行可视化分析与确定的强大功能模块，图像分析处理模式多样。我国也于 2006 年研制出具有自主知识产权的海洋磁力测量综合作业系统，可以实现海洋磁力测量 GPS 多模式定位、可视化测前设计、电子海图测量导航、数据采集融合与记录、数据处理与成图等全部作业内容的一体化实施。

8. 磁测技术应用进展

海洋磁力测量不但可以为各项军事活动提供高精度的磁场信息，还可以为海底地质构造、板块运动及海底的扩张等研究提供基础资料，对磁测信息的有效提取是各国磁力数据应用的研究热点之一。如前所述，磁测技术最早应用于地球物理和磁力勘探等领域。第二次世界大战，为了应对德军的“群狼战术”，盟军先后采用了多种探潜装备，使磁测技术进入一个崭新的时代。时至今日，磁探测方法依然是近距离精确定位潜艇的重要方式，几乎所有的现代反潜飞机上都配备了磁探潜装置。在海洋工程方面，早在20世纪70年代，美国在Drakes海湾的沉船探测中即已采用了磁力探测。1997年10月，我国某海洋研究所在辽东湾为美国Esso石油公司所做的井场调查当中，探测到该井场调查范围内水下未爆炸的炸弹或炮弹。在2002年5月某航空公司一架飞机在大连失事后的飞机残骸探测中，磁力仪也发挥了重要的作用。另外，在海洋资源和能源勘探及海洋环境监测中，海洋磁力测量的应用也将越来越普遍。并且，磁力仪阵列技术的出现，使海洋磁力测量广泛应用于海上搜救工作、海底电缆和管线及海底障碍物等海洋工程。

在磁探测定位与识别方面，美国早在20世纪70年代就对航空磁探测技术进行了专门的深入研究。由于磁探测技术是敏感技术领域，西方国家对此高度保密。从现有文献来看，对于三度磁性目标进行磁探测，主要是基于磁偶极子模型，而对于海底地缆等二度磁性目标进行定位主要是基于水平圆柱体模型。目前，常用的定位方法主要有解析信号法、广义欧拉反褶积法、神经网络算法等，或是在大量磁场数据基础上通过反演拟合的方法得到磁性目标相关参数，近年来，还出现了基于张量梯度的磁定位方法。

解析信号法借鉴通信领域概念，利用解析信号振幅进行反演，国内学者也称为总梯度模法。解析信号法最早由国外学者Nabighian于1972年提出，应用于二维剖面磁测资料解释，1984年，Nabighian又将解析信号法推广应用到三维平面格网数据解释中。随后，相关研究人员又陆续发表了这方面的文献，如郭志宏等采用格网数据文件按列分块随机存取技术，实现了位场异常海量数据总梯度模计算、数据极值点自动搜索和连续追踪；管志宁等将梯度模法应用到顶面倾斜板状体反演中，能自动反演倾斜顶面倾角、中心的深度和宽度等参数；在分析磁异常总梯度模极大值与磁源边界位置关系的基础上，黄临平等给出了一套自动搜索磁性目标边界的方法；Roest采用三维解析信号振幅极大值来圈定磁源边界，Hsu利用解析信号及其高阶导数的极大值来估算磁性目标的埋深信息。

欧拉反褶积法能自动或人机交互式反演磁性目标空间位置参数信息，在实时快速处理大容量、多目标磁场数据方面更具明显优势。许多地球物理学者针对欧拉方法存在的一些问题进行了研究。在错误选择构造指数N或者构造指数N并非常数的情况下，欧拉反演方法所求得的参数解往往具有发散的趋势，Fairhead等提出通过拉普拉斯滤波得到具有较大曲率的网格区域，将欧拉反褶积用于这些区域,可以消除大部分离散的解。Keating 和 Pilkington 针对重力数据的不规则分布容易导致欧拉解发散的问题,提出采用正比于测点精度的误差函数进行加权处理,以消除部分发散解。在实际情况下,磁异常多为多个磁性目标所产生,因此磁异常特征可能代表的不止是一个固定的构造指数,即构造指数可能是变化的,这给构造指数的人为确定增添了很大困难。Stavrev 利用相似变换方法来降低构造指数引起的多解性;Barbosa 等首次从理论上分析了二维场源参数欧拉解的唯一性和稳定性问题,完善了欧拉方法的理论。

人工神经网络是由大量处理单元组成的非线性大规模自适应动力系统,是在现代神经科学研究成果基础上提出的,在地球物理和磁性目标探测领域中得到了较为广泛的应用。我国学者程方道于 1994 年分析了神经网络方法在地球物理反演应用中的可行性;杨文采进一步论证了神经网络算法在地球物理反演中的应用前景;随后,姜效典首次将人工神经网络理论引入磁测资料解释中,并应用于我国南部海域磁力勘探找油;管志宁等也采用拟 BP 神经网络方法来处理内蒙古花岗岩体航磁资料,取得了令人满意的效果;王连福等提出基于人工神经网络的多模引信磁探测信号处理方法,可以应用于复杂的战场环境;王金根等在详细分析磁性目标响应函数后,提出一种基于神经网络的磁性目标定位方法,具有很好的抗鲁棒性;冯晋利等利用人工神经网络将舰船磁场的三个分量进行序贯融合处理,实现了舰船关键部位的精确识别;耿喜哲等提出小波神经网络算法,该方法充分融合小波与神经网络各自特点,在磁测资料反演中具有广阔的应用前景。

遗传算法是模拟自然界生物进化思想所得到的一种全局非线性最优化算法,有效避免了局部最优解。侯俊胜等在分析遗传算法原理基础上,探讨了遗传算法在磁异常反演中应用的可行性;余舟利用遗传算法对四川某磁铁矿外围实测磁异常进行了解释;柯小平等则采用改进的遗传算法对青藏高原东缘三维 Moho 界面进行了反演;针对超常规磁测数据计算量较大的问题,姚长利等提出分离并存储几何格架策略和几何格架等效压缩存储技术,从根本上提高了非线性反演计算速度。虽然遗传算法在磁异常反演中取得了一些成果,但仍然存在一些问题有待解决:①局部搜索能力差;②搜索较为迟钝;③收敛速度慢;④难以解决高维和复杂程度高的问题。

近年来,国家非常重视磁法在勘探和磁性目标探测领域的应用,开展了一系列项目研究。比较有代表性的项目和研究成果有:1993 年中国地质大学(北京)承担的国家自然科学基金资助项目“磁异常梯度解释理论和方法”;1995 年航空物探遥感中心承担的“南海低磁纬度区航磁异常定量解释方法研究”项目;

2000年中国地质大学(北京)承担完成“九五”国家重点科技攻关项目子专题“高精度磁梯度测量及反演解释技术”。

二、海洋磁力测量发展趋势

综上所述,随着计算手段的进步和理论方法的深入研究,海洋磁力测量及其数据利用出现了一些新的变化趋势,具体表现为以下几个方面。

(一)测量仪器趋于小型化、智能化

磁测传感器由传统的磁通门式、核子旋进式过渡到铯光泵式,大大提高了测量的灵敏度、精度、采样速率和稳定性,磁力仪阵列的出现大大提高了海洋磁场探测的能力。而且,为了克服海洋磁力测量的动态性和船磁效应,磁测仪器向小型化、智能化方向发展。

(二)测量载体及仪器配置形式多样化

磁测载体呈现多样性的特点,载体包括无磁性船、普通铁船、飞机、卫星、潜水器等。海洋磁力仪的配置模式从单探头测量模式发展到梯度测量模式,并且磁力仪阵列出现,使仪器配置形式出现多样化,其中包括线性阵、平面阵、圆柱阵、球阵、体积阵、共形阵,大大提高了磁性物质探测的能力和效率。

(三)测量要素多样化

测量模式由单一要素的测量,发展过渡到多磁力要素测量,并且多分量测量技术和梯度测量技术、全梯度磁力测量、三分量磁力测量,大大提高了综合信息采集能力的主要手段,也是今后海洋磁测的发展方向。

(四)测量数据处理的精密化、自动化

对高精度、高分辨率海洋磁力测量信息的需求,需要进一步深入研究海洋磁力测量的影响因素和作用机制,提出精密磁测改正理论和数据处理方法,完善海区技术设计理论。

同时,测量载体形式的多样化所要分析的数据源也越来越多,将从不同传感器所获得的磁场数据,通过先进的数据处理技术进行融合,实现数据处理的自动化,从而提供全球动态的磁场分布矢量图,并实现磁场物理解释的智能化。

(五)磁场信息应用的多样化

随着资料的积累,海洋磁力测量不但可以为各项军事活动提供高精度的磁场信息,还可以为测区范围内的海底地质构造、板块运动及海底的扩张等研究提供基础资料。另外,在海洋资源和能源勘探及海洋环境监测领域,海洋磁力测量将发挥重要的作用。

目前,国内外海洋磁场测量的应用需求可总结为:开展海域磁场精密探测,

增强对海域磁场的描述;发展海洋磁力仪阵列和多模式磁力测量,提高综合信息采集能力;发展高精度数据处理技术,实现数据处理及资料解释的可视化;探索海洋磁测技术的应用新领域。

小 结

海洋磁力测量是获取海洋区域地磁场特征的手段和方法,也是对海洋地磁场的特征与规律进行初步描述和解释的科学。本章主要介绍了海洋磁力测量的任务与作用,以及海洋磁力测量的主要技术方法,系统总结了海洋磁力测量的历史,并对海洋磁力测量的发展趋势进行了预测。

复习与思考题

1. 海洋磁力测量的任务是什么?
2. 海洋磁力测量的作用包括哪些?
3. 海洋磁力测量的主要技术手段有哪些?
4. 简述我国海洋磁力测量的发展历史?
5. 海洋磁力测量技术的发展趋势有哪些?

第二章　海洋磁力测量基础理论

海洋磁力测量是为了完善描述海洋区域地磁场空间分布而进行的地磁要素测量，和其他形式的磁力测量（陆地磁力测量、航空磁力测量和卫星磁力测量）一样，它是研究地球磁场空间分布的重要手段。海洋磁异常主要由海底磁性岩石在地球磁场磁化作用下而产生，其中海底岩石磁性是内因，地球磁化场是外因。本章将从海洋磁力背景场、产生磁性的磁化场与磁性载体的角度来阐明海洋磁力测量的物理基础，同时选择地磁学中的有关基本部分加以阐述。

第一节　稳定磁场的基本定律

一、稳定磁场

磁场是由电流或运动电荷激发产生的。永久磁铁因其内部存在分子电流而产生磁场。若电流稳定不变，则其周围空间中的磁场也稳定不变，称为稳定磁场或静磁场。

早期的磁场理论以“磁荷”相互作用为基础。由于极性相反的“磁荷”总是成对地出现，库伦建立了分子磁偶极子的学说，即认为磁性体是由无数个分子磁偶极子组成的。19 世纪，人们发现了电磁之间的本质联系，认为在介质内，分子和原子中的电子不断做轨道运动与自旋运动，它们相当于许多元电流线圈。在无外磁场时，由于热运动，各元电流排列得很杂乱，不显现宏观效应，当有外磁场时，由于磁场对各元电流的取向作用使各元电流有序排列，它们对外所产生的磁场相互叠加，显示磁性。后来从实验或计算的结果均证明，磁偶极子与分子电流产生的磁效应作用等效。

地磁学研究中，一般只需研究介质中无传导电流情况下的稳定磁场，稳定磁场的麦克斯韦（Maxwell）方程表示为

$$\begin{cases}\nabla\times \boldsymbol{V}=0\\ \nabla\cdot \boldsymbol{B}=0\end{cases} \tag{2-1-1}$$

其中

$$\boldsymbol{B} = \mu \boldsymbol{H} = \mu_0 (1 + k) \boldsymbol{H} = \mu_0 \boldsymbol{H} + \mu_0 \boldsymbol{M} \tag{2-1-2}$$

式中:$\boldsymbol{H}$ 为外磁场强度;$\boldsymbol{B}$ 为磁感应强度;μ 为介质的磁导率;μ_0 为真空磁导率;k 为介质的磁化率;$\boldsymbol{M}$ 为磁化强度。因为一个标量梯度的旋度为 0,故 $\boldsymbol{H}$ 可用标量函数的梯度来表示。

$$\boldsymbol{H} = - \nabla U(x, y, z) \tag{2-1-3}$$

式中:U 为磁标势。

由式(2-1-1)和式(2-1-2)可得

$$\nabla \cdot (- \nabla U + \boldsymbol{M}) = 0 \tag{2-1-4}$$

矢量分析公式为

$$\Delta U = \nabla \cdot \boldsymbol{M} \tag{2-1-5}$$

式中:Δ 为拉普拉斯(Laplace)算符;$\nabla \cdot \boldsymbol{M} = \mathrm{div}\boldsymbol{M}$。

式(2-1-5)即为泊松(Poisson)公式。利用格林(Green)公式求得式(2-1-5)的解为

$$U = - \frac{1}{4\pi} \iiint_v \frac{\nabla \cdot \boldsymbol{M}}{r} \mathrm{d}v \tag{2-1-6}$$

式中:$r = [(x-x_0)^2 + (y-y_0)^2 + (z-z_0)^2]^{\frac{1}{2}}$;$(x_0, y_0, z_0)$ 为观测点坐标;(x, y, z) 为体元 $\mathrm{d}v$ 的坐标;v 为 $\boldsymbol{M}$ 分布的区域。

在无磁介质存在的空间,$k=0$,$\boldsymbol{M}=0$,式(2-1-5)可写为

$$\Delta U = 0 \tag{2-1-7}$$

式(2-1-7)即为磁势(位) U 满足拉普拉斯方程。在地球表面的外部空间,无传导电流,也无磁性介质,故磁势(位) U 满足拉普拉斯方程。

二、磁极的场及位

如图 2-1-1 所示,设点磁荷 $Q(\zeta, \eta, \xi)$ 点的磁量 m 在离开它 r 远处的 $P(x, y, z)$ 点的磁场强度为

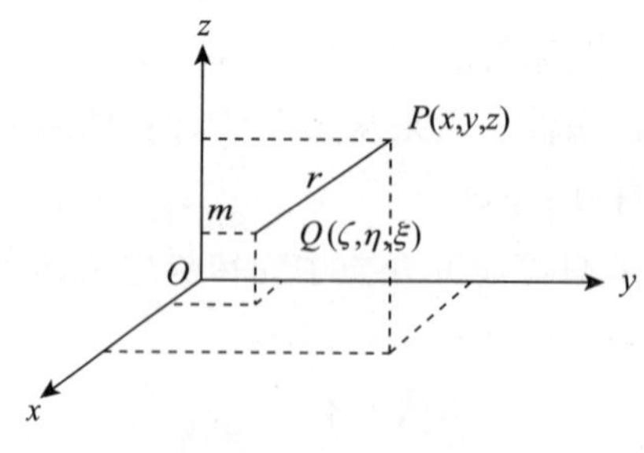

图 2-1-1　坐标示意图

$$\boldsymbol{H} = \frac{m}{r^2}\frac{\boldsymbol{r}}{r}(\sigma = 1) \tag{2-1-8}$$

式中：$r^2 = (x - \zeta)^2 + (y - \eta)^2 + (z - \xi)^2$。

磁场强度 $\boldsymbol{H}$ 在各坐标轴上的投影为

$$\begin{cases} H_x = \boldsymbol{H}\cos(\boldsymbol{r}, x) = \dfrac{m}{r^3}(x - \zeta) \\ H_y = \boldsymbol{H}\cos(\boldsymbol{r}, y) = \dfrac{m}{r^3}(y - \eta) \\ H_z = \boldsymbol{H}\cos(\boldsymbol{r}, z) = \dfrac{m}{r^3}(z - \xi) \end{cases} \tag{2-1-9}$$

取标量函数

$$U = \frac{m}{r} \tag{2-1-10}$$

将函数 U 对 x, y, z 分别求偏导数，可得

$$\begin{cases} \dfrac{\partial U}{\partial x} = -\dfrac{m}{r^3}(x - \zeta) \\ \dfrac{\partial U}{\partial y} = -\dfrac{m}{r^3}(y - \eta) \\ \dfrac{\partial U}{\partial z} = -\dfrac{m}{r^3}(z - \xi) \end{cases} \tag{2-1-11}$$

将式(2-1-11)与式(2-1-9)比较，可得

$$\begin{cases} \dfrac{\partial U}{\partial x} = -H_x \\ \dfrac{\partial U}{\partial y} = -H_y \\ \dfrac{\partial U}{\partial z} = -H_z \end{cases} \tag{2-1-12}$$

式(2-1-12)可写成

$$\boldsymbol{H} = -\operatorname{grad}U \tag{2-1-13}$$

式中：U 为 Q 电磁场 $\boldsymbol{H}$ 的位。

二、磁偶极子的磁场

磁偶极子是指两个距离很相近的，具有不同极性的点磁荷。如图 2-1-2 所示，设磁偶极子的磁量为$-m$ 和$+m$，它们之间的距离为 $\mathrm{d}l$，P 点处的磁位 $\mathrm{d}U$ 为

$$dU = \frac{m}{r_2} - \frac{m}{r_1} = m\frac{r_1 - r_2}{r_1 r_2} \tag{2-1-14}$$

因为，$r \gg dl$，因此，可近似为

$$r_1 r_2 = r^2, \ r_1 - r_2 = dl\cos\theta \tag{2-1-15}$$

磁偶极子的磁位表达式可表示为

$$dU = \frac{mdl\cos\theta}{r^2} = \frac{d\boldsymbol{M} \cdot \boldsymbol{r}}{r^3} \tag{2-1-16}$$

式中：$d\boldsymbol{M} = mdl$ 为磁偶极子的磁矩，其方向与 dl 方向相同。

由此可得，磁偶极子的磁位与它的磁矩 $d\boldsymbol{M}$ 成正比，与距离 r 的平方成反比。

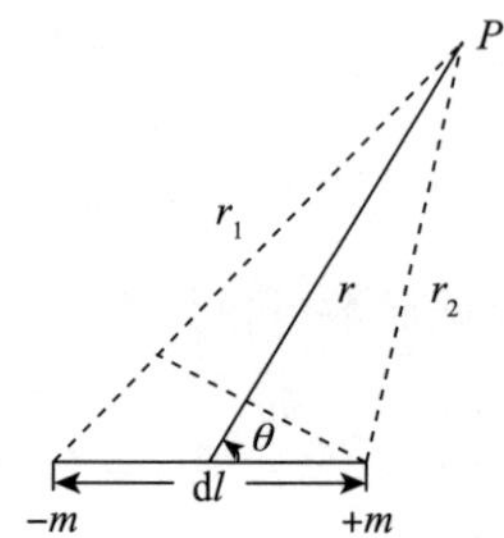

图 2-1-2　磁偶极子示意图

在国际单位制(International System of Units,SI)中 $\boldsymbol{B}$ 的单位为特斯拉，符号 T。在高斯(Centimeter-Gram-Second Electro-Magnetic System，CGSM)单位制中 $\boldsymbol{B}$ 的单位为高斯(Gs)。两单位制之间有1Gs＝10^{-4}T。由于特斯拉单位太大，常用更小的单位纳特(nT)来表示，1nT＝10^{-9}T。在 CGSM 制中，磁场强度 $\boldsymbol{H}$ 以奥斯特(Oe)为单位，其分数单位是伽马(γ)，1γ＝10^{-5}Oe；又在真空中磁导率 $\mu = 1$，故 $\boldsymbol{B}$ 与 $\boldsymbol{H}$ 的量纲相同，它们的单位 Gs 和 Oe 大小相等。$\boldsymbol{H}$ 的单位为 A/m。μ 为绝对磁导率其单位为 H/m，详见附录。

在真空(或空气)中，$\mu_0 = 1$，故 $\boldsymbol{B}_0$ 与 $\boldsymbol{H}$ 相同，两者可以不加区别地应用。在 SI 制中，$\boldsymbol{B}_0$ 与 $\boldsymbol{H}$ 在数值与量纲上均不相等，故两者不能混用。

四、磁化体的磁位

(一)岩石的磁性

1. 磁化强度和磁化率

物质在磁场中产生磁性的现象称为物质的磁化。同一磁场作用于不同的物质，或同一物质在不同磁场作用下，磁化程度是不一样的。为了表示物质被磁化的程度，引入磁化强度这一物理量，以 $\boldsymbol{M}$ 表示，它是一矢量。定义为单位

体积内分子磁矩的矢量和。即

$$\boldsymbol{M} = \frac{\sum \boldsymbol{m}_{分子}}{\Delta V} \tag{2-1-17}$$

式中：$\boldsymbol{m}_{分子}$为分子磁矩；$\boldsymbol{M}$ 为描述物质磁化状态的物理量（磁化的方向和磁化的程度）。

式(2-1-17)和磁场的关系为

$$\boldsymbol{M} = \kappa \boldsymbol{H} \tag{2-1-18}$$

式中：κ 为物质的磁化率，它表征物质受磁化的难易程度；$\boldsymbol{H}$ 为外磁场强度。

为了讨论问题的方便，常用磁荷观点中的磁极化强度 $\boldsymbol{J}$。它和面磁荷密度的关系为 $\sigma = J_n$，也即磁性体面磁荷密度的大小等于磁极化强度在该面外法线方向上的投影。

$\boldsymbol{J}$ 和 $\boldsymbol{M}$ 的关系为

$$\boldsymbol{J} = \mu_0 \boldsymbol{M} \tag{2-1-19}$$

式中：μ_0 为真空中的磁导率。

2. 磁感应强度和磁导率

在各项同性磁介质内部任意点上，磁化场 $\boldsymbol{H}$ 在该点产生的磁感应强度（磁通密度）可表示为

$$\boldsymbol{B} = \mu \boldsymbol{H} \tag{2-1-20}$$

若介质为真空，则有

$$\boldsymbol{B}_0 = \mu_0 \boldsymbol{H} \tag{2-1-21}$$

式中：μ_0 为真空的磁导率。

令 $\mu_r = \mu/\mu_0$（相对磁导率），将其代入式(2-1-12)可得

$$\boldsymbol{B} = \mu_0 \mu_r \boldsymbol{H} = \mu_0 \boldsymbol{H} + \mu_0(\mu_r - 1)\boldsymbol{H} = \mu_0(1 + \kappa)\boldsymbol{H} = \mu_0(\boldsymbol{H} + \boldsymbol{M}) \tag{2-1-22}$$

式中：$\kappa = \mu_r - 1$。

式(2-1-22)表明物质磁性与外磁场的定量关系。显然，在同一外磁场 $\boldsymbol{H}$ 作用下，空间为磁介质充填，与空间为真空二者相比，$\boldsymbol{B}$ 增加了 $\kappa \boldsymbol{H}$ 项，即介质受磁化后所产生的附加场，其大小与介质的磁化率成正比。磁介质的 $\mu_r = 1+\kappa$ 是个纯量。μ 与 μ_0 二者之间的关系为

$$\mu = \mu_0(1 + \kappa) \tag{2-1-23}$$

3. 磁感应磁化强度和剩余磁化强度

位于岩石圈中的岩体和矿体，处在约为 0.5×10^{-4}T 的地球磁场作用之下，它们受现代地磁场的磁化而具有的磁化强度，称为感应磁化强度，可表示为

$$\boldsymbol{M}_i = \kappa(\boldsymbol{T}/\mu_0) \tag{2-1-24}$$

式中:$\boldsymbol{T}$ 为地磁场总场强度; κ 为岩矿石的磁化率,取决于岩矿石的性质。

岩矿石在生成时,处于一定条件下,受当时的地磁场磁化,成岩后经历漫长的地质年代,所保留下来的磁化强度,称为天然剩余磁化强度 $\boldsymbol{M}_r$。它与现代地磁场无关。

岩石的总磁化强度 $\boldsymbol{M}$ 由两部分组成,即

$$\boldsymbol{M} = \boldsymbol{M}_i + \boldsymbol{M}_r = \kappa(\boldsymbol{T}/\mu_0) + \boldsymbol{M}_r \tag{2-1-25}$$

表征岩石磁性的物理量是 $\kappa(\boldsymbol{M}_i)$ 、$\boldsymbol{M}_r$ 和 $\boldsymbol{M}$。

(二)磁化体的磁位

由前所述,每一磁化体(图 2-1-3)均有许多磁偶极子组成,因此对任一无限小的体积 dv 来说,由磁偶极子的磁位表达式$\left(\mathrm{d}U = \dfrac{m\mathrm{d}l\cos\theta}{r^2} = \dfrac{\mathrm{d}\boldsymbol{M}\cdot\boldsymbol{r}}{r^3}\right)$,它在 P 点的磁位可表示为

$$\mathrm{d}U = \frac{\boldsymbol{M}\cdot\boldsymbol{r}}{r^3} \tag{2-1-26}$$

又因为 $\mathrm{d}\boldsymbol{M} = \boldsymbol{J}\mathrm{d}V$,则

$$\mathrm{d}U = \frac{\boldsymbol{J}\cdot\boldsymbol{r}}{r^3}\mathrm{d}V = -\left(\boldsymbol{J}\cdot\mathrm{grad}\left(\frac{1}{r}\right)\right)\mathrm{d}V \tag{2-1-27}$$

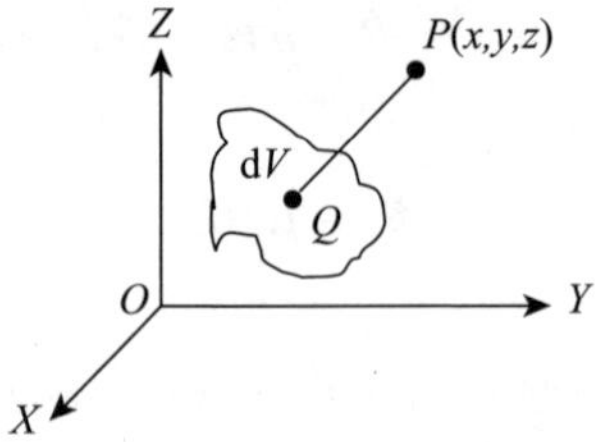

图 2-1-3 磁化体示意图

对整个磁化体积分,求得整个磁化体在 P 点所产生的磁位为

$$U = -\iiint_V \left[\boldsymbol{J}\cdot\mathrm{grad}\left(\frac{1}{r}\right)\right]\mathrm{d}V \tag{2-1-28}$$

式中: $\mathrm{grad}\left(\dfrac{1}{r}\right)$ 是对 P 点 (x,y,z) 求导数,若换为对 Q 点(ζ,η,ξ)求导数,则式(2-1-28)应为

$$U = \iiint_V \left[\boldsymbol{J}\cdot\mathrm{grad}_Q(\frac{1}{r})\right]\mathrm{d}V \tag{2-1-29}$$

因为

$$\mathrm{div}(\phi\boldsymbol{a}) = \phi\cdot\mathrm{div}\boldsymbol{a} + \boldsymbol{a}\cdot\mathrm{grad}\phi \tag{2-1-30}$$

令

$$\varphi = \frac{1}{r}\ ;\boldsymbol{a} = \boldsymbol{J} \tag{2-1-31}$$

则

$$\mathrm{div}\left(\frac{\boldsymbol{J}}{r}\right) = \frac{1}{r}\mathrm{div}\boldsymbol{J} + \boldsymbol{J} \cdot \mathrm{grad}\left(\frac{1}{r}\right) \tag{2-1-32}$$

将式(2-1-32)代入式(2-1-29)可得

$$U = \iiint_V \mathrm{div}\left(\frac{\boldsymbol{J}}{r}\right)\mathrm{d}V - \iiint_V \frac{\mathrm{div}\boldsymbol{J}}{r}\mathrm{d}V \tag{2-1-33}$$

根据高斯公式,有

$$\iiint_V \mathrm{div}\boldsymbol{a}\mathrm{d}V = \oint_S a_n \mathrm{d}S \tag{2-1-34}$$

式(2-1-33)可以表示为

$$U = \oint_S \frac{J_n}{r}\mathrm{d}S - \iiint_V \frac{\mathrm{div}\boldsymbol{J}}{r}\mathrm{d}V \tag{2-1-35}$$

式(2-1-35)的第一项积分是对此物体的整个表面,第二项积分是对它的全部体积积分的。

以上从磁偶极子的位出发导出了磁化体的磁位,下面从磁量分布角度来导出磁化体的磁位。

设 ρ 为磁量 m 的磁荷密度,则磁化体的磁位应为

$$U = \iiint_V \frac{\mathrm{d}m}{r} = \iiint_V \rho\frac{\mathrm{d}V}{r} \tag{2-1-36}$$

现将物体分成两部分:一部分为内层部分的体积为 V_1;另一部分为外层部分具有厚度 Δl,体积为 V_2 的壳。这样磁位可以看作两部分的和,即

$$U = U_1 + U_2 \tag{2-1-37}$$

因为外层的元体积为 $\mathrm{d}V_2 = \Delta l\mathrm{d}S$,并以 ρ_1,ρ_2 分别表示两部分磁荷密度,则

$$U = \iiint_{V_1} \frac{\rho_1\mathrm{d}V_1}{r} + \oiint_S \frac{\rho_2\Delta l\mathrm{d}s}{r} \tag{2-1-38}$$

当外层无限薄时,$\rho_2\Delta l$ 即为外表面上的面磁荷密度 σ,于是

$$U = \oiint_S \frac{\sigma\mathrm{d}s}{r} + \iiint_V \frac{\rho\mathrm{d}V}{r} \tag{2-1-39}$$

比较式(2-1-35)和式(2-1-39)可得

$$J_n = \boldsymbol{J}\cos\phi = \sigma$$

$$\rho = -\mathrm{div}\boldsymbol{J} = -\left(\frac{\partial J_x}{\partial\zeta} + \frac{\partial J_y}{\partial\eta} + \frac{\partial J_z}{\partial\xi}\right) \tag{2-1-40}$$

式中:φ 为 $\boldsymbol{J}$ 和表面外法线的交角。

当物体均匀磁化时,$\boldsymbol{J}$ 为常矢量,div$\boldsymbol{J}=0$,即 $\rho=0$。这时磁化体的磁量只有表面存在。若以 S 代表物体表面的体积,则磁量 m 可表示为

$$m=\sigma S \tag{2-1-41}$$

而磁位为

$$U=\oint\limits_S \frac{J_n}{r}\mathrm{d}s=\oint\limits_S \frac{\sigma}{r}\mathrm{d}s \tag{2-1-42}$$

同时,对于均匀磁化体,式(2-1-28)可写为

$$U=-\boldsymbol{J}\cdot\iiint\limits_V \mathrm{grad}\left(\frac{1}{r}\right)\mathrm{d}V \tag{2-1-43}$$

由于式(2-1-43)中的梯度运算是对 P 点坐标,而体积运算是对 Q 点坐标进行的,于是梯度和积分的运算次序可以相互调换,并写成

$$U=-\boldsymbol{J}\cdot\mathrm{grad}\left(\iiint\limits_V \frac{1}{r}\mathrm{d}V\right) \tag{2-1-44}$$

令

$$G=\iiint\limits_V \frac{1}{r}\mathrm{d}V \tag{2-1-45}$$

式(2-1-45)成为该磁化体所产生的重力位,则

$$U=-(\boldsymbol{J}\cdot\mathrm{grad}G) \tag{2-1-46}$$

式(2-1-46)称为泊松定理,假如与磁化物体的形状和大小相同,并且其密度为常量的重力位已知,那么这个定理可以用来计算均匀磁化物体的磁位。

计算均匀磁化体的磁位时,究竟采用式(2-1-43)还是式(2-1-46),取决于磁化物体的形状。一般来说,研究球体或者椭球体的磁位时,用式(2-1-46)较为方便,因为它们的重力位是已知的;对于棱柱或圆柱体等,用式(2-1-43)比较方便。

第二节　地磁要素及其分布特征

一、地磁基本要素

地磁场是一个矢量场,它是空间位置和时间的复杂函数,为了描述地磁场的时空分布特点,建立图 2-2-1 所示右手直角坐标系,取 X 轴沿地理子午线的方向;Y 轴沿纬圈方向,并规定 X 轴向北、Y 轴向东的方向为正,Z 轴的方向是向下为正。

图 2-2-1 中,T 为地球磁场总强度;H 为水平强度;Z 为垂直强度;X 为 H 的北向分量;Y 为 H 的东向分量;D 表示地理子午面与磁子午面之间的夹角,称

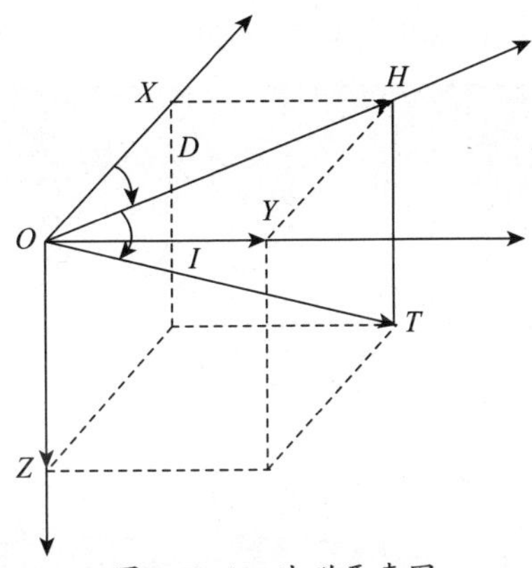

图 2-2-1　地磁要素图

为磁偏角；I 为磁倾角，向下为正，向上为负。

上述 T、X、Y、Z、H、D、I 七个物理量称为地磁要素。其中，只有三个独立分量。由图 2-2-1 可知：

$$\begin{cases} X = H\cos D \\ Y = H\sin D \\ Z = H\tan I \\ H^2 = X^2 + Y^2 \\ T^2 = H^2 + Z^2 \\ \tan D = Y/X \\ T = H\sec I = Z\cos I \end{cases} \tag{2-2-1}$$

因此，要想确定地面上某点的地磁场强度大小与方向，至少要测出任意三个彼此独立的地磁要素，这样的测量称为地磁三要素测量。

二、地磁要素的分布特征

地磁要素是随时空变化的，要了解其分布特征，必须把不同时刻所观测的数值都归算到某一特定日期，国际上将此日期一般选在 1 月 1 日零点零分，此过程称为通化，将通化后的某一地磁要素绘制成地磁要素的等值线图，简称地磁图。地磁图按要素 T、X、Y、Z、H、D 和 I 可分别绘制出相应等值线图，按编图范围分类，有世界地磁图和局部地磁图两种；世界地磁图表示地磁场在全球范围内的分布，通常每 5 年编绘一次。我国地磁图每 10 年编绘一次。

另外，根据各地的地磁要素随时间变化的观测资料，还可求出相应要素在各地的年变化平均值，绘制地磁要素年变率等值线图。

（一）世界地磁图基本特征及其分布

世界地磁图基本上反映了来自地球核部场源的各地磁要素随地理分布的基本特征。图 2-2-2～图 2-2-6 以最新发布的 WMM2020.0 模型为例，介绍世界地磁图的分布特征。其计算的地磁要素分量的范围如表 2-2-1 所列。

图 2-2-2　全球等偏线图(彩图见插页)

图 2-2-2 中:单位为°,等值线间隔为 2°,红色等值线代表正值,蓝色等值线代表负值,绿色等值线为零。

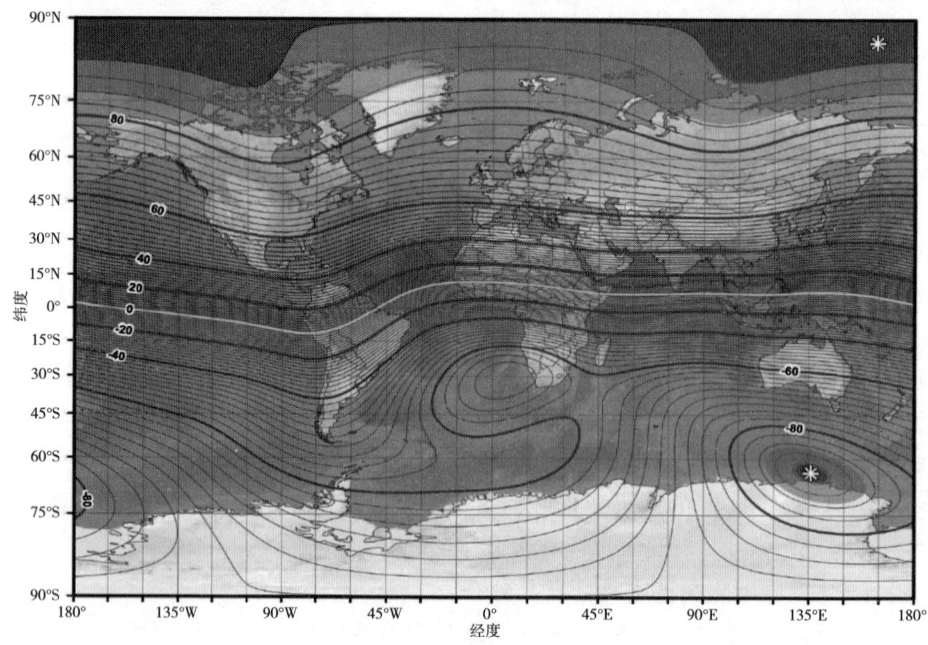

图 2-2-3　全球等倾线图(彩图见插页)

图 2-2-3 中：单位为°，等值线间隔为 2°，红色等值线代表正值，蓝色等值线代表负值，绿色等值线为零。

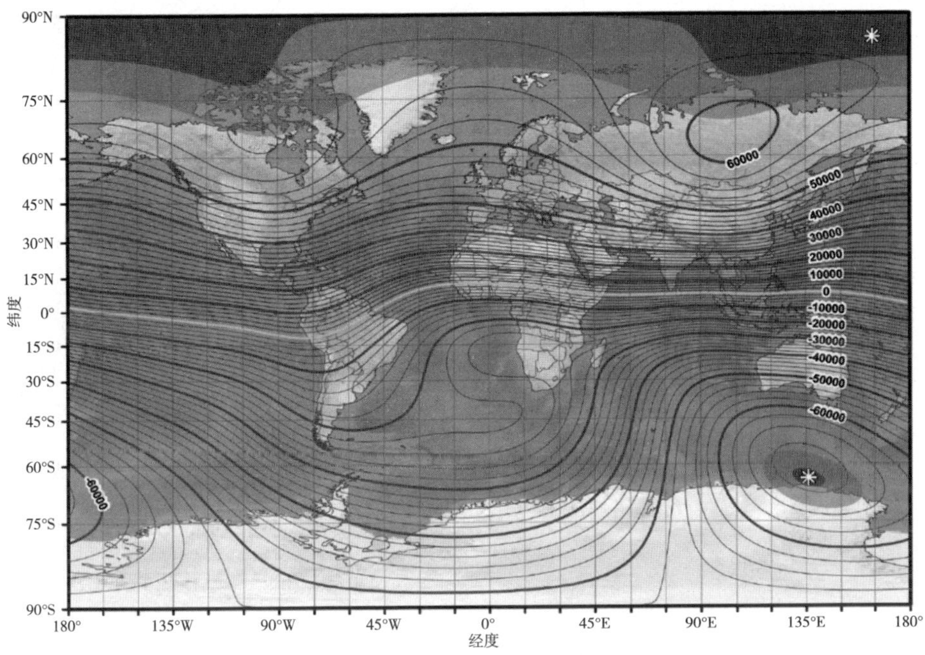

图 2-2-4　全球水平分量等值线图（彩图见插页）

图 2-2-4 中：单位为 nT，等值线间隔为 1000nT。

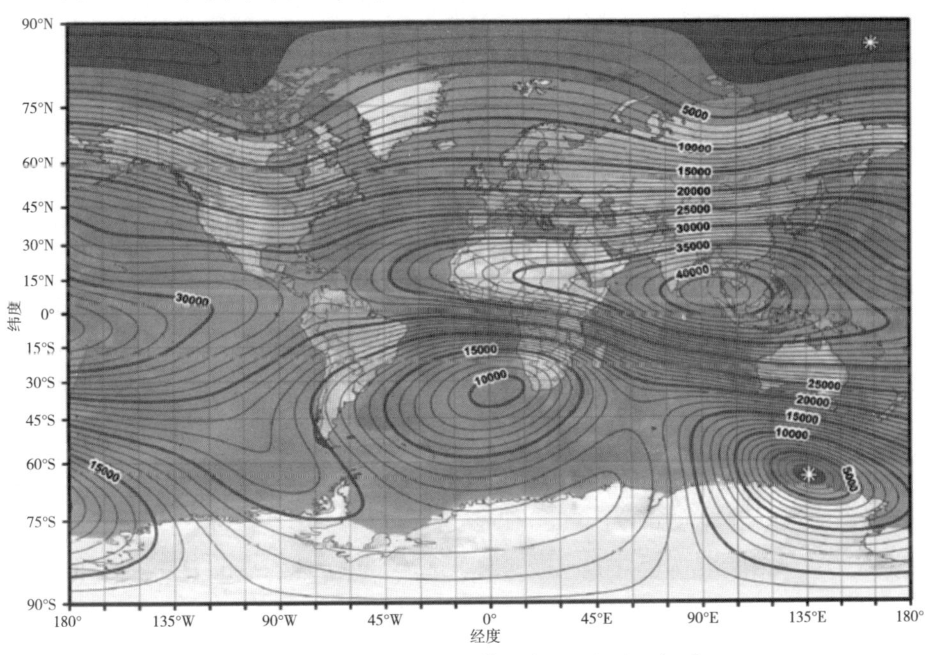

图 2-2-5　全球垂直强度等值线图（彩图见插页）

图 2-2-5 中:单位为 nT,等值线间隔为 1000nT,红色等值线代表正值,蓝色等值线代表负值,绿色代表零等值线。

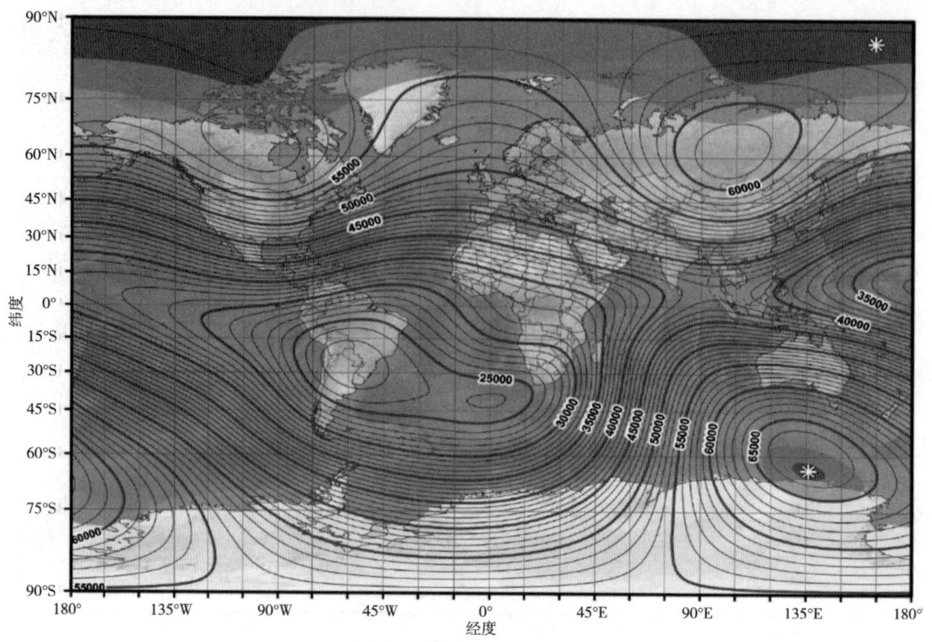

图 2-2-6　全球总场强度等值线图(彩图见插页)

图 2-2-6 中:单位为 10^3nT。

图 2-2-2 为全球等偏线图,由等偏角图可以看出,等偏线是从一点出发汇聚于另一点的曲线簇,明显地分别汇聚在南、北两磁极区,在这两点上磁北方向可以从 0°变到 360°,即没有固定的磁偏角。同样在地理两极也是如此。因此,在南北两半球上磁偏角共有 4 个汇聚点。全图有两条零偏线($D=0°$)分布,将全球分为负偏角区($D<0°$)和正偏角区($D>0°$)。

由图 2-2-3 可见,等倾线大致和纬度线平行分布。零倾线在地理赤道附近,称为磁赤道,但不是一条直线。由磁赤道向北,磁倾角为正,在北极附近有一点(实际上是一个小区域) $I = 90°$,称为北磁极。磁赤道以南,磁倾角为负,有类似的变化特征,有一个南磁极。磁南北两极的位置也是随时间变化,它们在地球表面的位置也不是对称的。

图 2-2-4 为全球水平分量等值线图,等值线图大致是沿纬度线排列的曲线簇,在磁赤道附近最大,约为 40000nT;随着纬度向两极增高,水平分量值逐渐减小趋于 0;在磁南、北两极处 $H=0$。除了两磁极区,全球各点的 H 都指向北。

图 2-2-5 为全球垂直强度等值线图,其地磁场垂直强度等值线图大致与等倾线分布相似,几乎与纬度线平行。在磁赤道上 $Z=0$,其绝对值向两极逐渐增

大,在磁极处达到 60000~70000nT,约为磁赤道附近水平强度值的 2 倍;在磁赤道以北 $Z>0$,表示垂直分量向下,在磁赤道以南 $Z<0$,表示垂直分量向上。

图 2-2-6 为全球总场强度等值线图,在大部分地区,等值线也与纬线近乎平行。其强度值在磁赤道附近为 30000~40000nT;由此向两极逐渐增大,在南北两磁极处总强度值为 60000~70000nT。表 2-2-1 为 WMM 模型计算的地磁要素分量的范围。

表 2-2-1 WMM 模型计算的地磁要素分量的范围

地磁场分量	名称	别称	在地球表面的范围			正方向
			最小值	最大值	单位	
X	北向分量	北向强度	-17000	43000	nT	北
Y	东向分量	东向强度	-18000	17000	nT	东
Z	垂直分量	垂直强度	-67000	62000	nT	向下
H	水平分量		0	43000	nT	
T	总场强度	总场强度	23000	67000	nT	
I	地磁倾角	磁倾角	-90	90	°	向下
D	地磁偏角	磁场变化	-180	180	°	东向/顺时针

根据各地磁要素在地理分布上的基本特征,可以认为地球基本磁场等效于一个位于地球中心并与其旋转轴斜交 11.5°的地球中心偶极子场。两者各地磁要素分布基本特征大致吻合,但在广大区域内两者之间存在着明显的差异。若从世界正常地磁图(图 2-2-7)所表示的结果中减去地心偶极子磁场 T_0,两者之差即为非偶极子场 T_m,从非偶极子磁场垂直分量分布图可以看出,全球有 5 个较大的磁异常,分别为南大西洋磁异常、欧亚大陆磁异常、北非磁异常、大洋洲磁异常和北美磁异常,最大磁异常值可达偶极子场的一半。表 2 2 2 所列为 WMM2020 模型计算得到的磁极位置。

表 2-2-2 WMM2020 模型计算得到的磁极位置

磁极	日期	北极	南极
地磁场磁极	2020.0	72.68°W 80.59N(地理经度) 80.37S(大地经度)	107.32°E 80.59S(地理经度) 80.37S(大地经度)
模型磁极	2020.0	164.04°W 86.50°N	135.88°W 64.07°N
非偶极子磁极	2020.0	$r=591$km,$\varphi'=22.67$°N,$\lambda=136.97$°E	

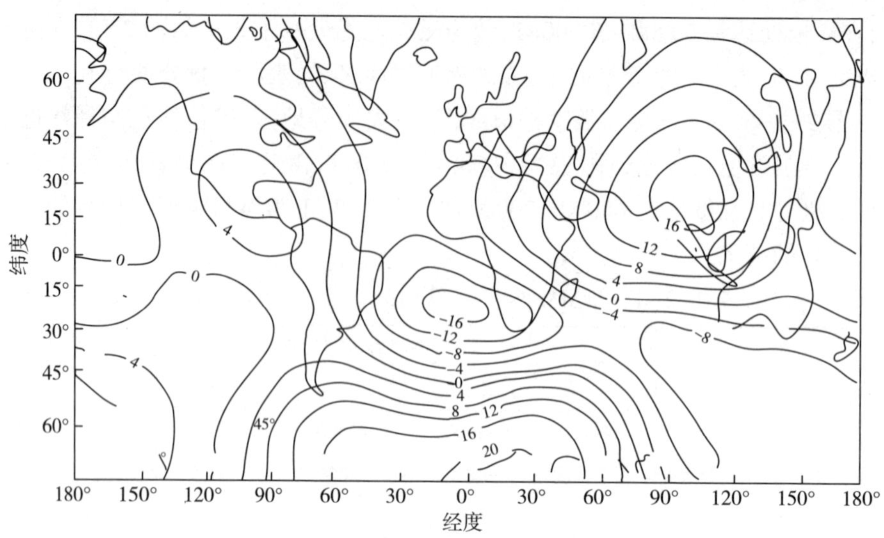

图 2-2-7　非偶极子场垂直分量分布图(20 世纪 80 年代,单位 10^3nT)

(二)我国地磁图基本特征及其分布

我国地磁倾角的零偏线由蒙古穿过我国中部偏西的甘肃省和西藏自治区延伸到尼泊尔、印度。零偏线以东偏角为负,其变化由 0°~-11°;零偏线以西为正,变化范围由 0°~5°。图 2-2-8~图 2-2-12 所示为我国范围内地磁要素的基本分布特征图。

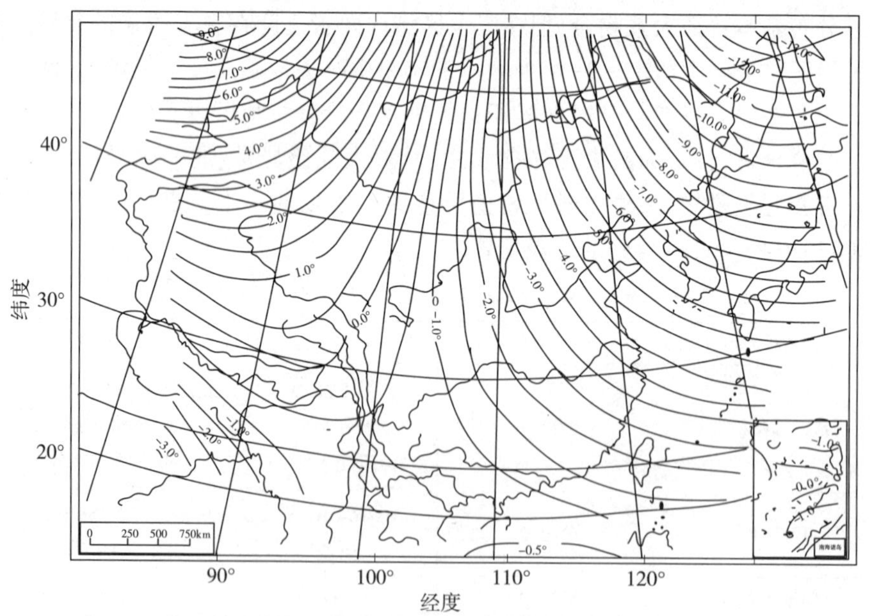

图 2-2-8　我国地区地磁偏角等值线图(20 世纪 80 年代)

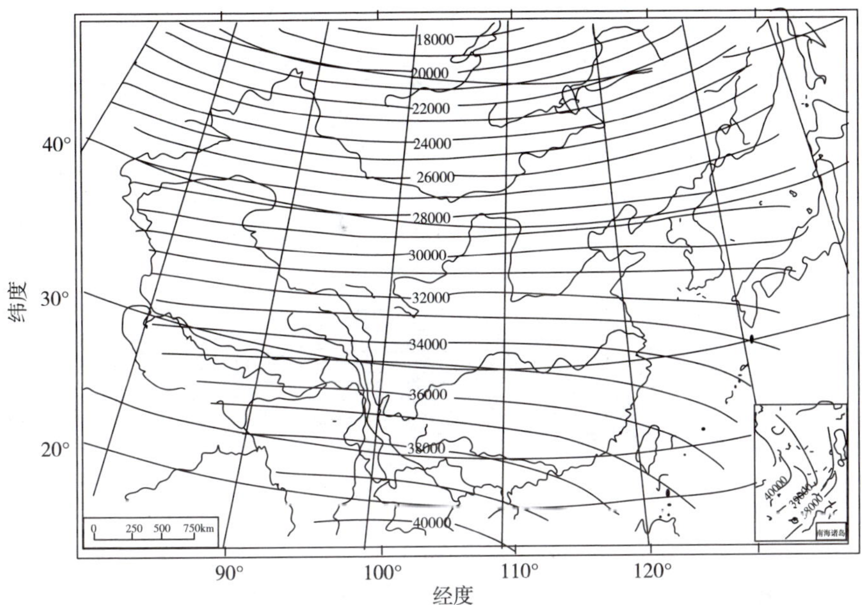

图 2-2-9　我国地区水平强度等值线图(20 世纪 80 年代,单位:nT)

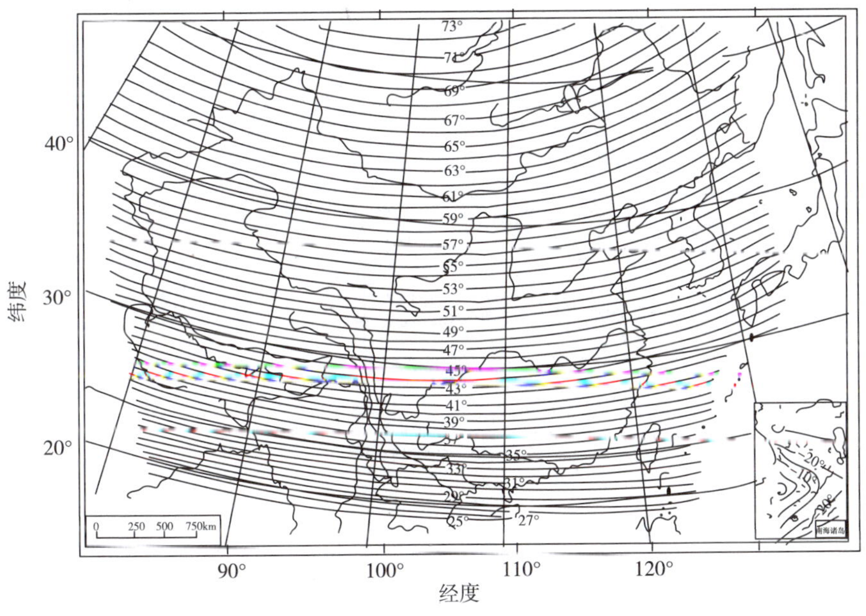

图 2-2-10　我国地区倾角等值线图(20 世纪 80 年代)

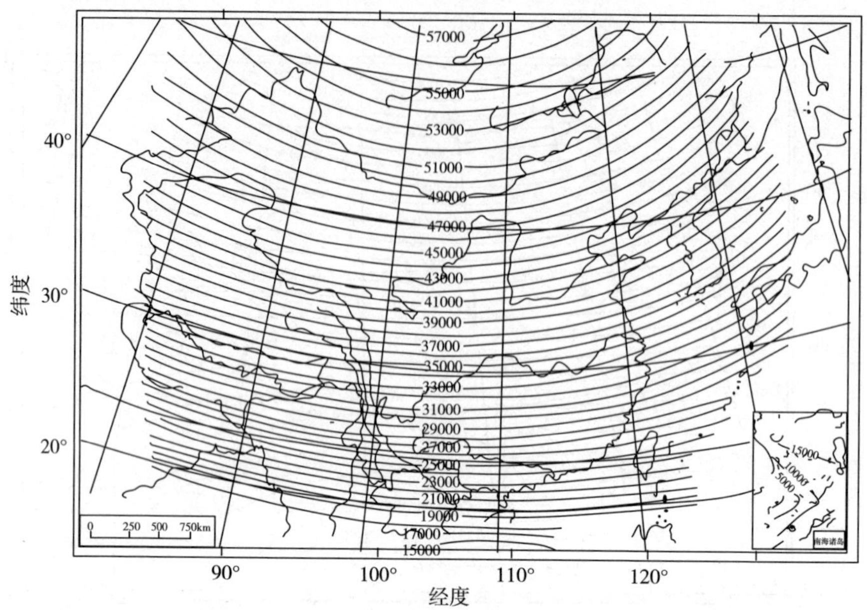

图 2-2-11　我国地区垂直强度等值线图(20 世纪 80 年代,单位:nT)

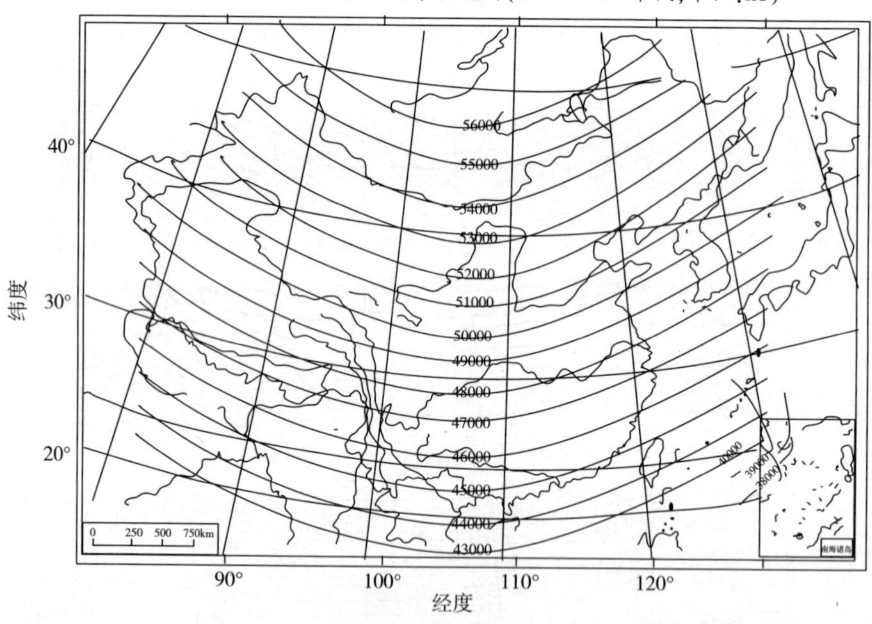

图 2-2-12　我国地区总磁场强度等值线图(20 世纪 80 年代,单位:nT)

从图 2-2-8~图 2-2-12 可以看出,我国范围内地磁要素的基本分布特征如下:磁倾角由南向北,I 值由-10°增至 70°;地磁场水平强度从南至北,H 值由 40000nT 减小至 21000nT;垂直强度自南至北由-10000nT 增加到 56000nT;总场强度由南到北,变化值为 41000~60000nT。

第三节　地磁场组成及主磁场成因

一、地磁场组成

地磁场在空间分布上,有的成分(如偶极子场)具有行星尺度的结构,其分布范围以地球半径计算,有的成分(如大陆磁异常)具有区域性结构,其尺度为几千千米量级,有的只反映局部特点,分布在几百千米到几十千米的范围内,还有尺度更小的成分;在时间变化上,有的成分(如局部磁异常)非常稳定,其变化的时间尺度可能是几百万年甚至更长,有的则是几千年或是几万年,还有以年或日为周期变化成分,更有许多成分变化极为快速;从成因方面看,有的成分与地核运动过程有关,有的成分取决于岩石层的磁性和结构,有的则是由地球外部的电磁过程产生的。

一般情况下,地球表面观测到的总地磁场 F ,是由稳定磁场 T^0 和变化磁场 $\delta T(t)$ 所组成的。其中后者仅占 2.4%,有时甚至不足 1%。这两部分又可分为起源于地球内部(上标 i)和起源于外部(上标 e),称为内源场和外源场,则

$$T = T^0 + \delta T(t) = T^i + T^e + \delta T^i(t) + \delta T^e(t) \tag{2-3-1}$$

式中: T^i 和 T^e 各占 T^0 的 94%和 6%; δT^i 和 δT^e 各为 $\delta T(t)$ 的 1/3 和 2/3 的数量级。

总地磁场 T 还可写为

$$T = T_M + T_m + T_a + T^e + \delta T(t) \tag{2-3-2}$$

式中: T_M 为把地球作为均匀磁化球体产生的磁场,称为均匀场,即前述的地心偶极子磁场; T_m 为由地球内部不均匀磁化产生的磁场,称为大陆场或剩余场; T_a 为地壳构造不均匀性引起的磁场,称为异常场(包括区域异常和局部异常); T^e 称为外磁场; $\delta T(t)$ 为随时间变化的磁场,称为时变或变化磁场。通常又将均匀场、大陆场和外源场之和称为正常场、主磁场或基本磁场 T_n ;而均匀场、大陆场和异常场之和一般称为内源场 T^i ,有时也称为主磁场,即

$$T_n = T_M + T_m + T_e \approx T_M + T_m \tag{2-3-3}$$

$$T^i = T_M + T_m + T_a \approx T_M + T_m = T_n \tag{2-3-4}$$

从 T_n (或 T)中减去 T_M 所剩余的磁场,相对于偶极子磁场,又可称为非偶极子磁场。关于 T^e 和 $T^e(t)$,表示起源于地球外部的磁场(外源场),即由高空电离层和磁层电流等所引起的磁场。表 2-3-1 列出了地磁场的基本组成。

表 2-3-1　地磁场的基本组成

名称	符号	磁场强度/nT	变化情况	产生原因
均匀磁场	T_M	$\approx 5\times10^4$	长期	地球内部(源)磁场的均匀部分,称为偶极子磁场
大陆(剩余)磁场	T_m	$\approx 10^2 \sim 10^3$	长期	地球内部(源)磁场的不均匀部分
异常地磁场	T_a	$\approx 10^5 \sim 10^6$	长期	地球岩石的不均匀变化
外源地磁场	T^e	$\approx 10^2 \sim 10^3$	短期	高空电离层和磁层中的环电流
时变地磁场	$\delta T(t)$	$\approx 10 \sim 10^3$	短期、长期	地磁场各组成部分随时间变化的分量

另外,按研究地磁场的目的不同,可将地磁场分为正常场和磁异常两部分。通常情况下,正常场和异常场是相对的概念,正常磁场可认为是磁异常的背景场或基准场。例如,考虑大尺度地壳磁异常时,把地核主磁场作为正常场,而在考虑小尺度局部异常时,将地核主磁场加上小尺度区域异常场作为背景的正常场。如果考虑的区域很小,则可以把该区周围的磁场作为正常场。由此可见,正常场的选择是根据所研究磁异常的需求而定的。对于军事应用目的的海洋磁力测量而言,一般将所研究对象(如潜艇、舰船、水雷等)本身磁性产生的磁场作为磁异常,而将研究对象周围的地磁场作为背景场。

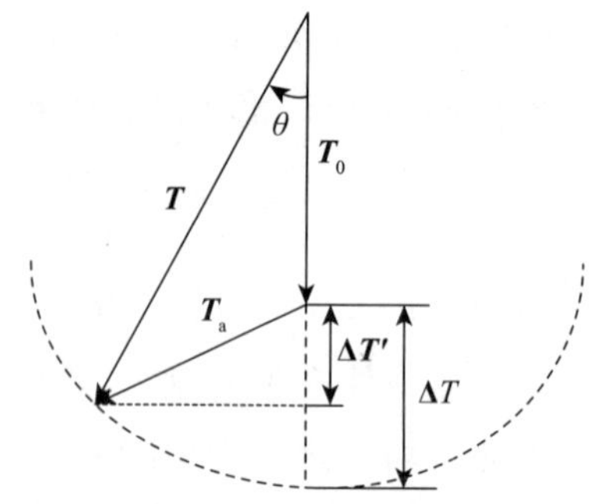

图 2-3-1　ΔT 与 $\boldsymbol{T}_a$ 的关系

由于磁异常 $\boldsymbol{T}_a$ 是一个矢量场,直接测量 $\boldsymbol{T}_a$ 是困难的,实际测量中海洋磁力仪测得的是地磁场总强度的模量差 ΔT,可表示为

$$\Delta T = |\boldsymbol{T}| - |\boldsymbol{T}_0| \tag{2-3-5}$$

图 2-3-1 所示为 ΔT 与 $\boldsymbol{T}_a$ 的关系,ΔT 既不是 $\boldsymbol{T}_a$ 的模量,也不是 $\boldsymbol{T}_a$ 在 $\boldsymbol{T}_0$ 方向上的投影。根据三角余弦定理有

$$\boldsymbol{T} = \sqrt{\boldsymbol{T}_0^2 + \boldsymbol{T}_a^2 + 2\boldsymbol{T}_0\boldsymbol{T}_a\cos\theta} \tag{2-3-6}$$

则式(2-3-5)可写为

$$\boldsymbol{T}_0 + \Delta T = \sqrt{\boldsymbol{T}_0^2 + \boldsymbol{T}_a^2 + 2\boldsymbol{T}_0\boldsymbol{T}_a\cos\theta} \tag{2-3-7}$$

对式(2-3-7)两边平方后除以 $\boldsymbol{T}_0^2$,可得

$$\left(\frac{\Delta T}{\boldsymbol{T}_0}\right)^2+2\left(\frac{\Delta T}{\boldsymbol{T}_0}\right)=\left(\frac{\boldsymbol{T}_a}{\boldsymbol{T}_0}\right)+2\left(\frac{\boldsymbol{T}_a}{\boldsymbol{T}_0}\right)\cos\theta \tag{2-3-8}$$

一般 $\boldsymbol{T}_a \ll \boldsymbol{T}_0$，式(2-3-8)中的平方项可略去，则

$$\Delta T \approx \boldsymbol{T}_a\cos\theta = \boldsymbol{T}_a\cos(\boldsymbol{T}_a, \boldsymbol{T}_0) \tag{2-3-9}$$

式(2-3-9)表明，当磁异常强度 $\boldsymbol{T}_a$ 不大时，可近似将 ΔT 看成 $\boldsymbol{T}_a$ 在 $\boldsymbol{T}_0$ 方向上的投影，即 ΔT 。

二、地球磁场的起源

地球的磁场是如何产生并维持的？这是地球物理学中一个根本性的基本课题。不仅对地球环境的认识、演化的发生，以及地球上许多实践问题的解决，有着决定性的影响，而且借助地磁场起源的概念，进一步可探究宇宙中各种各样的天体磁场，包括行星磁场、太阳磁场和其他恒星以及星系磁场等。因此，地球磁场的起源问题至今仍是地球科学研究的重要问题之一。

一个完善的地磁起源的理论，必须能够解释下列各种观测事实。

(1)地磁场由偶极子项与非偶极子项组成，而以偶极子场为其主要特征。

(2)偶极子磁矩每年以0.05%的速率递减。

(3)地磁场的西向漂移。

(4)地磁场的倒转。

关于地球磁场起源的学说已不下十余种，有的早已被否定，有的已基本上称为历史陈迹，有的不符合观测事实，只有地核发电机模型，近年来得到了迅速发展，也越来越得到公认，甚至扩大为天体磁场和星际磁场的一个重要来源。下面介绍自激发电机效应假说。

这个假说是从以下前提出发的。

(1)地核是一个导电的流体。

(2)地核中原来存在着微弱的磁场。

(3)在地核流体中，持续发生着差异运动或对流。按照磁流体力学规律形成的地核电流体和原有弱磁场的相互作用，通过感应方式电流自身形成的场又可持续不断地再生磁场，从而增强后来的磁场。由于地核电流体持续运动而不断提供能量，因而引起一种自激发电机效应。由于能量的不断消耗和供应，磁场增强到一定程度就会稳定下来，形成现在的地球基本磁场。

第四节　地磁场的解析表示

一、均匀磁化球体的磁场

研究地球磁场的一个重要任务，就是要把地磁场的各分量强度与经纬度坐标的关系用数学解析式表达出来。И. 西蒙诺夫于 1835 年根据地球磁场是一个磁轴通过地球中心的均匀磁化球体的磁场，推导了相应的数学表达式。

均匀磁化球体在外部空间的磁位等效于一个磁偶极子的磁位。这样，假设地球磁场是均匀球体磁场和假设地球磁场是一个磁偶极子磁场是一致的。U 可进一步写为

$$U = \frac{M}{r^2}\cos\theta \qquad (2-4-1)$$

地球旋转轴 ON 与磁轴 OQ 组成的夹角为 $90° - \varphi_0$，用大圆弧连结 P、N 和 Q 三点，由球面三角形 PQN 可得

$$\cos\theta = \sin\varphi\sin\varphi_0 + \cos\varphi\cos\varphi_0\cos(\lambda - \lambda_0) \qquad (2-4-2)$$

式中：φ,λ 为 P 点的纬度和经度；

φ_0,λ_0 为 Q 点的纬度和经度。

将式(2-4-2)代入式(2-4-1)可得

$$U = \left(\frac{M}{r^2}\right)[\sin\varphi\sin\varphi_0 + \cos\varphi\cos\varphi_0\cos(\lambda - \lambda_0)] \qquad (2-4-3)$$

再引入下列符号

$$\begin{cases} g_1^0 = \dfrac{4}{3}\pi J\sin\varphi_0 = \dfrac{M}{R^3}\sin\varphi_0 \\ g_1^1 = \dfrac{4}{3}\pi J\cos\varphi_0\cos\lambda_0 = \dfrac{M}{R^3}\cos\varphi_0\cos\lambda_0 \\ h_1^1 = \dfrac{4}{3}\pi J\cos\varphi_0\sin\lambda_0 = \dfrac{M}{R^3}\cos\varphi_0\sin\lambda_0 \end{cases} \qquad (2-4-4)$$

则

$$U = \frac{R^3}{r^2}[g_1^0\sin\varphi + (g_1^1\cos\lambda + h_1^1\sin\lambda)\cos\varphi] \qquad (2-4-5)$$

图 2-4-1 给出了地理坐标与地磁坐标的关系，大圆弧 NP 是 P 点的子午线，所以在 PN 方向的分量是北向分量 X，而在小圆弧 SP 方向上的分量是东向分量 Y，在矢径 r 方向的分量是垂直分量 Z。

由于 $\mathrm{d}x = r\mathrm{d}\phi$；$\mathrm{d}y = r\cos\phi\mathrm{d}\lambda$；$\mathrm{d}z = \mathrm{d}r$，则

$$
\begin{cases}
X = -\dfrac{1}{r}\dfrac{\partial U}{\partial \varphi} \\
Y = -\dfrac{1}{r\cos\varphi}\dfrac{\partial U}{\partial \lambda} \\
Z = -\dfrac{\partial U}{\partial r}
\end{cases}
\tag{2-4-6}
$$

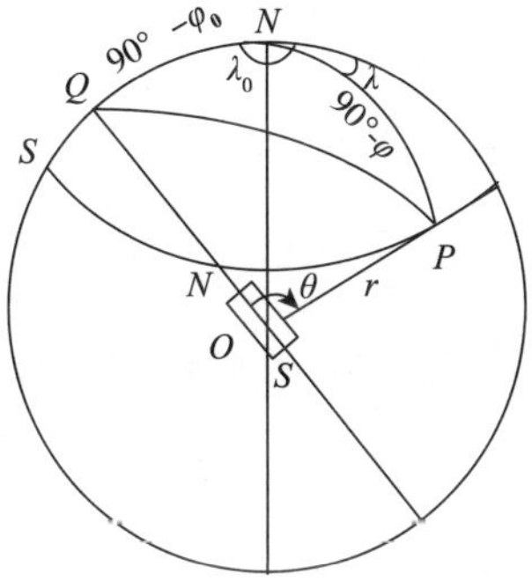

图 2-4-1　地理坐标与地磁坐标的关系

将式(2-4-6)对 φ 、λ 和 r 微分,并且因为 P 点位于地球表面,令 $r=R$,得地磁场各分量关系式为

$$
\begin{cases}
X = -g_1^0\cos\varphi + (g_1^1\cos\lambda + h_1^1\sin\lambda)\sin\varphi \\
Y = g_1^1\sin\lambda - h_1^1\cos\lambda \\
Z = 2[(g_1^0\sin\varphi + (g_1^1\cos\lambda + h_1^1\sin\lambda)\cos\varphi]
\end{cases}
\tag{2-4-7}
$$

式中: g_1^0, g_1^1 和 h_1^1 是一组常数,它与 P 点位置无关。为了求这些常数,首先需要知道地面上几个观测点的 X 、Y 和 Z 值。然后将这些值及有关地理坐标代入,用最小二乘法求解 g_1^0, g_1^1 和 h_1^1。

通过式(2-4-7)就可以分析均匀磁化场的基本规律。假设通过磁极点的地理子午线为起始子午线,则 $\lambda_0 = 0$,并认为地球是沿着旋转轴方向被磁化,磁轴与旋转轴重合,则 $\varphi_0 = 90°$ 。在这种情况下,有

$$
h_1^1 = 0\ ,\ g_1^1 = 0\ ,\ g_1^0 = \frac{4}{3}\pi J = \frac{M}{R^3}
$$

将上式代入式(2-4-7),得

$$
\begin{cases}
X = H = \left(\dfrac{M}{R^3}\right)\cos\varphi \\
Y = 0 \\
Z = \left(\dfrac{2M}{R^3}\right)\sin\varphi \\
T = \sqrt{H^2 + Z^2} = \dfrac{M}{R^3}(1 + 3\sin^2\varphi)\ \dfrac{1}{2}
\end{cases}
\tag{2-4-8}
$$

在磁赤道附近，$\varphi=0°$，则

$$\begin{cases} Z = 0 \\ H = T = \dfrac{M}{R^3} \end{cases} \tag{2-4-9}$$

在磁两极处，$\varphi=\pm 90°$，则

$$\begin{cases} Z = T = \pm 2\dfrac{M}{R^3} \\ H = 0 \end{cases} \tag{2-4-10}$$

显然有

$$T_{两极} = 2T_{赤道} \tag{2-4-11}$$

另外，由于 Z/H 是倾角 I 的正切，可由式(2.59)得

$$\tan I = \frac{Z}{H} = 2\tan\varphi \tag{2-4-12}$$

即磁倾角的正切为 2 倍的磁纬度正切。

这些特点同地磁图分析得出的结论基本上是一致的。如果把用公式计算的地磁场要素值和实际得到的数值相比较，虽然对某些点差异很大，但从整体上有某些符合的趋势。因此用均匀磁化球体的磁场(或磁偶极子磁场)来表示地球磁场，在一级近似下可认为是正确的，可以用来解决一些实际问题，如计算地磁要素各分量的梯度和磁矩等。

1. 计算地磁要素的梯度值

根据式(2-4-8)有

$$\begin{cases} \dfrac{\partial Z}{\partial X} = \dfrac{1}{R}\dfrac{\partial Z}{\partial \varphi} = \dfrac{2M}{R^4}\cos\varphi = \dfrac{2H}{R} \\ \dfrac{\partial H}{\partial X} = \dfrac{1}{R}\dfrac{\partial H}{\partial \varphi} = -\dfrac{M}{R^4}\sin\varphi = -\dfrac{Z}{2R} \\ \dfrac{\partial T}{\partial X} = \dfrac{1}{R}\dfrac{\partial T}{\partial \varphi} = \dfrac{M}{R^4}\dfrac{3\sin\varphi\cos\varphi}{(1+3\sin^2\varphi)^{\frac{1}{2}}} = \dfrac{3HZ}{RT} \end{cases} \tag{2-4-13}$$

和

$$\begin{cases} \dfrac{\partial Z}{\partial R} = -\dfrac{6M}{R^4}\sin\varphi = -\dfrac{3Z}{R} \\ \dfrac{\partial H}{\partial R} = -\dfrac{3M}{R^4}\cos\varphi = -\dfrac{3H}{R} \\ \dfrac{\partial T}{\partial R} = -\dfrac{3M}{R^4}(1+3\sin^2\varphi)^{\frac{1}{2}} = -\dfrac{3T}{R} \end{cases} \tag{2-4-14}$$

设某地的垂直分量及水平分量分别为 $Z=46200\text{nT}$，$H=29900\text{nT}$。取 $R=6370\text{km}$，则各要素的梯度为

$$\frac{\partial Z}{\partial X}=9.1\text{nT/km},\ \frac{\partial H}{\partial X}=-3.6\text{nT/km},\ \frac{\partial T}{\partial X}=1.6\text{nT/km}$$

即该地区每向北移动 1km，Z 值增加 9.1nT，H 值减少 3.6nT，T 值增加 1.6nT，而

$$\frac{\partial Z}{\partial R}=-21.8\text{nT/km},\ \frac{\partial H}{\partial R}=-14.1\text{nT/km},\ \frac{\partial T}{\partial R}=-25.9\text{nT/km}$$

即该地区每升高 1km，Z、H 和 T 各减少 21.8nT、14.1nT 和 25.9nT。

2. 计算地球的磁矩及平均磁化强度

由式(2-4-4)可得

$$\frac{4}{3}\pi J=\left[(g_1^0)^2+(g_1^1)^2+(h_1^1)^2\right]^{\frac{1}{2}} \tag{2-4-15}$$

$$J=\frac{3}{4\pi}\left[(g_1^0)^2+(g_1^1)^2+(h_1^1)^2\right]^{\frac{1}{2}} \tag{2-4-16}$$

再根据式(2-4-3)可得

$$M=R^3\left[(g_1^0)^2+(g_1^1)^2+(h_1^1)^2\right]^{\frac{1}{2}} \tag{2-4-17}$$

按 1945 年计算的系数 $g_1^0=-0.3032$，$g_1^1=-0.0229$，$h_1^1=0.059$，将其代入式(2-4-16)和式(2-4-17)可得

$$\begin{cases}J=7.4\times10^3\text{nT}\\M=8.0\times10^{30}\text{nT}\end{cases}$$

这个磁化强度数值是铁磁性物质在天然状态下磁化时才具有的数值。实际上，地球上层并不是这样的物质构成，所以用磁化球体概念来解释地磁场的起源是不确切的。

二、地磁场的球谐分析

(一)球谐分析原理

磁场在球外满足拉普拉斯方程，而拉普拉斯方程的解可以描述为球函数展开形式。因此，可用球谐函数来对地球磁位进行展开，这种分析的方法称为球谐分析。该方法于 1838 年由高斯提出，可以表示全球范围地磁场的分布及其长期变化，另外该方法还可区分外源场和内源场。

假设地球是均匀磁化球体，球体半径为 R，N 为地理北极。设地球旋转轴与地磁轴重合，故 N 也表示地磁北极。

如图 2-4-2 所示，采用球坐标系，坐标原点为球心，球外任一点 P 的地心距

为 r ,余纬为 θ ($\theta = 90° - \varphi$, φ 为纬度),经度为 λ 。

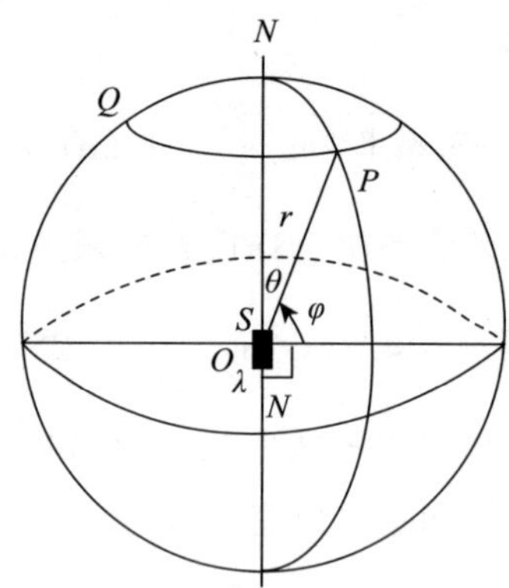

图 2-4-2　球极坐标系

则在地磁场源区之外空间域坐标系(r,θ,λ)中,磁位 U 的拉普拉斯方程为

$$\nabla^2 U(r,\theta,\lambda) = \frac{1}{r^2}\frac{\partial}{\partial r}\left(r^2\frac{\partial U}{\partial r}\right) + \frac{1}{r^2\sin\theta}\frac{\partial}{\partial\theta}\left(\sin\theta\frac{\partial U}{\partial\theta}\right) + \frac{1}{r^2\sin^2\theta}\frac{\partial^2 U}{\partial\lambda^2} = 0 \tag{2-4-18}$$

采用分离变量法,令

$$U(r,\theta,\lambda) = R(r)\cdot H(\theta)\cdot \Phi(\lambda) \tag{2-4-19}$$

得拉普拉斯方程的一般解,可分别获得其内源场和外源场的磁位球谐表达式。若设外源场磁位为零,内源场的磁位球谐表达式为

$$U = \sum_{n=1}^{\infty}\sum_{m=1}^{n}\frac{1}{r^{n+1}}[A_n^m\cos(m\lambda) + B_n^m\sin(m\lambda)]\bar{P}_n^m\cos\theta \tag{2-4-20}$$

式中: $\bar{P}_n^m\cos(\theta)$ 为施密特(Schmidt)准归一化的缔合勒让德(Legendre)函数,可表示为

$$\bar{P}_n^m\cos\theta = \left[\frac{C_m(n-m)!}{(n+m)!}\right]^{\frac{1}{2}}(\sin\theta)^m\frac{\mathrm{d}m}{\mathrm{d}(\cos\theta)^m}p_n\cos\theta \tag{2-4-21}$$

式中: $p_n^m\cos\theta$ 为勒让德多项式,即

$$p_n^m\cos\theta = (\sin\theta)^m\frac{\mathrm{d}m}{\mathrm{d}(\cos\theta)^m}P_n\cos\theta \tag{2-4-22}$$

式(2-4-22)为 n 阶 m 次缔合勒让德多项式。

$$C_m = \begin{cases}1, & m = 0\\ 2, & m > 1\end{cases} \tag{2-4-23}$$

其中, A_n^m 和 B_n^m 为内源场磁位的球谐级数系数,它与球体内任意一点元磁荷 $\mathrm{d}m_0$ 的体积分有关。若小体积元中心点坐标为(r_0,θ_0,φ_0),则有

$$
\begin{cases}
A_n^m = \dfrac{1}{4\pi\mu_0}\iiint r_0^n p_n^m(\cos\theta_0)\cos(m\lambda_0)\,\mathrm{d}m_0 \\
B_n^m = \dfrac{1}{4\pi\mu_0}\iiint r_0^n p_n^m(\cos\theta_0)\sin(m\lambda_0)\,\mathrm{d}m_0
\end{cases}
\tag{2-4-24}
$$

由磁位表达式可得地磁场三个分量（北向分量 X、东向分量 Y 和垂直分量 Z）的表达式：

$$
\begin{cases}
X = \sum\limits_{n=1}^{N}\sum\limits_{m=0}^{n}\left(\dfrac{R}{r}\right)^{n+2}[g_n^m\cos(m\lambda) + h_n^m\sin(m\lambda)]\dfrac{\mathrm{d}}{\mathrm{d}\theta}\bar{P}_n^m\cos(\theta) \\
Y = \sum\limits_{n=1}^{N}\sum\limits_{m=0}^{n}\left(\dfrac{R}{r}\right)^{n+2}\dfrac{m}{\sin\theta}[g_n^m\sin(m\lambda) - h_n^m\cos(m\lambda)]\bar{P}_n^m\cos(\theta) \\
Z = -\sum\limits_{n=1}^{N}\sum\limits_{m=0}^{n}(n+1)\left(\dfrac{R}{r}\right)^{n+2}[g_n^m\cos(m\lambda) + h_n^m\sin(m\lambda)]\bar{P}_n^m\cos(\theta)
\end{cases}
\tag{2-4-25}
$$

式中：R 为国际参考场半径，即地球半径，$R = 6371.2\text{km}$；$\theta = 90° - \varphi$；φ 为 P 点的地理纬度；λ 为以格林尼治向东起算的 P 点的地理经度；g_n^m，h_n^m 为 n 阶 m 次高斯球谐系数，其关系式为

$$
\begin{cases}
g_n^m = R^{-(n+2)}A_n^m\mu_0 \\
h_n^m = R^{-(n+2)}B_n^m\mu_0
\end{cases}
\tag{2-4-26}
$$

设 N 为阶次的截断阶数，则系数的总个数 $S = N(N+3)$。

式(2-4-25)即为地磁场的高斯(Gaussian)球谐表达式，若已知球谐系数和某点地理坐标经纬度，利用此式便可计算地球表面($r=R$)和它外部($r>R$)的任意一点的地磁要素三分量。

同样，若有三分量观测值，就可以利用式(2-4-26)求解球谐系数 g_n^m 和 h_n^m。为了提高可靠性，需要大量的多余观测，采用最小二乘法求解。若有地磁场的长期变化值，还可以求得年变率球谐系数，记为 $\dot{g}_n^m$ 和 $\dot{h}_n^m$。利用它们可计算经年变率校正后的某年地磁要素值。

对于截断阶数的选择，高斯只能做到 4 阶，随着数据资料的积累，许多学者计算了级数的系数，其阶数不断提高，G. 凡泽劳 1964 年计算到 15 阶，B. 科列索娃在 1965 年计算到 23 阶。但是，球谐级数 6~8 阶的全部系数是急剧减小的，之后就变为缓慢地减小并出现一些振荡，但是一直到 23 阶为止，没有一个系数是明显增大的。因此，绝大多数的现代球谐分析，阶数都限制在 8~12 阶。

球谐级数的 $n=1$ 部分称为偶极地磁场，$n>1$ 的部分称为非偶极地磁场，后者的强度只有前者的 20%左右。并且其二阶和三阶项分别表示四级子和八极子在

球内分布,可用来解释地磁场分布不对称型等特征。另外,有学者认为 $n=13$ 阶是地核场和地壳场的分界点,$n\leqslant 13$ 的部分表示地核场,$n>13$ 的部分表示地壳场。

1968 年,国际地磁和高空物理协会(International Association of Geomagnetism and Aeronomy,IAGA)首次提出 20 世纪 60 年代高斯球谱分析模式,并在 70 年代正式批准了这种模式,称为国际地磁参考场模型,记为 IGRF。它是由一组高斯球谱系数 g_n^m 、h_n^m 和年变率系数 $\dot{g}_n^m$ 、$\dot{h}_n^m$ 组成的。它是地球基本磁场和长期变化场的数学模型;国际上规定每 5 年发布一次球谱系数,编绘一套世界地磁图。IGRF 表示确定的地磁参考场,高斯系数今后不再修改;每 5 年改变一次模型,通过年表率的调整取得。

有了地磁场高斯球谱表达式,就可进一步求得地磁场其他要素以及有关梯度。地磁场三分量相对于球坐标系的正常梯度场,可用式(2-4-27)和式(2-4-28)表示:

$$
\begin{cases}
\dfrac{\partial Z}{\partial X} = \dfrac{1}{R}\dfrac{\partial Z}{\partial \varphi} = \dfrac{2M}{R^4}\cos\varphi = \dfrac{2H}{R} \\
\dfrac{\partial H}{\partial X} = \dfrac{1}{R}\dfrac{\partial H}{\partial \varphi} = -\dfrac{M}{R^4}\sin\varphi = -\dfrac{Z}{2R} \\
\dfrac{\partial T}{\partial X} = \dfrac{1}{R}\dfrac{\partial T}{\partial \varphi} = \dfrac{M}{R^4}\dfrac{3\sin\varphi\cos\varphi}{(1+3\sin^2\varphi)^{\frac{1}{2}}} = \dfrac{3HZ}{RT}
\end{cases}
\tag{2-4-27}
$$

$$
\begin{cases}
\dfrac{\partial Z}{\partial R} = -\dfrac{6M}{R^4}\sin\varphi = -\dfrac{3Z}{R} \\
\dfrac{\partial H}{\partial R} = -\dfrac{3M}{R^4}\cos\varphi = -\dfrac{3H}{R} \\
\dfrac{\partial T}{\partial R} = -\dfrac{3M}{R^4}(1+3\sin^2\varphi)^{\frac{1}{2}} = -\dfrac{3T}{R}
\end{cases}
\tag{2-4-28}
$$

正常场梯度值随着地理坐标及高度变化而改变,因此,在进行较大面积海洋磁力测量时,必须消除随地理坐标的影响。

(二)世界主要的全球地磁场模型

目前,国际上主要的地磁场模型就是采用球谱分析(Spherical Harmonic Analysis,SHA)方法建立的,其中包括国际地磁参考场模型、世界地磁场模型(World Magnetic Model,WMM)、POMME(Potsdam Magnetic Model of the Earth)模型等 8 个模型,介绍如下。

1. 国际地磁参考场模型

IGRF 模型是国际地磁学和高空物理协会(IAGA)推出的全球地磁场模型,

由高斯球谐分析的方法获取一组高斯球谐系数和年变率系数组成的,球谐系数最大阶数为 13 阶。IGRF 表示确定的地磁参考场,高斯系数今后不再修改;每 5 年改变一次模型,通过年变率的调整取得。2019 年 12 月,IAGA 发布了第 13 代 IGRF 模型——IGRF13。该模型由来自美国、英国、法国、丹麦、德国、俄罗斯、中国等国家的 13 个入选模型计算得到。值得注意的是,该模型首次获取了中国首批完全自主知识产权的“张衡一号”卫星观测数据(2018.01—2019.09)。该模型是自 IGRF 开始更新的一个多世纪以来唯一由中国科学家牵头制作的全球地磁场模型,迄今唯一采用中国数据制作的全球地磁场参考模型,也是本次 13 个入选模型中唯一没有采用欧空局 Swarm 卫星数据的模型。该模型广泛地应用于地球内核、地壳、电离层和磁层等研究,而目前我国海洋磁力测量中,地磁正常场校正采用的就是最新的 IGRF 参考场模型。

2. 世界地磁场模型

世界地磁场模型是一种主要用于描述地球主磁场,同时也兼顾岩石圈磁场和海洋感应磁场长波成分的数学模型。该模型由美国国家地理空间情报局(National Geospatial-Intelligence Agency,NGA)和英国国防地理中心(Defense Geographic Center,DGC)联合发布的。其所采用的数学方法是将磁势展开成 12 阶球谐方程,地磁场最小波长为 28.8rad,即在地球表面的长度为 3200km。该模型作为美国国防部(Department of Defense,DoD)、英国防务部、北约组织(North Atlantic Treaty Organization, NATO)和国际水道测量组织(International Hydrographic Organization,IHO)进行航行、姿态、航向参考系统的标准模型,同时也可应用于民用导航和定向系统。2019 年 12 月,英国和美国联合发布了 WMM2020 世界地磁场模型,该模型将取代 WMM2015 模型,有效期是从 2020 年 1 月到 2025 年 12 月 31 日,地磁强度的全球估计精度为 90~170nT。

3. NGDC-720 模型

为了适应地磁辅助导航的需求,美国和英国共同研制了世界地磁场模型,即 WMM 系列模型,同时也构建了一个更高阶的 NGDC-720 模型(截断阶数为 720 阶),可以提供地球表面或上空任意位置上,岩石圈磁场的矢量信息。该模型综合利用了卫星、海洋、航空和地面磁测数据:首先将航磁和船磁数据归算到共同的格网点;其次用 CHAMP 数据来计算低阶的地壳场;最后用最小二乘法得到模型球谐系数(16~720 阶,共 519585 个),相应的空间波长为 2500~56km,可以描述地壳场的精细结构。2019 年 1 月 7 日,国家地球物理数据中心(National Data Center,NGDC)发布 NGDC720 阶地磁场模型,并且声明该模型将不再更新,该模型及球谐级数为软件评估和测试提供应用。

4. EMM 模型

增强地磁场模型(Enhanced Magnetic Model,EMM 模型)是描述地球主磁场和岩石圈磁场的数学模型,是由 WMM 模型和 NGDC720 阶高精度的异常场模型的组合模型,其利用 WMM 模型主要计算主磁场的磁场要素,利用 NGDC720 阶高精度地壳异常场模型计算异常场的磁场要素,叠加获得的主磁场和组合磁场的主和模型,弥补主磁场所不能体现的异常场,以获取较高精度的磁场信息。该模型由英国地质调查局(British Geological Survey,BGS)和美国地质调查局(United States Geological Survey,USGS)联合推出,由美国国家地理空间情报局(NGA)和英国国防地球影像制图与情报局(DGIA)提供资金,美国国家地球物理数据中心(NGDC)和英国地质调查局(BGS)制作,并由美国国家地球物理数据中心(NGDC)发布。EMM 模型综合卫星、航空、船载和地面台站地磁数据,最高阶数为 720 阶,对地磁异常分辨率的波长可以达到 56km。最新的 EMM 模型版本是 EMM2017,利用了欧洲空间局的 Swarm 卫星数据,于 2017 年 7 月 5 日发布,有效使用期为 2000—2022 年。球谐级数展开至 790 阶(地核磁场为 1~15 阶,岩石圈磁场为 16~790 阶),空间分辨率达到 51km。该模型在刻画异常场方面更准确,广泛应用于民用导航系统中,为常用导航设备提供辅助信息。

5. 综合模型

综合模型(Comperhensive Model of Geomagnetic Field,CM)是同时顾及地磁场随时间随空间变化的模型,其是在 20 世纪 90 年代由美国戈达德航天中心(NASA/(Goddard Space Flight Center,GSFC))和丹麦空间研究院(DSRI)综合使用 POGO、MAGSAT、Oersted 和 CHAMP 两代地磁卫星数据构建的地磁场综合模型,模型采用的方法顾及了从地面到卫星的观测磁场的空间和时间变化问题,并且还包含了对主磁场和地壳场的描述。1993 年,Sabaka 等建立了第一代地磁场综合模型——CM1;1996 年,Langel 等在 CM1 的基础上建立了第二代地磁场综合模型——CM2;2002 年,Sabaka 和 Olsen 等建立了第三代地磁场综合模型-CM3,它相对于 CM1 和 CM2 主要进行了高阶地壳场的静态表示,能在卫星高度获取大部分地壳磁异常,模型内源场最大截断阶数为 65 阶,时间跨度为 1960—1985 年,长期变化通过 3 次 B-spline 方法的 13 阶表示。2004 年,Sabaka 等利用卫星和台站数据在 CM3 的基础上建立了第四代地磁场综合模型-CM4(Sabaka 等,2004),相较于 CM3,CM4 采用了更多卫星数据,包括 POGO 和 CHAMP 卫星标量数据,MAGSAT 和 Orsted 卫星标量和矢量数据。适用于磁静日期间,可对地磁场进行分层计算,相较 CM3 模型,其适用时间范围更长,为 1960—2002 年,进一步降低了预处理时的数据噪声。模型 1~15 阶代表地核场,16~65 阶代表地壳场,对应的空间尺度约为 600km,从而可以描述地球磁场更多的细节信息。最新的 CM 模型为 CM6,其是利用 CHAMP、Swarm 和地磁台数据。

CM4 模型是迄今为止将内源场和外源场分离得最彻底的地磁场模型,在很多领域都得到了广泛应用。CM4 将地核场展开到 15 阶,能够较 IGRF13 更好地反映地核场的信息,计算的内源场更为接近地磁场的真实值,更适合作为区域地磁场模型构建时境外的补充点。

6. POMME 模型

POMME 模型是由德国地球科学研究中心(Geo Forschungs Zentrum,GFZ)的 Maus 和 Balasis 等学者使用 CHAMP 和 Oersted 卫星数据构建,用来描述从地球表面到几千米高度近地空间的地球主磁场分布。POMME 是一个模型系列,随着 CHAMP 和 Oersted 卫星的整个运行周期内,随着卫星磁测数据量的积累,模型所用数据量也逐渐增大,模型反演最高阶数也随之变大。同时,由于卫星轨道高度的降低,模型对地壳磁场的描述精确程度也越来越高。随着 CHAMP、Oersted、Swarm 等卫星的发射,GFZ 依次构建了从 POMME-1 至 POMME-10 的一系列模型,这一系列模型随着磁测卫星数据量的不断积累,相应的反演阶数也不断增大,模型对地壳场的刻画也越来越精确。最新的 POMME 模型为 POMME10 模型,于 2016 年 4 月发布,使用了新一代的 Swarm 卫星数据(2013 年 12 月至 2015 年 11 月的矢量数据),并结合 CHAMP 卫星数据(2000 年 7 月至 2019 年 9 月期间的矢量数据)、Oersted 卫星数据(2010 年 1 月至 2014 年 6 月期间的标量数据),描述了从地表至几千米高度的近地空间的科学用地球主磁场模型。该模型广泛应用于对地球内源场、稳定磁层磁场及电离层环电流场的研究。

7. CHAOS 模型

CHAOS 模型是由卫星的观测数据建立的地磁场模型,是描述全球地磁场(包括内源场和外源场)及其长期变化的高精度数学模型。该模型由丹麦国家空间中心(Domark Technical University Space,DTU Space)发布,与 POMME 模型类似,CHAOS 模型是卫星的观测数据建立的地磁场模型,采用的是 CHAMP、Oersted 和 SAC-C 卫星的观测数据,模型的展开阶数为 50 阶,长期变化模型阶数为 18 阶。与 POMME 不同的是,该模型在建模的过程中采用了一些改进算法(如资料的筛选标准、矢量数据的坐标转换、外源场的拟合等),从而提高了模型的精度和可靠性。2006 年,DTU Space 提出了第一代 CHAOS 模型。该模型是利用 1999 年 3 月—2005 年 9 月的 CHAMP、Ørsted 和 SAC-C 3 颗卫星的高精度磁测数据计算得到的。DTU Space 在 2008—2016 年先后提出了×CHAOS、CHAOS-2、CHAOS-3、CHAOS-4、CHAOS-5 和 CHAOS-6 模型。最新的 CHAOS-7

模型在 2019 年发布,其不但采用了 Oersted,CHAMP,SAC-C 和 Cryosat-2 卫星数据(包括 Oersted, CHAMP 和 Swarm 卫星标量数据以及 CHAMP 和 Swarm 卫星矢量数据),而且 Swarm 卫星数据截止到 2019 年 9 月,有效使用期为 1999—2020 年。另外,还包括地磁台数据(截至 2019 年 8 月),而且构建时还选取地磁平静时暗区域的数据,通过手动对较大的异常值数据进行了鉴定和否决,尽可能地分离内、外源场,给出的模型以月为单位。CHAOS-7 使用的数据包括卫星磁测数据(来自 CHAMP, Ørsted、SAC-C、Cryosat2 和 Swarm 卫星)和 182 个地面台站数据。CHAOS-7 模型球谐级数展开至 90 阶,其中,地核磁场为 1~20 阶,岩石圈磁场为 21~90 阶。另外,在 CHAOS-7 模型的基础上,DTU 在 2020 年 3 月发布了 CHAOS-7.2 模型,其采用的 Swarm 卫星数据截止到 2020 年 3 月,地磁台数据截止到 2020 年 2 月。

8. MF 模型

MF(Magnetic Field)系列模型是基于 CHAMP 卫星数据构建的描述岩石圈磁场的数学模型,由德国国家地球科学研究中心(GFZ)建立和维护的。其利用 CHAMP 卫星轨道高度逐渐降低后对地壳场的敏感性增强而构建的地壳磁场模型,是伴随着 CHAMP 卫星的数据积累逐渐发展起来的一种地壳场模型。由于 MF 模型所使用的卫星磁测数据大都保持在 2~5 年的范围内,并没有选择使用更为长期的连续磁测数据,该模型并不能描述地球主磁场长期变化的特征,而主要用来描述地壳岩石圈部分的地磁场。由于 MF 模型所选取的卫星磁测数据的平均高度随着 CHAMP 卫星后期轨道的逐渐降低而减小,这也使得模型对全球的地壳磁场有着更为合理的描述。从 2002 年 6 月发布 MF1 模型以来,MF 模型已经经历了 7 代,最新版本的模型是 2010 年 8 月发布的 MF7 模型,使用 CHAMP 卫星 2007 年 5 月至 2010 年 4 月的数据。MF7 模型建模方法适当做了优化,其余则延续了 MF6 模型的算法,将地壳场球谐系数扩展到了 133 阶,对应于波长 300km。

MF 模型不仅可以描述地壳磁异常,并能较好地推测岩石圈的组成和结构,也可以作为大陆地磁异常图、航磁异常图以及全球范围的海洋地磁异常图的长波长部分使用。

(三)全球地磁场模型应用

虽然全球地磁场模型都是采用球谐分析方法(SHA)构建,但是由于采用的数据来源不同,截断阶数不同,各个模型描述的全球磁场分布或变化的成分也不同,各个模型的应用领域也不同。为了更好地分析比较,现将最新的全球地磁场模型的相关情况统计如表 3-4-1 所列。

表 2-4-1　世界主流的全球地磁场模型情况统计

模型名称	IGRF13	WMM2020.0	NGDC720	EMM2017	CM6	POMME-10	CHAOS-7
发布单位	IAGA	美国 NGA 和英国 DGC	美国 NGDC	美国 NGDC	美国 NASA/GSFC 和丹麦 DTU Space	德国 GFZ	丹麦 DTU Space
发布时间	2019.12	2019.12	2009.01	2017.07	2019.08	2016.04	2019.09
有效期限	1990.01—2024.12	2020.01—2024.12	模型不再更新	2017—2022	1999.0—2019.5	无	1999.0—2020.0
截断阶数	13	12	12~720	790	107	1-133	1~90
最小空间尺度	3077km	3200km	2500~56km	51km	370km	300km	440km
数据来源	卫星、海洋、航空和地面磁测数据	卫星、海洋、航空和地面磁测数据	卫星、海洋、航空和地面磁测数据	卫星、海洋、航空和地面磁测数据	CHAMP、Swarm 和地磁台数据（1999.0—2019.5）	CHAMP 矢量(2000.07—2019.09）Oersted 标量(2010.01—2014.06)	Oersted,CHAMP,SAC-C and Cryosat-2、Swarm 卫星、(截至 2019.08）地磁台数据（截至 2019.08）
主要特点	描述地球磁场及随时间的缓慢变化	描述地球磁场及随时间的缓慢变化	提供地球表面或上空任意位置岩石圈的磁场矢量信息	描述地球主磁场和岩石圈磁场，其中地核磁场为 1~15 阶，岩石圈磁场为 16~790 阶	顾及地磁场随时间随空间变化的模型，1~15 阶代表地核场，16~107 阶代表地壳场	描述了从地表至几千米高度的近地空间的科学用地球主磁场模型	内源场和外源场及其长期变化，地核磁场为 1~20 阶，岩石圈磁场为 21~90 阶
相关应用	地学研究、磁测数据正常场改正	民用导航和定向系统	地磁辅助导航	民用导航	应用广泛；可为区域地磁场模型构建境外补充点计算	地球内源场、稳定磁层磁场及电离层环电流场的研究	地磁场长期变化研究

综合比较世界主流的全球地磁场模型情况可以看出，在全球地磁场模型构建时，由于采用的数据来源不同，不同模型主要描述的地磁场的成分也不相同，如 IGRF13、WMM2020、NGDC720、EMM2017 等，模型构件时不仅利用了航空、地面台站和海洋船载磁测数据，还利用了最新的卫星磁测数据（如 Swarm 卫星、"张衡"一号卫星等），因此，其主要用来描述地球主磁场及随时间的缓慢变化。而 CM6 模型、POMME－10 模型和 CHAOS－7 模型则主要是利用卫星（如 CHAMP、Oersted 、SAC-C 和 Swarm 卫星）数据来构建的，其可以有效地将地球主磁场和地壳场分离，主要用来描述岩石圈磁场的变化以及地磁场长期变化。

另外，不同的全球地磁场模型，采用球谐分析的截断阶数也不相同。球谐截断阶数的物理意义一方面用以区分描述地磁场的成分，如 IGRF 模型（$N=13$）和 WMM 模型（$N=12$）主要用来描述主磁场及随时间变化。而 NGDC720 阶模型 $N=12$ 描述的是地球主磁场分布，而 $N>12$ 则描述的是地壳磁场分布；EMM2017 模型 $N<15$ 描述的是地球主磁场分布，而 $N=16\sim790$ 描述的是地壳磁场分布；CM6 模型中 $N<15$ 描述的是地球主磁场分布，$N=16\sim107$ 描述的是地壳磁场分布；CHAOS-7 模型 $N<20$ 描述的是地球主磁场分布，$N=21\sim90$ 描述的也是地壳磁场分布。另外，球谐截断阶数的物理意义表示反映地磁场的最小空间尺度，截断阶数越大，所反映地磁场的最小空间尺度越小，描述的地磁场分布就越精细。例如，EMM2017 模型最小空间尺度为 51km（$N=790$），NGDC720 模型最小空间尺度为 56km（$N=720$），CM6 模型最小空间尺度可以为 370km（$N=107$），POMME-10 模型最小空间尺度为 300km（$N=133$），CHAOS-7 模型最小空间尺度为 440km（$N=90$）。

基于以上分析，不同模型描述的地磁场成分不同，所代表的地磁场最小空间尺度也不同，因此，不同模型的应用领域也不相同。IGRF13 模型和 WMM2020 模型主要用来描述地球主磁场及其随时间的缓慢变化，IGRF13 模型主要用于地学研究以及常规的磁力测量（包括地面磁测、航磁和船载磁测）正常场校正和资料通化处理。WMM2020 模型则是航行、姿态、航向参考系统的标准模型，同时也可应用于民用导航和定向系统。虽然 NGDC720 模型、EMM2017 模型当选取低阶截断阶数时也可以来描述地球主磁场及其时间变化，但其构建的主要目的还是利用其高阶模型来反映更精细的地壳磁异常分布，因此，这两种模型广泛应用于民用导航或地磁匹配导航中。而 CHAOS-7 模型和 POMME 模型虽然其高阶模型也能反映比较精细的地壳场空间分布，但这些模型主要还是用来进行地磁场长期变化的科学研究，如 CHAOS-7 模型主要用于地磁场长期变化的研究，POMME-10 模型则主要用来进行对电离层和磁层磁场研究。特别需要指出的是,CM6 模型是将内源场和外源场分离得最彻底的模型。如果将地核场展开到 15 阶时能够比 IGRF13 更好地反映地核场的信息,计算的内源场更为接近地磁场的真实值。为此,该模型可以为构建海区区域地磁场模型时区域外测点的补充计算提供途径,因此其应用范围更广。

三、区域正常场模型

区域地磁场模型是为了表示某一区域的正常场而建立的区域性地磁场模型。某些地区的磁测数据密度一般要比全球的大一些,足以更仔细地刻画地磁场的分布特征。区域性地磁场模型的方法中典型的有多项式拟合法、巨型分析方法以及近几年发展起来的球冠谐分析方法等,建立的地磁场模型分别为多项式模型、矩谐模型、冠谐模型、多面函数模型、曲面样条函数模型等。

(一)多项式模型

多项式模型是最先采用的地区性磁场模型,现在仍被广泛使用。该模型将地磁要素以多项式表示为经度、纬度或平面坐标的函数;表示式中不包括径向距离(或垂向距离)的项。这种建模方法简单易行,利用模型计算地磁场要素也很快捷。其研究地区大到数百万平方千米,小到数十平方千米。多项式的阶数一般选为 3 左右。模型所刻画的最小波长、阶数与研究地区的大小有关,可用以下方法估计:一个 n 阶多项式在任何涉及的区间 L 内最多只有 n 个零点,因此用一个 n 阶多项式仅是表示的最小波长估算值 $\lambda_{\min} = L/[(n-1)/2]$ 。一般在两个方向上采用相同的阶数;若研究地区两个方向的跨距不同,或考虑磁场分布特征,采用不同的阶数。多项式方法是一种纯数学方法,没有考虑地磁要素之间的几何约束以及物理约束,另外,无法利用该模型求得上部空间的磁场。

1. 二维泰勒多项式模型

用泰勒(Taylor)多项式表示地磁场 $F(X,Y,Z)$ 的分布如下:

$$F = \sum_{n=0}^{N} \sum_{m=0}^{n} A_{mn} (\varphi - \varphi_0)^{n-m} (\lambda - \lambda_0)^{m} \tag{2-4-29}$$

式中:F 为地磁场的某一个分量;(φ,λ) 为地理纬度和经度;(φ_0,λ_0) 为多项式模型展开原点的经度和纬度;A_{mn} 为由最小二乘方法确定的多项式模型系数;N 为多项式模型的截断阶数。选取不同的截断阶数就可建立不同的多项式模型。

2. 三维泰勒多项式模型为

$$F = \sum_{n=0}^{N} \sum_{m=0}^{N} \sum_{k=0}^{N} A_{mnk} (\varphi - \varphi_0)^{n} (\lambda - \lambda_0)^{m} (h - h_0)^{k} \tag{2-4-30}$$

式中:F 为地磁场的某一分量;A_{mnk} 为模型系数,m,n,k 为空间坐标的展开阶数；N 为截断阶数；(φ,λ) 为地理纬度和经度；h 为海拔；$(\varphi_0,\lambda_0,h_0)$ 为展开原点坐标。

根据任意地磁要素的测量资料，利用最小二乘法，可以计算相应地磁要素的泰勒多项式模型系数 A_{mnk}。由于此处展开系数矩阵 A_{mnk} 为方阵，故称其为三维完整展开（矩阵展开）。对于同样的截断阶数，完整展开的多项式个数要多于经典展开，如当 $N=5$ 时，完整展开为 36 项，经典展开为 21 项。

3. 截断阶数的选择

在用泰勒多项式方法计算区域磁场模型时，级数表达式截断水平的选择非常重要，过低的截断水平会丢失有价值的信息；过高的截断水平会增加计算量，且可能造成结果不稳定，出现计算方法中所谓的“龙格现象”。通常选取截断阶数的方法是通过对不同截断水平的结果进行比较，结合物理和实测上的判断，选择能使计算结果稳定的截断水平。此外，也可以根据研究的目的预选截断阶数。

二维泰勒多项式通常采用均方误差来衡量截断阶数，即

$$\mathrm{RMS}=\pm\sqrt{\frac{\sum_{i=1}^{N}(\Delta F_i)^2}{N-1}} \tag{2-4-31}$$

其中：

$$\Delta F=F_i^{\mathrm{tl}}-F_i^{\mathrm{obs}} \tag{2-4-32}$$

式中：F_i^{tl} 为利用公式计算得到的地磁要素分量值；F_i^{obs} 为观测值；N 为所采用的观测点个数。

当 $N=1\sim3$ 时，地磁要素的均方差随 N 的增大而快速减小；当 $N\geqslant3$ 时，相应的均方差值随 N 的变化趋于平稳。如果截断阶数不超过 6。二者误差的水准几乎是一样的。虽然三角展开稳定区间可以到 $N=9$，但是误差水准没有实质性的改善，且是以计算量的提高为代价的。

采用三维泰勒多项式方法的截断阶数 $N=3$，即可达到与二维泰勒多项式截断阶数 $N=6$ 相同的计算精度，且边界效应很小，并且不需要采用平滑因子的方法或者增加 IGRF 边界点的方法来克服边界效应问题。通常为了更合理地确定截断阶数 N，还需要考虑边界畸变效应。

4. 边界效应的消除

边界效应是在边界区域附近，向外延拓时地磁场分量会产生一定的畸变，目前解决的途径有两种。一是改进计算方法，如引入平滑因子，这种方法在一定程度上改善了对边界区域地磁场的拟合，改善了区域地磁图与周围地区地磁

图的衔接。但是,应当注意到,这种改善是以降低对区域内地磁场的拟合效果为代价的。因为平滑因子虽改善了边界的“龙格现象”,但也模糊了拟合场的细节。二是通过增加资料的区域范围来克服边界效应问题,如在研究区域外侧均匀增补若干由 IGRF 得到的磁场值来增加资料点。

另外,模型在某些区域地磁场局部异常,究其原因是这些地方的观测点个数较少,随着空间观测点的增加,计算精度将会得到进一步改进。

若原点位置发生变化,区域磁场模型的系数矩阵也会发生相应改变,但原点位移并不会影响区域磁场模型的拟合效果。

5. 勒让德多项式模型

利用勒让德多项式函数构建地磁场模型时,首先进行坐标转换:

$$\begin{cases}\Delta x = \left[\varphi - \dfrac{1}{2}(\varphi_{\max} + \varphi_{\min})\right] \Big/ \left[\dfrac{1}{2}(\varphi_{\max} - \varphi_{\min})\right] \\ \Delta y = \left[\lambda - \dfrac{1}{2}(\lambda_{\max} + \lambda_{\min})\right] \Big/ \left[\dfrac{1}{2}(\lambda_{\max} - \lambda_{\min})\right]\end{cases} \tag{2-4-33}$$

式中:(φ , λ)为地理纬度和经度;$\varphi_{\max}$, $\varphi_{\min}$ 代表研究区域内的最大纬度和最小纬度;$\lambda_{\max}$, $\lambda_{\min}$ 代表研究区域内的最大经度和最小经度。

经过变换后,在新坐标系内,任意测点的坐标(Δx , Δy)均位于[-1,1]内。

勒让德多项式具备正交性:

$$\int_{-1}^{1} P_i(x) \cdot P_g(x)\,\mathrm{d}x = \begin{cases}0, & i \neq g \\ 2/(2n+1), & i = g\end{cases} \tag{2-4-34}$$

$$F = \sum_{n=0}^{N} \sum_{k=0}^{n} A_{nk} P_k(\Delta x) P_{n-k}(\Delta y) \tag{2-4-35}$$

式中:F 为地磁场的某一分量;A_{nk} 为待定系数;P 为勒让德函数;N 为截断阶数。

根据各个测点的观测值,可用最小二乘法求出式中的系数,从而得到地磁场的勒让德多项式模型。

勒让德多项式模型具有泰勒多项式模型同样的优点和缺点,只不过勒让德多项式具备正交性,而泰勒多项式不具备正交性。

为了建立令人满意的地磁场模型,需要对数据进行筛选,选定标准为

$$\Delta F = |F_{\mathrm{obs}} - F_{\mathrm{IGRF}}| > 500\mathrm{nT} \tag{2-4-36}$$

式中:F_{obs}为观测值;F_{IGRF}为由 IGRF 计算的理论值。舍去 ΔF>500nT 的测点。

随着模型阶数 N 的增加,模型的均方偏差也逐渐减少,当 $N \geqslant 6$ 时,均方差下降的幅度明显变小。为此选择 7 阶勒让德多项式作为地磁场模型。

6. 多项式模型优缺点

多项式拟合方法的显著优点是模型精度较高,可以拟合磁场的磁偏角、磁倾角等非线性分量,因此在矿产资源开发、石油勘探等实际应用中具有较高的小尺度磁场建模能力。但在使用高次项拟合插值过程中数值不稳定,但是该方法是单独拟合磁场的一个分量,不满足高斯位场理论。

泰勒多项式模型描述的是一个几何曲面,随着截断阶数的增加使曲面在一个区域内与实际地磁场在最小二乘原则下达到最大吻合程度,但同时降低了模型运算的速度和效率,增加了建立模型计算的复杂性。使用泰勒多项式计算区域地磁场模型,计算简单较为方便快捷,但是不能满足地磁场位势理论的要求,不能描述地磁场随高度的变化,计算得出的各个地磁要素的泰勒多项式模型之间常常并不一致。对于较短的时间间隔,泰勒多项式得到的模型较为合理,但当模型时间周期较长时需要在多项式中引入更多的项;泰勒多项式数学上存在不稳定性,参数化过程缺乏灵活。

用泰勒多项式建立区域地磁场模型要选择一个原点进行展开。模型的展开原点通常位于所选测区的中心,其经纬度一般取整数,若原点位置发生变化,区域磁场模型的系数矩阵也会发生相应改变,但原点位移并不会影响区域磁场模型的拟合效果。

勒让德多项式构造的是一个曲面,使得曲面能够与实际地磁场数据实现最大限度的逼近。模型的精度可以通过模型的一些统计学特性来反映。使用勒让德多项式计算中国地磁场模型,相对于泰勒多项式模型具备正交性,但计算较为复杂。

无论是用泰勒多项式方法,还是用勒让德多项式方法,使用最小二乘法解方程确定系数所得到的地磁场模型对地磁场的拟合效果是完全一样的;使用最小二乘法时用不同的坐标变换形式,对于相同的地磁资料计算相应的地磁场模型,计算结果表明这些模型的均方偏差是一样的;当区域较大且精度要求较高时,使用勒让德多项式模型难以取得理想的效果。

7. 多项式模型的应用

安振昌等利用我国历年来的地磁观测资料,以及部分国外地磁台站资料,采取三阶泰勒多项式拟合方法,建立了不同年代中国地区的地磁正常场模型,记为 CHINAMF。另外,其还利用 7 阶泰勒多项式建立了东亚地区地磁正常场模型 1980.0。其中,CHINAMF1980 对于中国大陆地区而言精度是高的,但是对于中国海域,其精度就要差一些。对于海洋区域,中科院地球物理研究所曾使用了 20 世纪 90 年代后期我国沿海地区近 1000 个地磁普测点,约 100 个地磁场长期变化控制点、台站资料，还利用了部分国际参考地磁场资料，其中展开原点 $\varphi_0 = 25°00''N$，$\lambda_0 = 125°00''E$。采用7阶的泰勒多项式建立了"中国海区地磁总场强度数学模式（2000.0）"，与CHINAMF1980.0一样，该模型对于中国大陆地区精度较高，对于海域，其精度要差一些。由此可见，多项式模型在海洋磁力测量中的应用有一定的限制。

另外，顾左文等根据2003年中国地区的135个测点和35个台站的地磁数据，建立了2003年中国及邻区地磁场泰勒多项式模型。具体的数据来源：2003年全国135个磁测点，为了改善地磁场模型的边界效应，在中国的周边地区（18°N~54°N，72°E~136°E范围内）增补了38个IGRF2000计算点，另外还有35个地磁台数据。共计208个磁测点，所有资料通化到2003年5月4日，其中展开原点 $\varphi_0 = 36.0°N$，$\lambda_0 = 104.5°E$。

（二）矩谐模型

1. 矩谐模型原理

矩谐模型是建立能够反映较短波长的地磁场区域性模型，其基本思路是将测点坐标及磁场观测值由地理坐标转化为直角坐标（X,Y,Z），然后将磁位或场的分量展成正交的谐和函数级数（正弦、余弦和一个幂函数），用最小二乘法求出系数，最后来得到测区某点的正常场值。

如图2-4-3所示，在直接坐标系内，用位函数描述地磁场。在地磁场源以外的空间，磁位满足拉普拉斯方程。

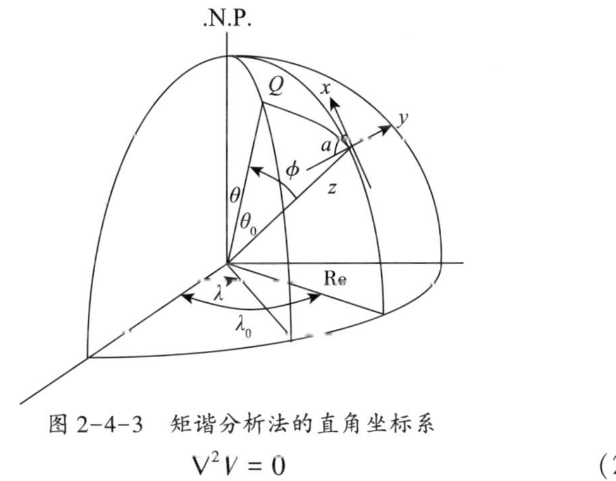

图2-4-3　矩谐分析法的直角坐标系

$$\nabla^2 V = 0 \tag{2-4-37}$$

在直角坐标系中磁位表达式为

$$V = Ax + By + Cz + \sum_{q=1}^{N_{\max}-1} \sum_{i=1}^{q} \{ A_{ij}\cos(ivx)\cos(jwy) + B_{ij}\cos(ivx)\sin(jwy) +$$

$$C_{ij}\sin(ivx)\cos(jwy) + D_{ij}\sin(ivx)\sin(jwy)\}\exp[uZ]\} \tag{2-4-38}$$

式中：$j=q-i-1$；$v=\dfrac{2\pi}{L_x}$；$w=\dfrac{2\pi}{L_y}$；$u=\sqrt{(iv)^2+(jw)^2}$；L_x，L_y 分别为矩形区域东西向和南北向的长度。

对 V 取负梯度 $B=-\mu_0\nabla V$，即可得磁场分量的表达式：

$$\begin{cases} B_x = -A + \sum\limits_{q=1}^{N_{\max}-1}\sum\limits_{i=1}^{q} iv\{A_{ij}\sin(ivx)\cos(jwy) + B_{ij}\sin(ivx)\sin(jwy) - \\ \qquad C_{ij}\cos(ivx)\cos(jwy) - D_{ij}\cos(ivx)\sin(jwy)\}\exp[uZ] \\ B_y = -B + \sum\limits_{q=1}^{N_{\max}-1}\sum\limits_{i=1}^{q} jw\{A_{ij}\cos(ivx)\cos(jwy) - B_{ij}\cos(ivx)\cos(jwy) - \\ \qquad C_{ij}\sin(ivx)\sin(jwy) + D_{ij}\sin(ivx)\cos(jwy)\}\exp[uZ] \\ B_z = -C - \sum\limits_{q=1}^{N_{\max}-1}\sum\limits_{i=1}^{q} u\{A_{ij}\cos(ivx)\cos(jwy) + B_{ij}\cos(ivx)\sin(jwy) + \\ \qquad C_{ij}\sin(ivx)\cos(jwy) + D_{ij}\sin(ivx)\sin(jwy)\}\exp[uZ] \end{cases} \tag{2-4-39}$$

式中：A，B，C，A_{ij}，B_{ij}，C_{ij}，D_{ij} 为表达式中的待定系数；B_x，B_y，B_z 为已知矩形坐标系下地磁场的观测异常值；$N_{\max}$ 为级数的最大截断水平。它的取值与所研究区域面积大小、输入的数据量以及所要反映的磁场信息有关。在选定一定的截断水平后，在最小二乘的意义下就可以取得这些系数。

矩谐分析也可看成二维（平面）傅里叶分析在三维空间的发展，不过，在增加的第三维方向上，函数形式不再是三角函数，而是指数函数，这样才能满足磁位的拉普拉斯方程得到满足。磁位和磁场强度的解也可写成级数形式，其中不同阶的项反映空间波长不同的磁场成分。需要说明的是，矩谐模型是以平面近似球面为基础，因此建模的面积不能太大，一般约为 3000km×3000km。徐文耀等对利用矩谐分析方法建立了 1980 年和 1990 年中国地磁场进行矩谐模型，取得了良好的效果。

2. 矩谐模型优缺点

优点：①矩谐分析的基函数计算起来比较快捷，可高精度地展开到较高的阶次、得到高分辨率的区域地磁场模型；②不同阶的系数反映不同空间波长的磁场分布，便于用来研究不同磁场成分及其长期变化问题。由于地磁各要素是由磁位求出的，“各要素等磁图之间没有矛盾”。

缺点：①矩谐分析将球面坐标转化到直角坐标系进行运算，计算过程中会出现边界效应，用这种方法在研究区域的边缘会发生振荡现象；求取系数时会出现线化误差,计算起来相对比较复杂;截断阶数选取过低,磁异常曲线形态较为简单,主要反映地下深源部分的成分,会导致丢失一些有价值的磁异常信息;截断阶数选取过高,会增加模型的计算量和边界效应。②当研究区范围扩大时,由于未考虑球面曲率,模型误差将会显著提高。

(三)冠谐模型

1. 冠谐模型原理

为了克服矩谐分析中以直角坐标代替球坐标的近似,可以直接对局部区域的球冠进行谐和分析。认为在观测数据并非全球分布的研究区域范围,在地球表面上达到不能用平面去近似时,利用球冠谐和分析方法表示地球表面较大的有限面积的位场函数是最合理的方法。该方法是基于对球面的部分面积上的位场微分方程求解时代入边界条件,导出两组正交的基本函数,展开成球谐级数,以此进行球冠谐和分析。在球冠坐标系内,地磁场(X , Y , Z)可以表示为

$$\begin{cases} X = -\sum_{k=1}^{k_{\max}}\sum_{m=0}^{k}\left(g_k^m\cos(m\lambda) + h_k^m\sin(m\lambda)\right)\left(\dfrac{a}{r}\right)^{n_k(m)+2}\dfrac{\mathrm{d}P_{n_k(m)}^m(\cos\theta)}{\mathrm{d}\theta} \\ Y = -\sum_{k=1}^{k_{\max}}\sum_{m=0}^{k}\left(g_k^m\sin(m\lambda) - h_k^m\cos(m\lambda)\right)\left(\dfrac{a}{r}\right)^{n_k(m)+2}\dfrac{m}{\sin\theta}\mathrm{d}P_{n_k(m)}^m(\cos\theta) \\ Z = \sum_{k=1}^{k_{\max}}\sum_{m=0}^{k}\left(n_k(m)+1\right)\left(\dfrac{a}{r}\right)^{n_k(m)+2}\left(g_k^m\cos(m\lambda) + h_k^m\sin(m\lambda)\right)P_{n_k(m)}^m(\cos\theta) \end{cases} \tag{2-4-40}$$

式中: $N_{\max}$ 为指数 K 的最大值(截断阶数),选取不同的球冠极点和球冠半角就可建立不同的球冠模型,但要求所有的测点均位于该球冠内。

2. 冠谐模型优缺点

该方法由 G. V. Hains 在 1985 年提出,有快速收敛的优点,但向上延拓的效果不佳;我国学者安振昌在 1993 年首次引入该方法来研究中国地区地磁场,并做了大量的工作。根据安振昌等的研究,该方法满足地磁场的位势理论,并能够表示地磁场的三维结构;由于地磁场模型来自统一的拉普拉斯方程,因而各个要素的分布不会出现自相矛盾的现象。

该方法也存在一些问题:当锥角减小时,模型性质变坏,需要提高截断水平,结果大大加长级数,收敛变慢,甚至完全失去意义;基函数不能合理地调整磁场随 r 的变化,所以它不能正确模拟径向变化,上下延拓效果差,这给多层高度资料联合反演带来困难。此外,由于其定解空间有限,无法得到完备的定解条件。

我国学者在 20 世纪 90 年代曾应用球冠谐和分析方法对中国地磁场的垂

直分量进行了计算,选择球冠半角为30°,中心位置(30°N,110°E),利用中国科学院地球物理研究所1970年1889个地磁测点资料做出了中国大陆地磁异常球冠谐和函数不同阶次的等值线图,反映了不同波长磁异常的特征。安振昌等利用10阶冠谐模型建立了东南亚地磁正常场模型1980.0。另外,中国科学院地球物理研究所还使用8阶冠谐模型表示了2000年中国地磁场参考场模型。徐文耀等对利用冠谐分析方法建立了1980年和1990年中国地磁场进行冠谐模型。顾左文等也使用2003年中国地区地磁场观测数据和IGRF2000的补充数据,在相同的计算区域上采用有代表性的泰勒多项式方法和球冠谐方法,建立了2003年中国及邻区地磁场球冠谐模型。

(四)多面函数模型

1. 多面函数模型原理

海洋测量的要素多为地磁总强度 T。类似于重力或高程异常,地磁总强度反映的是地球内部的物质分布和地质结构,因此,T 可以描述为位置(x_i,y_i)的函数。若以多面函数来表达,则地磁场模型为

$$T=f(x,y)=\sum_{i=1}^{n}a_iQ(x,y,x_i,y_i) \tag{2-4-41}$$

式中:a_i为模型系数;$Q(x, y, x_i, y_i)$为二次核函数,其中心在(x_i, y_i)处;T 由二次式的和来描述。

每个二次式均表示一个曲面,因此式(2-4-41)是用多个曲面的和去逼近实际。

若有 m 个磁力数据,即存在 $m\times1$ 阶向量 $\boldsymbol{T}$,选择其中 n 个数据建模,则模型系数 $\boldsymbol{X}=(a_1a_2a_3\dots a_n)^{\mathrm{T}}$,则式(2-4-41)的矩阵形式为

$$\boldsymbol{T}=\boldsymbol{AX} \tag{2-4-42}$$

式中:$\boldsymbol{A}$ 为 $m\times n$ 阶核函数矩阵。

当 $m>n$ 时,式(2-4-42)解为

$$\begin{aligned}\boldsymbol{V}&=\boldsymbol{AX}-\boldsymbol{T}\\ \boldsymbol{X}&=(\boldsymbol{A}^{\mathrm{T}}\boldsymbol{A})^{-1}\boldsymbol{A}^{\mathrm{T}}\boldsymbol{T}\end{aligned} \tag{2-4-43}$$

若计算 p 点的地磁总强度,则有

$$\begin{cases}\boldsymbol{T}_p=\boldsymbol{A}_p(\boldsymbol{A}^{\mathrm{T}}\boldsymbol{A})^{-1}\boldsymbol{A}^{\mathrm{T}}\boldsymbol{T}\\ \boldsymbol{A}_p=(Q_1^p,Q_2^p,\cdots,Q_n^p)\end{cases} \tag{2-4-44}$$

当 $m=n$ 时,式(2-4-44)的解为

$$\boldsymbol{X}=\boldsymbol{A}^{-1}\boldsymbol{T} \tag{2-4-45}$$

点 p 的地磁总强度为

$$\boldsymbol{T}_p = \boldsymbol{A}_p\boldsymbol{A}\boldsymbol{X} \tag{2-4-46}$$

式(2-4-46)的显式为

$$\boldsymbol{T}_p = (Q_1^p, Q_2^p, \cdots, Q_n^p)\begin{bmatrix} Q_{11} & Q_{12} & \cdots & Q_{1n} \\ Q_{21} & Q_{22} & \cdots & Q_{2n} \\ \vdots & \vdots & & \vdots \\ Q_{n1} & Q_{n2} & \cdots & Q_{nn} \end{bmatrix}^{-1}\begin{bmatrix} T_1 \\ T_2 \\ \vdots \\ T_n \end{bmatrix}$$

模型精度可通过计算模型外符合精度指标来反映,即

$$\text{RMS} = \sqrt{\sum_{j=1}^{m-n} \Delta T_j^2 / m - n - 1}\ ,\ \Delta T_j = T_j^m - T_j \tag{2-4-47}$$

式中:T_j为第 j 个被检验的地磁数据,利用地磁场模型计算所得对应数据为 T_j^m。

受各种因素的影响,在测量过程中可能出现异常地磁观测数据。为确保模型精度,需要对参与建模的地磁总强度数据进行质量控制。质量控制采用趋势面法。该方法是通过在小区域内构建与位置相关的趋势面函数 f,利用 $2\sigma/3\sigma$ 原则对粗差进行剔除:

$$T_m = f(x,y)\begin{cases} (T_i - T_m) \leqslant k\sigma, \text{接受} \\ (T_i - T_m) > k\sigma, \text{拒绝} \end{cases} \tag{2-4-48}$$

式中:$k=2$ 或 3;T_i为第 i 测点(x_i, y_i)的地磁总强度;σ 为根据 i 点邻域内测点的地磁总强度确定的均方根。T_m为利用趋势面函数 f 得到的地磁总强度。

2. 多面函数模型优缺点

多面函数分区建模的精度统计参数要优于其他模型,从而说明多面函数分区建模是一种较优的局域高精度地磁场建模方法。

多面函数适用于区域地磁场建模,分区建模的精度要高于整区建模的精度。高精度地磁场模型的构建需要考虑参与建模的数据质量、代表性和模型参数。趋势面滤波法可以很好地实现粗差的剔除,保证数据质量;满足一定密度和代表性的建模数据对模型的精度有较大的影响,尤其对于地磁变化相对复杂的区域;多面函数中核函数和平滑因子的选取对于高精度建模至关重要,正双曲面函数建模精度随平滑因子的变化相对稳定,而倒双曲线则变化剧烈,因此在建模中建议采用正双曲面函数作为多面函数模型的核函数;无论采用正、倒双曲面核函数,模型精度随平滑因子的变化均存在拐点,因此建模中选择拐点处的平滑因子对于确保模型精度非常重要。

多面函数将地磁场总强度描述为位置的函数,为满足实际导航需要,还必须进一步研究其逆过程,即将位置描述为地磁总强度的函数。

(五)曲面样条函数模型

1. 曲面样条函数模型原理

Harder 等 1972 年提出了曲面样条(Surface Spline)函数模型:

$$w(x,y) = A + Bx + Cy + \sum_{i=1}^{N} F_i r_i \ln(r_i^2 + \varepsilon) \tag{2-4-49}$$

式中:$w(x,y)$ 表示地面点 (x,y) 的地磁场;$r_i^2 = (x_i - x)^2 + (y_i - y)^2$;$\varepsilon$ 为控制曲面曲率变化的值,当地磁场分布比较均匀时,$\varepsilon = 10^{-4} \sim 10^{-6}$;$A$,$B$,$C$ 和 F_i 为待定系数,可由下列方程求出:

$$\begin{cases} w(x,y) = A + Bx + Cy + \sum_{i=1}^{N} F_i r_i \ln(r_i^2 + \varepsilon) \\ \sum_{i=1}^{N} F_i = \sum_{i=1}^{N} x_i F_i = \sum_{i=1}^{N} y_i F_i = 0 \end{cases} \tag{2-4-50}$$

样条函数系数的个数为(N+3)个;N 为磁测点的总个数。

2. 曲面样条函数模型优缺点

利用样条函数模型表示小范围地磁场(磁异常)的分布,可将随机分布的测点格网化。利用该方法可准确地描述地磁场、地磁异常场以及地磁长期变化的精细结构。在拟合地磁场模型中有较为广泛的应用。该方法用梯度连续的曲面如实反映测点的观测值,曲面样条函数不仅能表示地磁场在地面上的分布,而且还能表示地磁场水平梯度(南北方向和东西方向)在地面上的分布,可以达到既稳定,收敛性又好的目的。

其缺点是系数太多,比使用地磁测点的个数还要多三个。这种方法不考虑地磁场的位场性质,使得计算结果不能进行进一步的场源能量剥离,且无法拟合地磁场 r 方向的变化。

第五节　地球变化磁场

如图 2-5-1 所示,地球变化磁场是指叠加在地球基本磁场上,并且随着时间变化的磁场。从它们的特征和成因来说,总体可以分为两大类型:一类是由地球内部场源缓慢变化引起的长期变化磁场;另一类是主要起因于地球外部场源的短期变化磁场。

一、长期变化场

地磁场的长期变化是地球基本磁场随时间的缓慢变化,也称为世纪变化。地磁场长期变化总的特征是随时间变化缓慢,周期长。其时间尺度在 10^8s 以上,一般变化周期为年、几十年,有的更长。地磁场长期变化的时空规律是探索地球内部物质运动的重要线索。地磁场的长期变化主要是通过分布在世界各地的地磁台长期、连续的观测数据取平均值来研究的。为了更全面地了解和追踪长期变化的全球特征,必须比较不同年代的地磁图,或者分析国际地磁参考场模型。表 2-5-1 所列为伦敦等地磁偏角的变化情况,图 2-5-2 所示为伦敦的磁偏角和磁倾角长期变化。

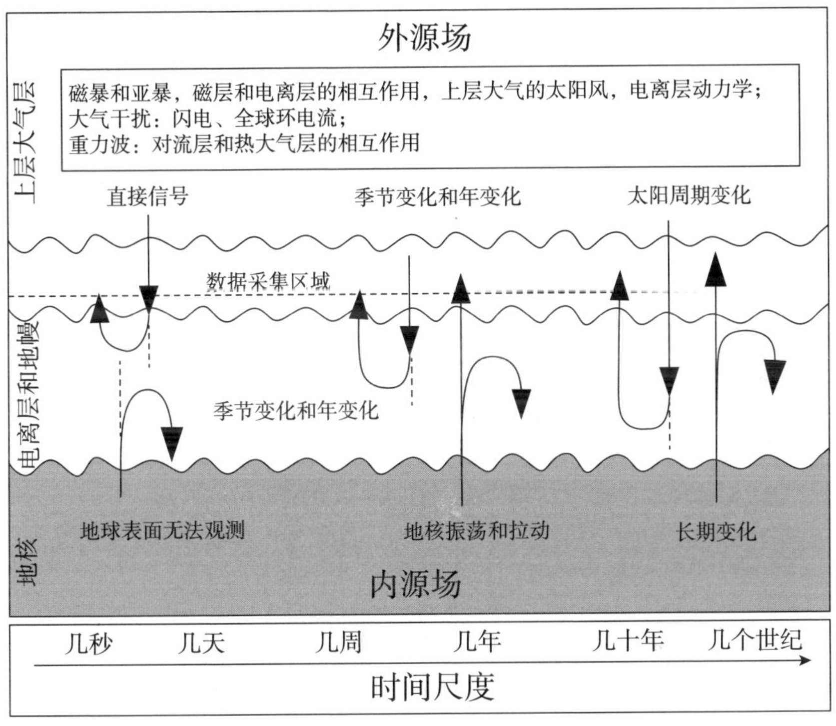

图 2-5-1　不同场源对地磁场的贡献及其时间变化尺度

表 2-5-1　伦敦、巴黎和罗马地磁偏角变化情况

年份/年	伦敦		巴黎		罗马	
	D/(°)	δD/(′/年)	D/(°)	δD/(′/年)	D/(°)	δD/(′/年)
1540	7.2	—	8.2	—	—	
1560	9.6	7.2	9.3	3.3	10.47	—
1580	10.93	4.0	9.6	0.9	10.61	0.4
1600	10.43	-1.5	8.8	-2.4	11.41	2.4
1620	47.26	-9.5	6.9	-5.7	9.88	-4.6
1640	3.27	-12.0	4.42	-7.4	7.29	-7.8
1660	-0.59	-11.6	0.86	-10.7	3.86	-10.3

续表

年份/年	伦敦		巴黎		罗马	
	D/(°)	δD/('/年)	D/(°)	δD/('/年)	D/(°)	δD/('/年)
1680	-3. 89	-9. 9	-3. 47	-13. 0	-0. 01	-11. 6
1700	-7. 03	-9. 4	-7. 99	-13. 6	-4. 01	-12. 0
1720	-10. 97	-11. 8	-12. 27	-12. 8	-7. 77	-11. 3
1740	-15. 30	-13. 0	-15. 83	-10. 7	-11. 02	-9. 8
1760	-19. 57	-12. 8	-18. 76	-8. 8	-13. 63	-7. 8
1780	-22. 65	-9. 2	-20. 87	-6. 3	-15. 51	-5. 6
1800	-24. 07	-4. 3	-22. 12	-3. 8	-16. 64	-3. 4
1820	-24. 09	-0. 06	-22. 40	-0. 8	-17. 06	-1. 3
1840	-23. 22	2. 6	-21. 34	3. 2	-16. 77	0. 9
1860	-21. 55	5. 0	-19. 54	5. 4	-15. 84	2. 8
1880	-18. 73	8. 5	-16. 76	8. 3	-14. 17	5. 0
1900	-16. 5	6. 7	-14. 60	6. 5	—	—
1942	-10. 0	9. 3	-8. 00	9. 4	3. 00	10. 8

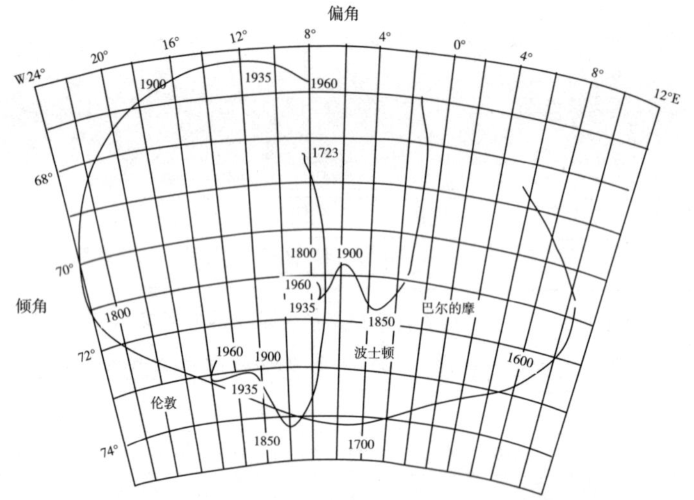

图 2-5-2 伦敦的磁偏角和磁倾角长期变化

从表 2-5-1 和图 2-5-2 可看出,1600—1700 年的 100 年间各地的磁偏角一直向西偏移,共向西偏移约 13°。在后 100 年间磁偏角继续向西偏移。据统计向西漂移的周期为 600 年,每年约以经度 0. 18°的速度西移;磁场强度数值变化周期为 60 年。1835 年,高斯计算地球磁矩为 $8.5\times10^{22}\,\mathrm{Am}^2$,而 1960 年算得为 $8.0\times10^{22}\,\mathrm{Am}^2$,在此期间地球磁矩几乎每年 0. 05%的速率递减。2000 年以后,地球磁矩将变得更小,这种现象可能揭示了地球磁极倒转的征兆。

图 2-5-3 所示为中国佘山、长春和北京 1958—1997 年总磁场强度年均值变化情况。

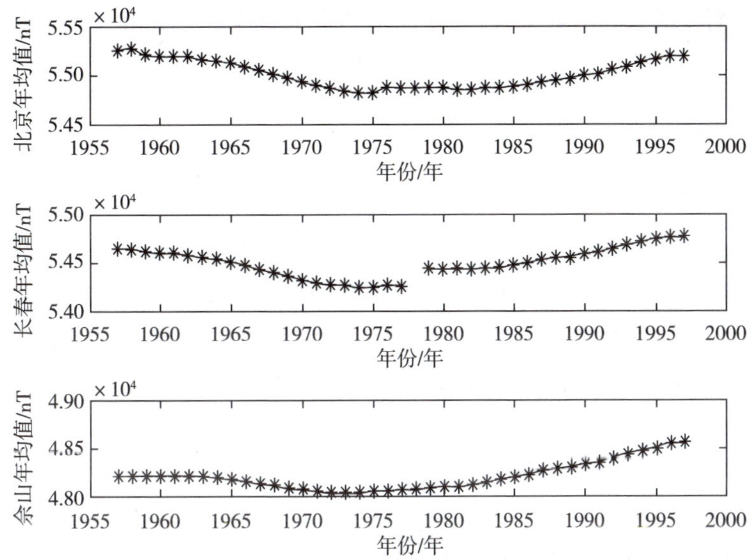

图 2-5-3 中国北京、长春和佘山总磁场强度年均值变化曲线

我国北京、长春、佘山地磁台所观测得到地磁场总强度的变化趋向，虽然记录的时间不太长，无法显示我国地磁场变化的周期规律，但可以看出地球磁场是变化的。另外，地磁场的长期变化的时间特征可由长期变时间谱看出。长期变化显示某些优势周期，在时间谱上表现为若干个峰值。11 年太阳活动周期所引起的地磁场变化不属于地磁场的长期变化，13 年以上的变化主要有 58 年、450 年、600 年、1800 年、8000 年、10000 年等周期变化。

总之，地磁场长期变化可表现为以下几种总体特征。

1. 地磁偶极矩的变化

偶极矩大约以每百年 5%的速度减小，如果地磁场强度按此速率减小下去，再过 2000 年，地磁偶极场将会减小到零。

2. 磁极移动

地球磁极的移动反映了磁偶极子轴与地球自转轴夹角的变化。在 1550—1980 年间，地磁北极向南移动了 8°，向西移动了 50°。

3. 非偶极子场的西向漂移

早在 1683 年，哈雷(Halley)发现，地磁非偶极子场的西向漂移的速度平均为 0. 5°/年。西向漂移的周期大约需要 700 年。目前，全球磁场西向漂移的平均速度约为 0. 18°/年。

4. 地磁倒转和地磁急变

古地磁研究中发现,在地质历史年代中地球磁场已多次发生倒转现象。地磁场极性倒转现象在海底扩张、大陆漂移和板块学说的建立和发展中起着关键作用。

二、短期变化场

地磁场的短期变化是指随时间变化较快的那部分地磁场,主要由地球之外的空间电流体系产生,所以又称为外源场。外源场通过电磁感应在地球内部产生的感应电流对变化磁场也有一定影响。外源场随时间变化的尺度为几十分之一秒(地磁脉动)到11年(地磁场的太阳活动周变化),其中包括日变化、暴时变化、27天太阳自转周变化、季节变化等,其变化的时间谱覆盖了 10^{-2} ~ 10^{8}s 共10个数量级。

地磁学中,将地球变化磁场分为磁静日变化和磁扰日变化,然而,完全平静和剧烈扰动的日子都不多,大多数日子的地磁变化是在规则静日变化上叠加一些形态和幅度不同的扰动。变化磁场包含许多不同的成分,有的呈现规则的周期性变化,有的很不规则;有的幅度较小而变化平缓,有的幅度很大而变化剧烈;有的变化在全球同时出现,有的变化仅限于局部地区,有的变化持续存在,有的变化偶然出现。一般根据变化磁场的形态特征,将变化磁场分为平静变化和扰动变化两大类。

(一)平静变化

最主要的平静变化有太阳静日 Sq 变化和太阴日变化 L 两种。

1. 太阳静日变化

太阳静日变化是影响海洋磁力测量的主要地磁变化,其起源于高空电离层中的涡旋电流体系,因为在太阳的紫外线辐射下,100~120km 高度上高空大气层内发生及其复杂的物理化学过程,其中包括电离作用而形成电离层。位于向日半球处的电子、离子浓度一定远远大于背日半球的浓度,也就是白天浓度大于夜间浓度;电离层和地球大气在太阳的热力作用下形成大气环流动,在日、月引力作用下形成大气潮汐运动;这些运动均是在地球磁场中进行的,电离层是良导体,为此,必然会产生感应电流,形成电流体系。通过该电流体系的计算以及观测分析,南北半球在春秋有4个涡旋电流体系,南北半球各分布两个。两个强的涡旋电流位于向日半球,两个弱的位于背日半球,它们的中心位置位于±30°磁纬度附近(赤纬为±23.6°);约在地方时11时出现极值,它们相对于太阳的位置是不变的;在地球上的某点由于随地球自转,相对于这个电流体系在旋转，所以一天之内在此点可将这些电流体系所引起的全部磁场变化记录下来。

地磁平静日的太阳周日（24h）变化称为太阳静日变化，记为 Sq，磁静日通常选择每月最平静的 5 天磁记录，用时序叠加法计算该月的平均 Sq。其主要特点包括以下几点。

（1）Sq 基本取决于纬度和地方时两个坐标。

（2）Sq 的平均幅度为 $n \sim n \times 10^{-3}$nT。

（3）Sq 主要是白天现象，即磁场变化白天大而快速，夜间小而平缓。

（4）Sq 有明显的季节变化，表现出夏季大，冬季小的特点（图 2-5-4）。

（5）Sq 的变化幅度与太阳活动 11 年周期有一定的关系。

（6）Sq 场的不同分量关于地磁赤道呈对称或反对称分布；变幅在磁纬度 $\varphi_m = \pm 30°$ 附近最大，向两极或赤道变幅均逐渐减小；赤道附近趋于零；曲线有明显的相位反转，北半球为负极值、南半球为正极值（图 2-5-5）。

（7）极区和高纬区表现出特有的 Sq 时空特点，表明它中低纬的起源不同。

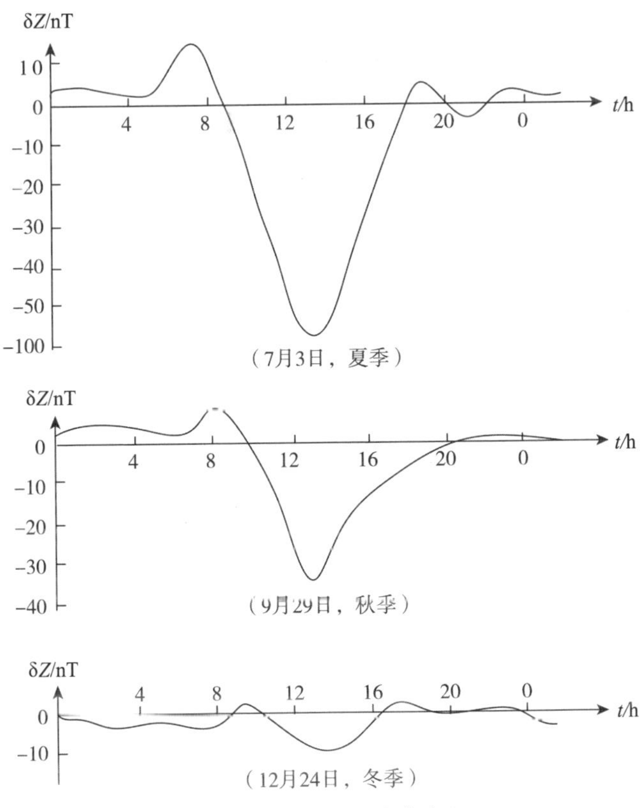

图 2-5-4　地磁日变随季节变化

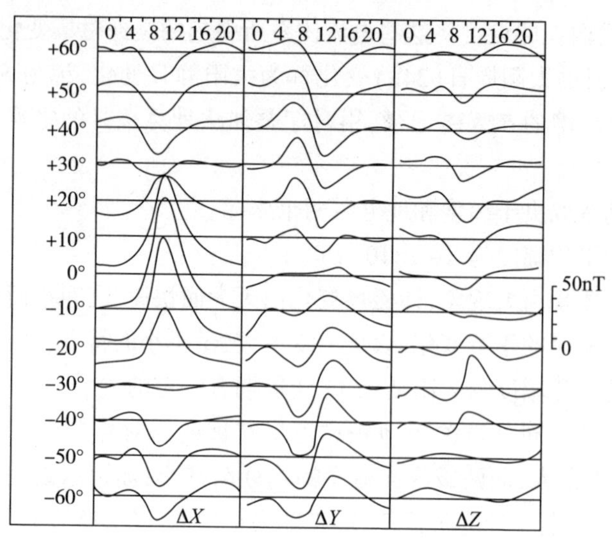

图 2-5-5　地磁各分量随纬度变化

2. 太阴日变化

以一个太阴日为周期的变化称为太阴日变化,记为 L 。太阴日周期平均为 24.8h。太阴日变化的特点包括以下几点。

(1)变化幅度较小,仅为 1~2nT,并且重叠在太阳日静日变化中。

(2)太阴日变化曲线以半日波占优势,其他谐波成分较小。

(3)太阴日变化曲线随月相有非常规律的变化。最显著的变化发生在太阴日 06~18 时,正好是白天。

(二)扰动变化

地磁场的扰动变化是叠加在平静变化场上的地磁扰动,变化幅度可小于 1nT 或到 $n \times 10^{-3}$ nT;持续时间可小于 1s 或到几天不等,相互重叠。地磁扰动可分为两类:一类是无明显周期,变化幅度范围较大的磁扰动;另一类是变化幅度很小,具有准周期结构特征的地磁脉动。与海洋磁力测量关系密切的是磁暴和地磁脉动。

1. 磁暴

磁暴是一种剧烈的全球性地磁扰动现象,是最重要的一种磁扰变化类型。磁暴的形态特点是:变化幅度大而形态复杂,持续时间长全球同步性好。磁暴发生时,所有地磁要素都发生剧烈变化,其中水平分量 H(或 X 分量)变化最大,最能代表磁暴过程特点。

磁暴几乎同时在全球开始,其典型标志是水平分量突然增加,呈现一种正脉冲变化,变化幅度一般为 10~20nT,最大可达 50nT,这个变化称为磁暴急始,记为 ssc 或 sc,相应地把这种磁暴称为急始磁暴。有时在正脉冲前面有一个小的负脉冲,这种急始记作 sc * 。有时磁暴急始变化表现为平缓上升,称为缓始磁暴,记作 gc。

磁暴开始之后,H 分量保持在暴前值的水平上起伏变化称为初相,持续时间为几十分钟到几小时,在此阶段,磁场值虽然高于平静值,但扰动变化不太大。初相之后,磁场迅速大幅度下降,几个小时到半天下降到最低值,并伴随着剧烈的起伏变化。这一阶段称为主相。主相是磁暴的主要特点,磁暴的大小就是用主相最低点的幅度衡量的,一般磁暴为几十到几百纳特斯拉,个别大磁暴可超过 1000nT。主相之后,磁场逐渐向暴前水平恢复,在此期间,磁场仍有扰动起伏,但总扰动强度逐渐减弱,一般需要 2~3 天才能完全恢复平静状态,这一阶段称为恢复相。

磁暴按其是特点可分为急始磁暴和缓始磁暴;按 K 指数可分为中常磁暴($K=5,6$)、中烈磁暴($K=7,8$)、强烈磁暴($K=9$);按 D_{st} 指数可分为弱磁暴、中等磁暴、强烈磁暴和剧烈磁暴 4 类,D_{st} 的下限值分别为-30nT、-50nT、-100nT、-200nT、-350nT。

磁暴的发生与太阳黑子出现有关。因此,磁暴发生也有一定时间分布规律。太阳活动性越强的年份磁暴发生频率越高,最多一年有 20~40 次。即使太阳活动性极小的年份也有 5~20 次,且相当多的磁暴具有 27 天左右重现的规律性,以及以 11 年为周期的特点。磁暴发生的频率还与季节有关,通常春秋磁暴多,冬夏较少。图 2-5-6 所示为我国佘山地磁台观测的磁暴曲线。

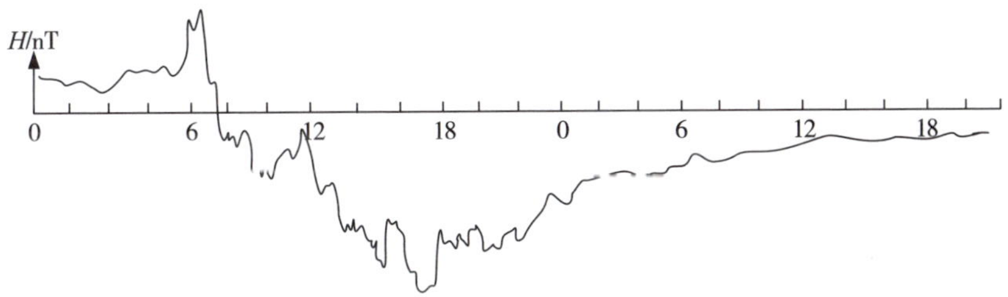

图 2-5-6 我国佘山地磁台观测的磁暴曲线

2. 地磁脉动

地磁脉动是一种地磁场的微扰动,它具有准周期结构的特点。一般周期为 $n\times10^{-1}\sim n\times10^{2}$s,频率范围从几毫赫到几赫,振幅的范围为 $n\times10^{-3}\sim n\times10$nT(在强扰动期间也可达数百纳特斯拉)。

地磁脉动可分为两大类型。一类是规则稳定连续型脉动,也称为 Pc 型脉动,它具有准正弦形和稳定状态的振动特点,脉动周期范围一般为 0.2~1000s。这类脉动持续时间可达数小时。根据其周期、形状特征和脉动物理性质,又可分为 6 种类型。地磁脉动的周期与幅频曲线,如图 2-5-7 所示,主要反映了 Pc

型脉动从 Pc1 到 Pc6 各种类型的基本特点。另一类是不规则型的或衰减的振动系列,记为 Pi 型。它又可分为三种类型。这类微扰形状虽不规则,类似于阻尼振荡特点,在振动中振幅是逐步衰减的,持续时间为几分钟到几十分钟。

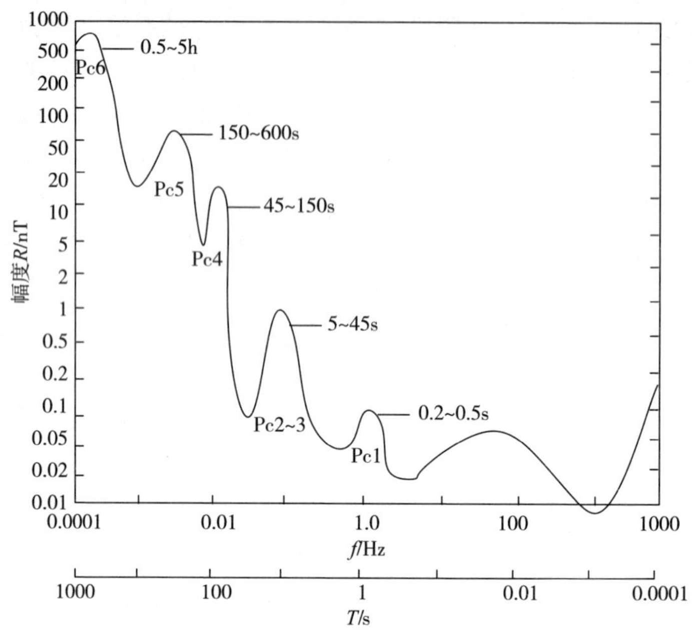

图 2-5-7　地磁脉动的周期与幅频曲线

1)稳定脉动

Pc1 型脉动表现的特点为单个或者一个跟着一个出现的振动溅扰。常常有串珠形状出现,即珍珠型溅扰。珍珠型溅扰重现周期一般为 1~4min,一个系列的持续时间平均为 10~20min。Pc1 型脉动是椭圆偏振振动,其幅值为 0. 01~0. 1nT,其在中、低纬度上出现频率的最大值是在夜间和早晨时刻,而在高纬度地区,极大值出现在正午和午后地方时。

Pc2、Pc3 型脉动是一种最普通的振动类型,其周期为 5~45s。在地球的白天一侧,有时在数小时内连续观测到这种类型的脉动,且在午前时刻出现得最频繁。其和 Pc1 型脉动一样,是一种椭圆偏振振动。偏振椭圆的主轴方向,在一昼夜的时间里是变化的;在近正午时刻,轴的方向接近于子午线;在午前时刻,轴向西偏离,而在午后时刻,偏向上述方向之东。该脉动有两个最大振幅区:它们分别为地磁纬度带 58°~60°。在中低纬度极大区,脉动的振幅一般在 0. 5~5nT 范围内变化,而在高纬度极大区,振幅可达 10~20nT。脉动的振幅极大值,都是出现在近正午时间。

Pc4 型脉动是在磁层平静条件下($K_p=2$)激发的,其主要发生在磁暴的恢复相，是在 D_{st} 变化很小（5～20nT）情况下产生的。和 Pc3 型脉动一样，Pc4 型脉动振幅的分布同样有两个极大值的特点，可是，Pc4 型脉动的极大振幅出现在比较低的纬度带上（1°～2°），而它们在高纬度带的极大值的位置是彼此靠近的。Pc4 脉动在中纬度带的振幅大致为数纳特斯拉。在这个区域里近正午时刻，脉动发生的频率最高。在高纬度带达到极大振幅的范围为 5～20nT，而在许多情况下为 50～70nT，脉动主要发生在早晨时刻（凌晨 3 到 6 时，地方时）。

Pc5 型脉动是发生在极光带的高纬度边界地区。脉动振幅的平均值为 50～70nT，不过，在地磁场的强扰动（$K_p=5\sim6$）期间，它们的振幅可以达到 500～600nT。脉动的最大振幅区的位置，随地磁场的扰动程度而异；在 $K_p=1\sim2$ 时，Pc5 型脉动的激发中心在地磁纬度约 70°上，而当 $K_p=5$ 时，则在纬度约 65°上。当脉动的激发源向低纬度移动时，脉动的周期也随之减小。例如，从纬度 70°到 60°范围内，脉动的周期也从 500s 减小到 200s。并且，在每一个单独的脉动激发情况下，其周期都和观测点的位置无关，只决定于所谓激发中心的位置，即脉动最大振幅区的位置。在一个昼夜里，早晨时刻和傍晚时刻，可以看到脉动激发更加频繁的情况。其中，脉动发生的早晨极大表现得最为明显。如果离开激发中心经度为 30°和纬度为 5°的距离，脉动的振幅就要减小一个数量级，由此可见 Pc5 型脉动的激发区域具有很大的局限性。

Pc6 型脉动是出现在高纬度地带的地磁扰动，其表现形式有两种：一种是长周期脉动激发发生在白天时刻；另一种激发发生在夜间时刻。可以认为，第一种形式的脉动产生于磁顶层，第二种产生于磁层的尾部。

2）不规则脉动

Pi1 型脉动按周期范围可分为 Pi*B* 型和 Pi*C* 型两种类型。Pi*B* 型脉动是一些周期范围小于 15s 的不规则振动的溅扰，也成为短的不规则脉动。这种脉动发生于亚暴的爆发相期间。Pi*C* 型脉动是一种具有周期为 5～15s 的不规则振动。其特点是它与不规则的斑点形状极光有密切关系，也称为极光的不规则脉动。Pi*C* 型脉动的周期和极光脉动的周期是一致的。不论在亚暴的爆发相还是恢复相，Pi*C* 振动的激发都具有代表性。

Pi2 型脉动的周期为 40～150s，它们都具有很典型的形状，大多具有周期为 60～100s，持续时间为 5～10min 的衰减振动系列，因此，最初把它们称为脉动系列（Pr）。在场的扰动程度比较低的情况下（$K_p=1\sim2$），Pi2 型脉动可能呈现一种带有平缓增幅的水滴形状。一般来说，它们是椭圆偏振振动。这类脉动在极光纬度带上达到最大振幅。在亚极光纬度带上，靠近等离子体层顶的地方，可以观察到第二个极大振幅，不过其强度比较弱。Pi2 型振动对于亚暴的发展有极其重要的意义。在亚暴的爆发相期间,可能产生很多的 Pi2 系列,这些系列之间的平均时间间隔为 10~15min。巴罗克地区 1961 年 3 月 29 日 Pi2 型脉动如图 2-5-8 所示。

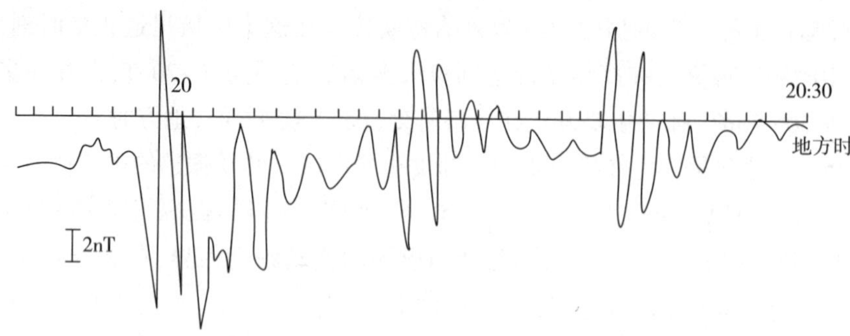

图 2-5-8　1961 年 3 月 29 日巴罗克地区地磁台记录的 Pi2 型脉动

Pi3 型脉动的周期一般都大于 150s,这种脉动多发生在高纬度带亚暴期间,一般在亚暴的初相开始期间发生,这种脉动称为 L_{pc} 脉动,它们的振动周期在 4~6min 范围内变化,而激发区局限于极盖。

(三)与变化磁场有关的电磁感应问题

如前所述,地球变化磁场是由于 100km 以上的高空电离层中流动的电流所引起的。这些电流随时间变化的磁场,在地球上和大洋海水中感应出电流,这种电流趋于反抗其原磁场的变化。在岛屿和大陆的边缘处,局部的磁场波动由海岸的形态所引起,它影响海水中感应电流的分布,这就使得难以运用海岸地磁日变站的日变数据对海上磁测值进行日变改正。

受太阳活动的影响,电离层和磁层中的电流体系经常发生变化。由于地质体有一定的导电性,上述电流系产生的初始变化场在地下感应产生电流,这种感应电流产生的变化场称为感应场,其形态取决于地壳和地幔电导率的分布状态。

在正常地电模型条件下,由初始场和感应场组成的总和场称为正常变化场。如果在水平方向上电导率分布不均匀,形成电导率异常,则会使正常变化场发生畸变,称为变化场异常,在此情况下,变化场由正常场和异常场组成。变化场异常可分成两种基本类型:①地表异常,这种异常是由地壳表层(如沉积表层、海水层等)电导率不均匀性引起的;②深部异常,这种异常与地壳、上地幔的电导率不均匀性有关。

有一些地理单元和大地构造单元与电导率异常有关,最明显的是大陆和海洋的交界线(海岸)。在海岸区,陆上的感应矢量往往垂直于海岸线指向海岸,说明海洋一侧电导率升高,这就是所谓的海岸效应。例如,美国加利福尼亚州、澳大利亚、纽芬兰等某些国家或地区均有这种现象。海岸效应涉及周期由 5min 到几小时的变化场，此效应也影响日变场。分析美国西海岸的日变 Sq 曲线表明，由东向西，越接近海岸线，δ_Z 幅值越大；幅度变化量大约为 1nT/km。对于正常 Sq 来说，在东西向上无太大变化。产生这种畸变的原因，一方面是由于海水电导率高；另一方面是海洋下面高电导率层抬升，大陆下方高电导率层下降。

在海岛上常发现感应场方向在岛的一侧与另一侧方向相反，此即海岛效应。例如，夏威夷阿胡岛上相距 20km 的两个测点，对于周期 24h 的 δZ 变化相位相差 30°；而对于周期小于 1h 的变化，则完全反向；水平分量则变化不大。日本伊豆岛也有明显的海岛效应，在相距不远的两点上，短周期 δZ 相反。

海岛效应是由于作为不良导体的海岛干扰了海洋中大范围内感应电流的分布而引起的。在海岛的某两个相对地点，电流线越密集，越可能观测到上述反向变化。图 2-5-9 所示为澳大利亚东南部的感应矢量图。由图可以看出，海岸线附近矢量较长，指向附近的深海区；148°E，40°S 处的两个小岛上感应矢量的指向几乎相反。

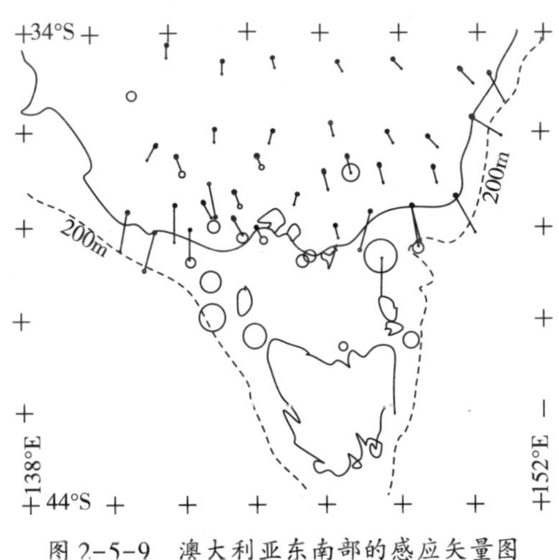

图 2-5-9　澳大利亚东南部的感应矢量图

从图 2-5-10 可以看出，靠近加利福尼亚海岸的台站记录到很大的 ΔZ 变化，但 ΔH 和 ΔD 变化较小。离开海岸向内陆和向海洋 ΔZ 的量值都逐渐减小，而 ΔH 和 ΔD 则逐渐增大。此外，ΔZ 的变化曲线与垂直海岸的地磁分量变化 ΔD 比较相似。对比日变化分析表明，加利福尼亚海岸异常在 Z 分量的 Sq 变化中也有明显反应，近海台站的 $Sq(Z)$ 大约为纬度相近的内陆台站的 2 倍。但是，H 和 D 分量却没有异常显示。

地球变化磁场与海洋磁力测量有十分密切的关系，如利用不同年代的测量资料进行编图时，应考虑地磁场长期变化的特点，需在不同年代的时间统调基础上进行。在高精度海洋磁力测量中,地磁周日变化是一种严重干扰场,在近海测量,虽然可建立日变站进行观测校正,但由于海岸效应等因素会影响其精度。若在远海磁测,就根本无法建立日变站。因此,为了提高海洋磁力测量的精度,必须采取相应的措施,消除其日变干扰场。

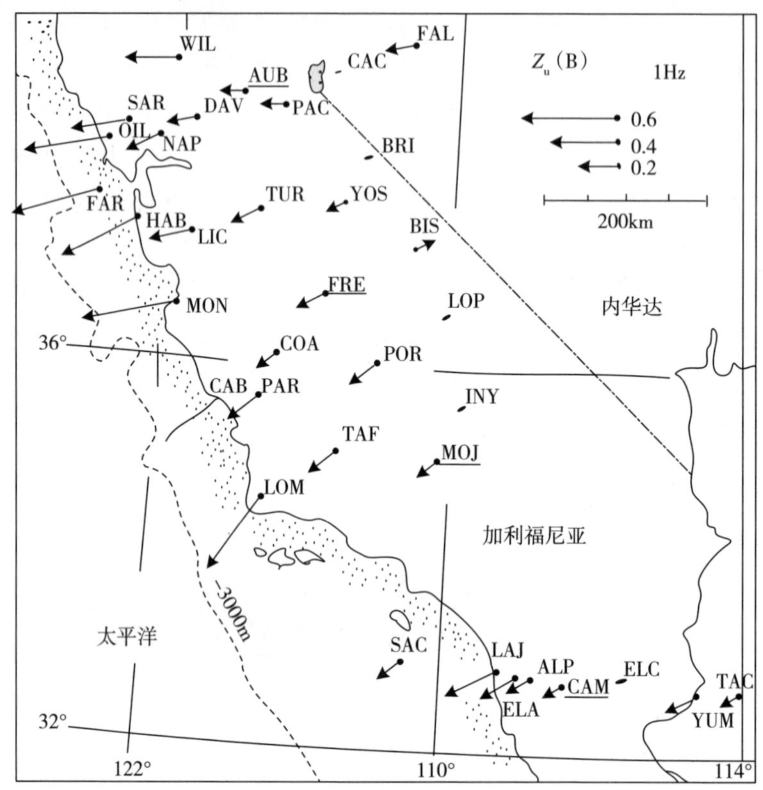

图 2-5-10　加利福尼亚的海岸效应

第六节　海洋区域磁异常

一、海区磁异常分布特征

利用船只携带磁力仪在海上进行磁力测量,不仅为编汇全球地磁图提供了占地球表面 70%面积的海洋磁场测量值,而且为研究海洋地质和海底资源提供了重要资料。此外,它还是一种探明沉船、礁石等障碍物的海道测量方法。

大洋上许多地区的磁异常分布有明显的特征。在海岭两边,正异常区和负异常区呈条带状排列,并与海岭走向平行。异常在海岭两侧对称分布,延伸到很远的距离。异常条带的排列不受海底地形的影响,只有经过大断裂时,磁异常的图案才发生整体的错动。图 2-6-1 是海岭附近正负磁异常条带、磁测剖面图一级磁极性年表的对应关系。

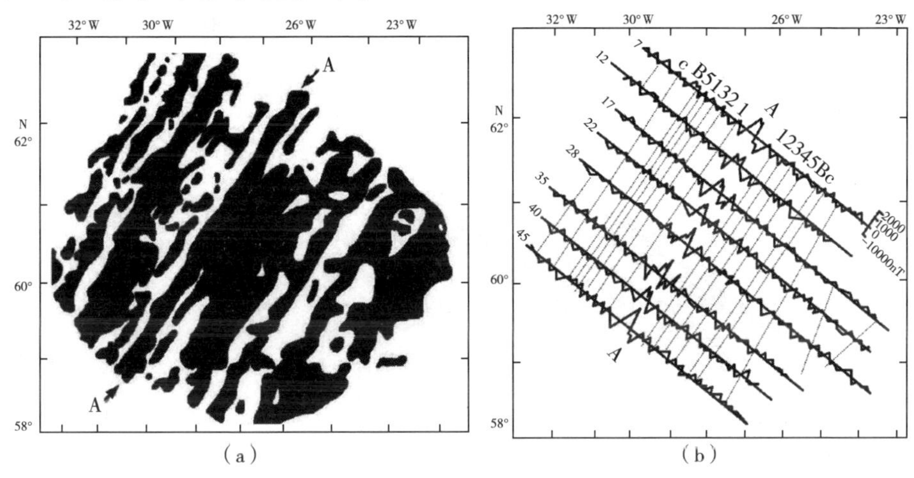

图 2-6-1 海岭附近正负磁异常条带图

1963 年,瓦因和马修斯提出一个地壳模式,认为海洋地壳是软流层上升的物质由洋脊(海岭)涌出后向两边扩张所形成的。上升的炽热物质,冷却经过居里点时,获得与当时地磁场方向相同的剩余磁性。在扩张过程中,地磁场多次反转,在正向地磁场时期形成的海底岩石具有正向磁化,反之,具有反向磁化,所以与洋脊距离不同的海底,是由正、负磁化相间的磁性岩石联结而成的。海底就像一个巨大的磁带,记录着地磁场倒转和海底扩张的信息。海洋磁异常条带在洋脊两边对称分布,说明海底向两边扩张的速度是一样的;如果海底匀速扩张,则正、负磁块的宽度正比于正、负极性期的长度。在给予这些岩石以合理的磁化强度数据,算出横穿洋脊地磁异常的理论剖面,就可与实测剖面进行对比。图 2-6-2 所示为瓦因与马修斯的地壳模式及与当时地磁极性年表的关系,图 2-6-3 所示为地壳的垂直结构及洋脊附近 500℃的等温线,图中 2A 为地震层,主要为玄武岩,厚 0.5~1km;2B 厚 1~2km,主要为辉绿岩;3A 厚约 2.5km,主要为辉长岩。玄武岩中磁性矿物的成分为 $Fe_{2.4}Ti_{0.6}O_4$(TM60),自下往上迅速冷却和高温氧化,标准的居里温度在 150~200℃范围内。图 2-6-4 所示为 4 段海岭附近的磁异常剖面,各图上面曲线是观测结果及其镜像,最下面的曲线是根据图下面的磁带模式所计算的磁异常。这里计算为对称洋脊(海岭),扩张速度各为 29.44km/百万年及 15km/百万年,水平距离如图所示,磁性岩石的埋藏深度在海底 3.3~5km。由图明显可以看出:观测曲线与镜像曲线是对称的,理论计算与实测结果是吻合的。此外,位于中纬三段曲线显示在中部(洋脊)为正异常,而在赤道附近(倾角接近为零)中部为负异常。图 2-6-5 所示为最近的计算,表明了地磁纬度、曲线方位和扩张速度对计算海洋磁异常形状的影响。

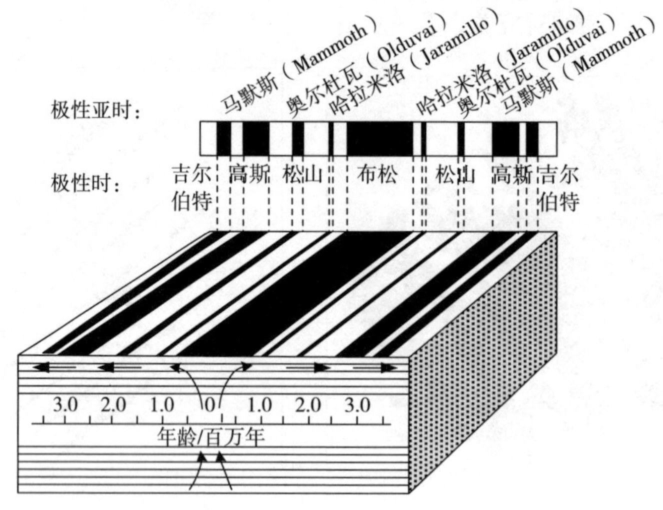

图 2-6-2 瓦因与马修斯的地壳模式及与当时地磁极性年表的关系图

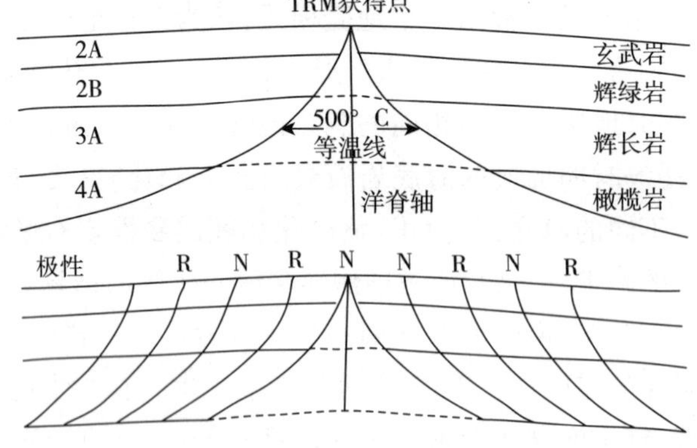

图 2-6-3 地壳的垂直结构及洋脊附近 500℃的等温线

海洋磁异常很强,距海底 2~5km 的海面上测得的磁异常,其峰-峰幅度可达几百乃至上千纳特斯拉。海洋磁测最常用的是总强度,而总强度异常所反映的是在磁场平均方向上的变化。所以,磁异常的解释取决于观测点的纬度。考虑这一点,磁异常图案可以用条带状磁性板模型来解释,板厚约 1.5km,位于海面以下 3~5km 深处。为了解释磁异常呈正负相间的条带状分布特点,可以用磁化介质与无磁介质相间排列的模型,也可以用正向和反向的磁化介质相间的模型,后者就是瓦因和马修斯模型。磁异常条带排列不仅在海岭附近存在,而且可以延伸很远,有时在离海岭 1000km 的地方依然清楚可辨。

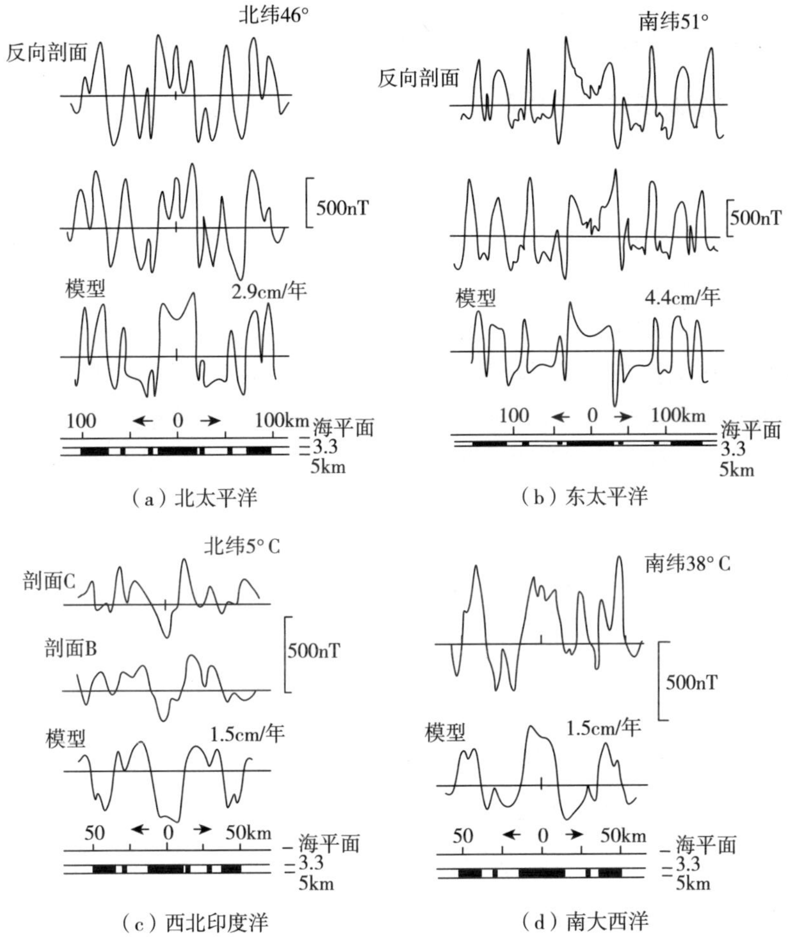

北纬46°
反向剖面
500nT
模型
2.9cm/年
100 ← 0 → 100km
海平面
3.3
5km
(a) 北太平洋
南纬51°
反向剖面
500nT
模型
4.4cm/年
100 ← 0 → 100km
海平面
3.3
5km
(b) 东太平洋
北纬5° C
剖面C
剖面B
500nT
模型
1.5cm/年
50 ← 0 → 50km
海平面
3.3
5km
(c) 西北印度洋
南纬38° C
500nT
模型
1.5cm/年
50 ← 0 → 50km
海平面
3.3
5km
(d) 南大西洋

图 2-6-4　北太平洋、东太平洋、西北印度洋和南大西洋 4 段海岭附近的磁异常剖面图

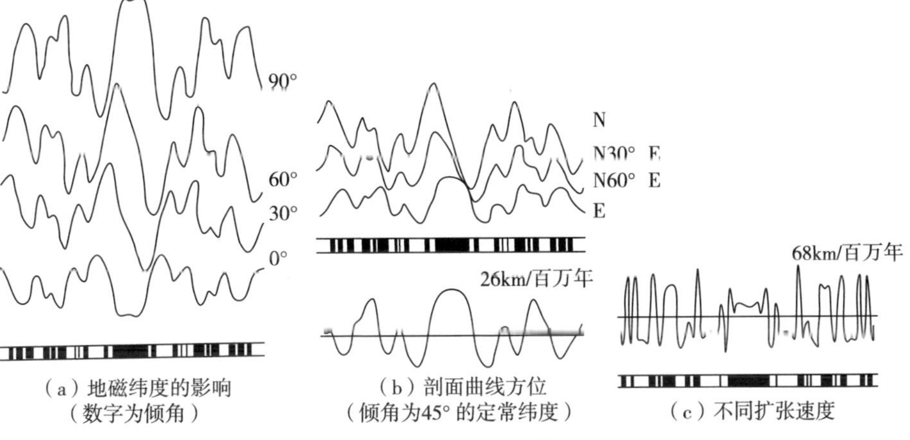

90°
60°
30°
0°
(a) 地磁纬度的影响
(数字为倾角)
N
N30° E
N60° E
E
26km/百万年
(b) 剖面曲线方位
(倾角为45° 的定常纬度)
68km/百万年
(c) 不同扩张速度

图 2-6-5　影响海洋磁异常的因子

二、我国不同海区磁异常分布特征

(一)渤海海域磁异常分布

渤海位于北纬 37°07′~41°0′、东经 117°35′~121°10′之间。它的东面有渤海海峡与黄海相通,其余三面均为大陆所围。渤海南北长约 550km,东西宽约 346km。渤海的水深为东北-西南向的浅海,海底地形从三个海湾向渤海中央及渤海海峡方向倾斜,坡度平缓,平均坡度围 28″。渤海平均水深 18m。

渤海海域磁异常以宽缓变化的升高磁场为背景,其走向一般为东北及北东北。渤海地区磁性基岩埋深较深,一般大于 5km,局部可达 7km 以上。渤海的磁场分布从庙岛群岛西的北东向线性正异常梯度带为界,把渤海分为东西两部分,如图 2-6-6 所示:东部(Ⅱ区)为变化的负异常区,南北分别与胶东隆起的负异常相连。西部(Ⅰ区)则以大而平缓的块状正异常为特征,向南与鲁西隆起的正异常区相连,向北与营口-山海关隆起的正异常衔接。

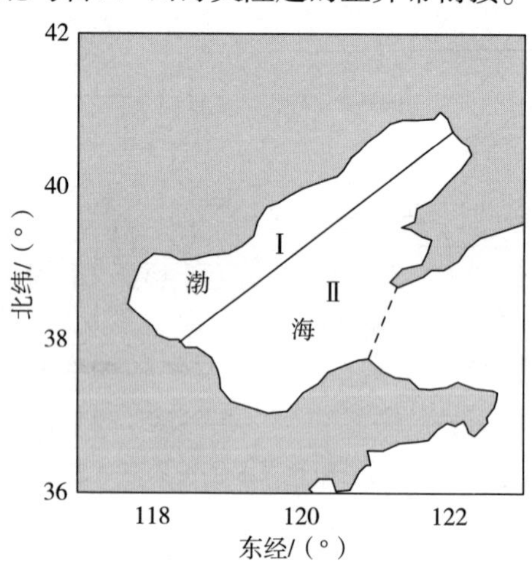

图 2-6-6 渤海磁异常分区示意图

(二)黄海海域磁异常分布

黄海位于中国大陆和朝鲜半岛之间,为一半封闭性的浅海。黄海所跨的经纬度为北起 39°50′N,南止 31°40′N;西自 119°10E′,东至 126°50′E。南北长 870km,东西宽约 556km,最窄处为 193km,总面积 380000km^2。黄海的海底为近南北向的浅海盆,由北、东、西三面向黄海中部及东南部倾斜,但坡度变化不大,平均坡度为 1′21″。黄海的深度由东南向西北和北逐渐变浅。黄海平均水深为 44m。

黄海海域总体上地磁场变化比较平缓,磁异常值多为-100~200nT,异常等值线大致呈东北向分布,地磁场特征分带明显。相对于隆起区,地磁场呈现剧变特征，线性分布，变化幅度大；而相对于坳陷区，则表现为宽缓和较宽缓的团块状异常特征。黄海海域磁异常从南向北可分为7个区。如图2-6-7所示。

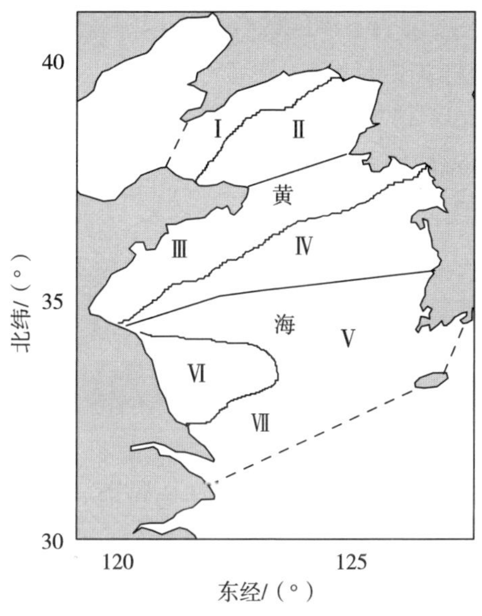

图2-6-7 黄海磁异常分区示意图

1. 辽东线性高值带（Ⅰ）

从渤海海峡，经辽东半岛的金州、庄河，到丹东一带，为线性高值带。一系列高值中心呈东北向串珠状分布，最高达500nT，高值带两侧迅速变为较大的负异常区。

2. 北黄海较宽缓磁场区（Ⅱ）

北黄海磁异常具有较宽缓特征，正负相间的异常等值线圈闭，呈东北向拉长。该区内自北向南，地磁场变化逐渐加大，线性特征逐渐增强。山东蓬莱-朝鲜半岛椒岛的连线以北，表现为宽缓的正异常区，其值为0~100nT，局部小圈闭走向不明显。而蓬莱-椒岛以南为宽缓的负异常区，0~100nT的地磁场等值线东北~东北东向拉长，北黄海的最南端，地磁场变化梯度加大。

3. 千里岩磁场剧变带（Ⅲ）

南北黄海的分界线附近，横亘一条起伏变化的东北向地磁场线性剧变带，与两侧南、北黄海的宽缓磁场特征形成鲜明对比，该带内磁场最低值约-350nT，最高值达+600nT，变化幅度巨大，线性特征突出。该带沿山东的莒南-胶南-千里岩-成山角一线分布，向西南过临沂与郯庐的北东北向磁场剧变带汇合，向东北延伸至朝鲜半岛的白翎岛一带。

4. 南黄海北部宽缓负磁场区（Ⅳ）

南黄海北部盆地表现出宽缓负磁场特征，异常值多为-50~0nT，35°~36°N

为大片负异常区，等直线圈闭呈东北东向拉长的宽缓块状特征，呈最低值约-150nT，宽缓的负值带总体上由西向东变宽。这种低缓的磁场特征揭示了南黄海北部断陷盆地的存在，说明了该区磁性基底埋深较深。

5. 南黄海中部宽缓正磁场区（Ⅴ）

南黄海中部33°40′~35°N为一宽缓的正磁场区，其值为0~150nT，但各正磁场圈闭之间夹有小的负异常圈闭，各块状正、负异常圈闭无明显走向。但自西向东，异常值变大，线性特征逐渐突出。123°E以东，磁场值高达450nT，正负相间变化，呈近东西向分布。这种磁场变化特征暗示着南黄海中部为一隆起区，而且自西往东隆起高度加大。

6. 南黄海南部宽缓负磁场区（Ⅵ）

33°40′N以南至上海启东一带，123°E以西的南黄海地区为一宽缓的负磁场区，其值变化在0~100nT，呈近东西向延伸。此负异常区与陆地上的苏北负异常区自然连为一体，成为一个统一的苏北-南黄海负异常区，它说明了该区磁性体埋深较大。

7. 长江口-济州岛线性剧变带（Ⅶ）

上海至济州岛一线为一宽约100ka的磁场剧变带，正负相间大幅度变化的磁异常圈闭。呈东北向线性分布，最低值为-200nT，最高值为450nT。该线性磁场带成为南黄海东东北-东西向宽缓磁异常与东海东北-北东北向线性磁异常的分界。这种线性剧变磁场，反映出黄海和东海分界的闽浙沪隆起在海区的延伸，说明隆起上岩浆岩体发育、断裂构造较多。

（三）东海海域磁异常分布

东海是亚洲大陆与大西洋之间的一个边缘海，包括东海陆架和冲绳海槽。东海被中国大陆的东部边缘隆起带、日本九州、琉球群岛、台湾现代岛弧-海沟所包围，呈北北东-南南西方向延伸。东海东北至西南向长度约1300km，东西宽约740km，总面积约7520002km^2，平均水深349m，最大水深2719m。

东海地磁异常的分布呈现北东北向的总趋势。一般情况下，正异常与正性构造带相伴，负异常与负性构造带相随。负性构造带出现的地磁异常波长大，幅度小，比较平静；正性构造带出现的地磁异常波长小，幅度大，表明磁源接近海底，特别是在一些构造变动较大的地区，异常值的跳动剧烈。东海的地磁总场强度从台湾北部的45000nT到济州岛的48000nT之间变化。东海南部地磁异常等值线大致表现为北东北向，在台湾北部有些紊乱，北部为东北向。东海的地磁场从西向东可分为5个区。如图2-6-8所示。

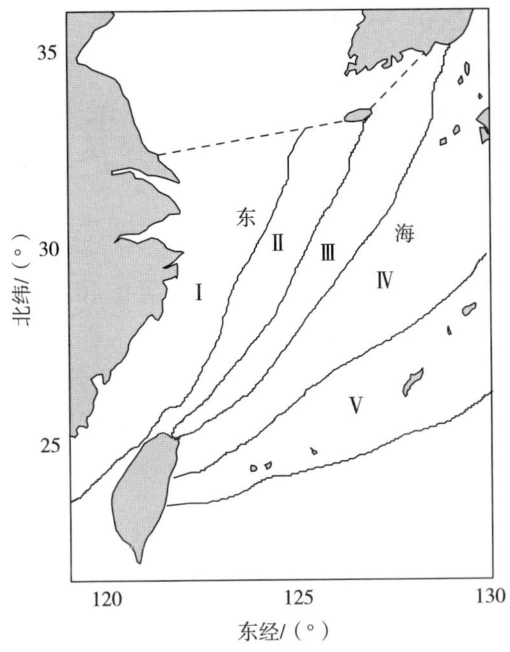

图 2-6-8 东海磁异常分区示意图

1. 中国东南沿海至朝鲜半岛(Ⅰ)

该区地磁异常变化剧烈,异常均值在-100nT 左右。在负异常的背景上,正负异常急剧交替,反映海底断裂发育,岩浆侵入和火山喷发频繁。正值可达 400nT,负值可达-500nT。磁性基底埋深 0.5~3km。

2. 东海陆架的东部(Ⅱ)

该区地磁异常以平缓变化的负异常为特征,磁异常单调,变化缓慢,表现为宽缓的负异常,异常均值为-200nT 左右,在±100nT 的范围内变化。磁性基底的分布,显示由三个深的磁性基底埋深区,北部,在济州岛南、苏岩以东,磁性基底埋深 6~7km;中部,在长江口外,磁性基底埋深 7~9km;南部,在钓鱼岛北,磁性基底埋深 9~11km。它们之间被相对高起的磁性基底所间隔,相当东海坳陷带内的三个坳陷。台湾海峡,局部出现一些正异常,是新生代火山岩流所致。

3. 陆架边缘(Ⅲ)

该区地磁异常跳跃升高,呈北东北向所延伸,宽 20~40km。地磁场强度由-200nT跳跃升高为正异常,异常值在 200nT 附近变化,地磁场梯度大,线性延伸。至赤尾屿附近,异常线性不明显或被错移,至台湾北部异常中断。这一异常带上的磁性基底埋深很浅,为 1~2km。

4. 冲绳海槽(Ⅳ)

该区地磁异常呈平缓起伏,由块状正、负磁异常组成,以负异常为主,异常均值在-100nT 左右,在-300~200nT 变化,磁性基底埋深 2~4km。

5. 琉球群岛(Ⅴ)

该区地磁异常呈正负交替,走向北东北(NEE),磁异常梯度变化大,琉球群岛以负异常为主(-100nT~0),内弧多出现跳跃的正异常,反映断裂及火山岩甚为发育。

(四)南海海域磁异常分布

南海属于太平洋西缘的边缘海之一,地理位置在 109°~120°E,3′~28°30′N。南海海底地形分为大陆架、大陆坡和深海盆三部分。如图 2-6-9 所示,由于南海其复杂的地质面貌特征,反映在地磁场上也呈现形态复杂、类型多边的磁异常。根据不同地磁场磁异常特征,如形态、幅值大小、宽度、梯度、走向等不同组合,可以将磁异常分为三个大区来描述。

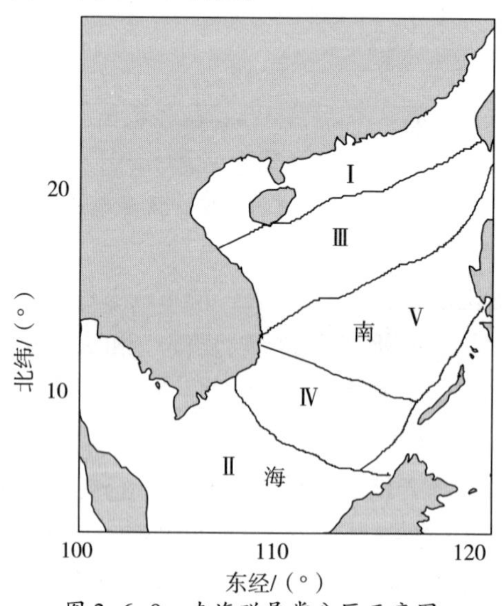

图 2-6-9　南海磁异常分区示意图

1. 陆架区磁异常特征

1)北部陆架(Ⅰ)

南海北部陆架异常较为复杂,一般以低值正、负异常为主,异常总体为东北向,其中局部为东北东和西北向。异常强度为-50~0nT 或 20~50nT,最大为-200nT或+300nT。北部陆架西部是一些变化幅度较小的磁异常,其背景场在100nT 左右。珠江口以西为宽缓变化的正异常,一般为 50~150nT。异常走向零乱,梯度较缓,一般在 10nT/km 以下,其在南部的琼东南磁异常为变化平缓的负异常,局部走向以东北东为主,幅度一般为-100~-50nT,最大达-250nT。陆架中部为低值异常区,幅度变化较小,异常呈东北向或西北向分布。一般异常小于 50nT，异常最小值为-50nT，最大为 100nT。在此区南北边界异常梯度可达 15nT/km，叠加异常也屡屡出现。陆架东部是一个复杂的变化较大的磁异常区，由北向南异常成东北向条带状分布，北侧以负异常为主，南侧以正异常为主，异常一般为 100~150nT，最小值为-20nT，最大为 450nT，异常形态多变，有尖峰状异常，也有平缓异常，还有叠加异常。这里异常梯度较大，最大为 50nT/km。陆架的珠江口盆地三个坳陷区出现较平缓的异常，而隆起区往往出现较高的磁异常。北部湾有变化平缓的负异常，磁异常背景值为-80nT，局部异常幅值为 30~100nT。莺歌海为平静的负异常，异常背景值为-30nT，异常幅值为 20~35nT。

2）南部陆架（Ⅱ）

南海南部陆架是指南沙群岛以南及东南海域。其磁异常是以负值背景场上出现正、负异常为主，异常较平稳，波长较长，在纳土纳群岛以东的曾母盆地，巴拉望岛西北海域以负异常为主，异常变化平缓，在纳土纳群岛则为跳动较大的正负异常，而纳土纳西四周发育着一系列剧烈变化的高值异常。南部陆架曾母盆地由西到东异常特征有较大的变化，纳土纳西磁异常多呈锯凿状或尖峰状，异常幅度大，波长短，纳土纳隆起的异常变为大幅值孤立负异常，幅值达 400~700nT。

南沙群岛以南和南康暗沙以西海域是曾母盆地的主体部分，具有宽缓变化的负异常，为-260~-200nT，变化范围一般为-60~-40nT，南海南部陆架南缘也有低缓变化的磁异常，呈线性分布的东西方向。

陆架东部巴拉望岛架磁异常较复杂，岛架北部以平缓低值负值磁异常为主。巴拉望岛架中部近岸海区异常狭窄、密集，有较高的峰值，异常总体方向与巴拉望岛一致。远岸区异常低值平静。岛架南部以宽缓的磁异常为主。总之，巴拉望岛架有陆架陆壳的异常特征。

2. 陆坡区磁异常特征

1）西北陆坡区（Ⅲ）

西北陆坡区磁异常呈东北向分布，异常变化大，在陆坡与陆架、陆坡与中央海盆交接处均存在东北向的线性磁异常，这表明磁异常与两条岩石圈大断裂有关。东沙群岛一直到台湾，有一条东北向分布的高值磁异常，异常值一般约 300nT，最大值达 350nT。群岛东南及西南有较平静的负异常，我国台湾南部西南陆坡具有平静的磁异常。东部为 20~70nT，西部为-20~-50nT。中沙和西沙群岛均为陆坡上的岛块，西沙群岛周缘以平缓的高值磁异常为主，岛块内部以低幅度变化的异常为主，异常一般小于 100nT，最大可达 300nT，异常与岛块形状一致，呈块状分布。中沙群岛同样以低值磁异常为主，有的地方在低值磁异常背景上叠加了幅值为 400～500nT 的高值异常，这类异常分布在中沙群岛东北及东南缘。在中沙群岛西南发育一条较大的正异常带，其值在 400nT 以上。西沙海槽的磁异常以平缓高值的正异常为主，异常成东西向和不对称分布，并由西向东增大，西部一般为 100nT，东部约 200nT，最高可达 300nT。西沙东海槽以高值变化的正异常为主，异常呈波状东北东向分布，海槽东侧与中沙群岛之间有一条东北向线性异常。中沙南海槽磁异常以高值正异常为主，最高达 350nT，异常方向为东西向。

2）南部陆坡区（Ⅳ）

南海陆坡区主要包括南沙群岛及南沙海槽。南沙群岛的磁异常以低值磁异常场为背景，幅值的变化多在 50～100nT，这里是正、负相伴平缓的磁静区。南沙群岛东北部的礼乐滩及其邻近海区的磁异常以负异常为主，一般为-100nT，最低为-250nT。此区包括三类异常：第一类是短波长异常，变化幅度较大，北高南低，这些异常分布在海山附近；第二类是宽缓低值负异常，波长较长，异常分布在北部及东北部；第三类是高值负异常，分布于礼乐滩南部及东部。在礼乐滩西部及西南有局部的正异常。南沙海槽以低值变化较小的负异常为主，一般小于-50nT，异常走向与海槽一致，呈东北向。海槽东南侧有东北向线性异常。

3. 中央海盆区（Ⅴ）

中央海盆区磁异常特征是以高值波状起伏异常为主，异常幅值大，波长短，变化大。异常呈东西向分布。在中央海盆中部有正负相间的线性磁异常，称为磁条带。

中央海盆由中部海山链将其分割成北海盆和南海盆两部分。北海盆是以较大幅度波状异常为主，幅值为 200～400nT，在大的背景值上还叠加了小峰状异常，幅值有 100nT，这些异常呈东北东向、东西向分布。中部海区为正、负相伴的磁条带，在海山处有高值北负南正的单个异常。南海盆也有大幅度波状起伏异常，其幅值比北海盆大，幅值达 300～600nT，呈东西向分布，有的地质学者认为西南海盆也存在磁条带。南海东部海沟处磁异常是与海沟方向一致的负异常，而我国台湾、吕宋岛孤异常较复杂，台湾东南为狭窄值大的异常，而吕宋岛孤西部近海磁异常呈东西向，吕宋海槽以宽缓正异常为主，可能与深大断裂有关。

小　结

本章从稳定磁场的基本理论出发，介绍了有关磁场的基本知识、基本理论和定律、地磁要素及其分布特征、地磁场组成、地磁场解析表示以及地球变化磁场。本章内容是准确把握地球磁场分布和变化特征，以及对地球磁场进行准确描述的前提和基础，是本书后续内容的前提和基础。

复习与思考题

1. 试写出稳定磁场的麦克斯韦方程，并进行解释。
2. 试画图并推导磁极的磁位。
3. 试画图并推导磁偶极子的磁位及其在海洋磁力测量中的实际意义。
4. 比较国际单位制和高斯单位制中磁感应强度 B 的单位。
5. 试解释重磁位场的泊松定理。
6. 试画图并给出地磁要素及其相互转换关系。
7. 试给出地磁要素各分量在全球范围和我国范围的变化范围。
8. 试描述我国范围内地磁偏角分量的变化特征。
9. 试写出地磁场的组成及成分的表达式，并进行解释。
10. 试解释均匀磁场、大陆磁场、磁异常，并说明其来源。
11. 结合不同的研究对象，解释正常场或背景场的意义。
12. 画图并推导 ΔT 与 T_a 的关系。
13. 什么是地磁场的解析表示？地磁场的解析表示方法有哪几种？
14. 推导地磁场作为均匀磁化球体时各分量的计算公式。
15. 简述地磁场的高斯理论。
16. 试解释地磁场球谐分析中截断阶数的意义。
17. 区域地磁场模型的构建方法有哪些？
18. 地球变化磁场分为哪几大类型？
19. 试解释地球长期变化磁场的特征。
20. 地球短期变化场的产生原因是什么？
21. 地球短期变化场包括哪些成分？
22. 试解释太阳静日变化，说明其产生原因。
23. 试描述太阳静日变化的特点。
24. 试解释磁暴的影响特点，如何消除或减弱其对海洋磁力测量的影响？
25. 试解释地磁脉动，如何消除或减弱其对海洋磁力测量的影响？
26. 什么是海岛效应及其对地磁日变站布设的影响？
27. 什么是海岸效应及其对地磁日变站布设的影响？
28. 海洋区域磁异常的特点有哪些？

第三章　海洋磁力测量仪器

海洋磁力测量是依靠专门的测量仪器获取海洋区域磁场的信息。在海洋中某一深度的水体中或海底测定磁场强度的仪器统称为海洋磁力仪。早期的海洋磁力测量主要是磁偏角测量,1880 年,感应式磁力仪研制成功,并用于海洋磁力测量。1931 年,磁通门磁力仪研制成功,大大提高了磁测精度。1955 年,海洋质子旋进式磁力仪成功应用于海洋磁力测量,随后出现了欧弗豪泽质子磁力仪,极大地提高了磁测灵敏度和采样率。1962 年光泵磁力仪问世以来,磁力仪各项技术性能指标不断提高。20 世纪 80 年代出现的海洋磁力梯度仪系统极大地削弱了磁力仪载体和地磁日变的影响。20 世纪 90 年代,为进一步提高海底磁性物体的磁探测能力和准确性,世界各国相继研制并投入使用了的磁力仪阵列产品,大大提高了磁探测的能力。本章在介绍海洋磁力仪分类及主要技术性能指标的基础上,对几种典型的海洋磁力仪的工作原理进行描述,并以目前常见的 G880G SX 型海洋磁力仪为例介绍海洋磁力仪的组成和结构。

第一节　海洋磁力仪分类及主要技术性能指标

一、海洋磁力仪的分类

(1)按照磁力仪的发展历史,以及应用的物理原理,可以将磁力仪划分为以下几种。

第一代磁力仪:应用永久磁铁与地磁场之间的相互力矩作用原理,或利用感应线圈以及辅助的机械装置。例如,机械式磁力仪与感应式磁力仪等。

第二代磁力仪:应用核磁共振特性,利用高磁导率软磁合金,以及专门的电子线路。例如,质子磁力仪、光泵磁力仪及磁通门磁力仪。

第三代磁力仪:利用低温量子效应,如超导磁力仪。

(2)按照其内部结构及工作原理,磁力仪可分为机械式磁力仪(如悬丝式磁力仪、刃口式磁力仪)、电子式磁力仪(如质子磁力仪、光泵磁力仪、磁通门磁力仪)和超导磁力仪。

(3)按照测量的地磁场参数,磁力仪可分为相对测量仪和绝对测量仪,有的磁力仪同时也可测量绝对值和相对值或梯度值。

(4)按照测量地磁要素或磁异常,磁力仪可分为测量地磁要素的仪器和测量磁异常的各种相对测量磁力仪。

二、海洋磁力仪的主要技术性能指标

海洋磁力仪的主要技术性能指标如下。

(1)采样率:磁力仪每秒读数的个数,通常用频率来表示。

(2)带宽:磁力仪反映测量磁场快速变化的能力,它在很大程度上决定了系统产生数据的质量和如实反映真实磁场的能力。

(3)绝对误差:磁力仪读数的平均值和测量磁场平均值之间的差值。绝对误差漂移:绝对误差随时间的变化,所有的磁力仪在测量过程中都有绝对误差和漂移,在大多数情况下,漂移比绝对误差要小。

(4)峰峰值:最大值和最小值之间的差值,用来描述信号和噪声幅度的大小。峰峰值通常用来指定最大航向误差值。

(5)噪声:非由外部磁场变化引起的简单变化。当对磁力仪噪声进行规范时,为了保证探头定向误差和移动误差不被包含在背景场系统噪声中,通常假设磁力仪的探头是不动的。系统噪声的规格定义了读数中噪声的最低标准,通常用 $\mathrm{nT}/\sqrt{\mathrm{HZ}}$ 来表示。

(6)漂移:实际磁场没有变化的情况下磁力仪的输出随时间或温度的变化。

(7)定向误差:在恒定磁场中,由于探头方向的改变导致的磁场测量值的变化,其可能由两方面因素造成,即探头内部的物理原因和探头所用材料的磁导率。

(8)盲区:如果角度在探头的主轴和地磁场方向之间,磁力仪将不进行磁场测量,也就是说,探头处于盲区。所有的光泵磁力仪、质子旋进磁力仪和 Overhauser 磁力仪都存在盲区,在光泵磁力仪中,通常通过可调节的定向装置来保证磁力仪探头不进入盲区。在质子旋进磁力仪和 Overhauser 磁力仪系统中,采用一个三轴线阵列或环形来减小盲区效应的影响。

(9)灵敏度:磁力仪反映地磁场强度最小变化的能力(敏感程度),有时也称为分辨率。对于数码显示器读取磁场值的仪器,在其读数装置上的最小可辨别的变化,称为显示灵敏度。仪器有一个噪声水平的问题,因此灵敏度和显示灵敏度在概念上是不同的。

(10)精密度:仪器本身测定磁场所能达到的最小可靠值,是衡量仪器重复性的指标。由一组测定值与平均值的平均偏差表示,在仪器说明书中称为自身重复精度。

(11)准确度:测量值与真值相比的总误差,反映了仪器测定真值的能力。

(12)量程:磁力仪能测量的磁场值的范围。

(13)梯度容差:磁力仪正常工作时所允许的最大梯度。当所测量磁场的梯度超过此最大值时,磁力仪的输出将产生混乱,这时的磁力仪读数是没有意义的。

第二节　海洋磁力仪工作原理

一、机械式磁力仪

机械式磁力仪是最早用于磁力测量的仪器,1915 年阿道夫·施密特刃口式磁秤问世,20 世纪 30 年代末出现凡斯洛悬丝式磁秤,成为广泛使用的地面相对测量磁测仪器。根据测量地磁场要素,机械式磁力仪又分为垂直磁力仪及水平磁力仪。下面以悬丝式垂直磁力仪为例,介绍机械式磁力仪的工作原理。

悬丝式垂直磁力仪的核心部分由磁系组成。磁系主要是一根圆柱体形磁棒,悬吊在铬、镍、钛合金恒弹性扁平丝的中央,丝的一端固定于扭鼓,另一端固定于弹簧,压于压丝台上。工作时磁系旋转轴是水平的,磁棒摆动面严格垂直于磁子午面。打开仪器开关后,磁棒绕轴摆动。受到地磁场垂直强度力、重力及悬丝扭力三个力矩的作用,力矩相互平衡时,磁棒会停止摆动,如图 3-2-1 所示。

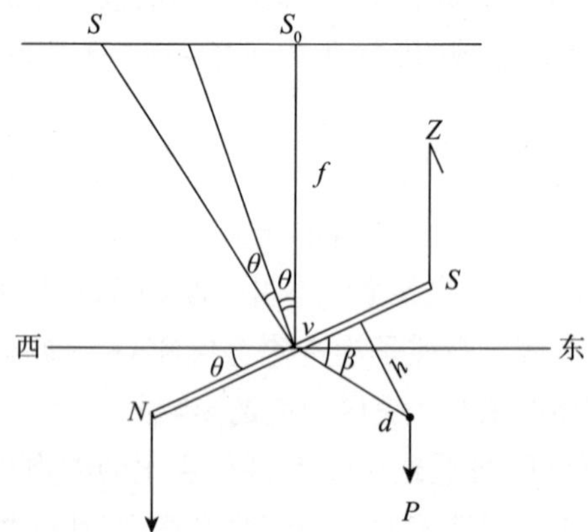

图 3-2-1　悬丝式垂直磁力仪磁系工作原理

由图 3-2-1 可以推导出,Z 的变化 ΔZ 可引起 θ 角的变化($\Delta\theta$),偏转范围不超过 2°时,由 θ 角的变化引起的仪器读数变化与 ΔZ 成正比。利用 $\Delta\theta$ 引起

的读数变化测量 ΔZ 的值。在仪器结构上，利用光系将偏转角 θ 放大并反映为活动标线在标尺上的偏离格数。

设在基点上，地磁场垂直分量为 Z_1，读数为 S_1；在测点上垂直分量为 Z_2，读数为 S_2。则它们之间的垂直分量差值为

$$\Delta Z=(Z_2-Z_1)=\varepsilon(S_2-S_1) \tag{3-2-1}$$

式(3-2-1)表明，悬丝式垂直磁力仪只能用于相对测量，其中 ε 是一个常数，代表每一个读格的磁场值，称为格值。格值的导数为灵敏度，通过调节 h 改变灵敏度，h 为重心 P 点到支点垂直磁轴方向的距离。

二、磁通门磁力仪

磁通门磁力仪，又名饱和式磁力仪，出现于第二次世界大战期间，主要用于飞机反潜，战后广泛应用于海洋磁测、未爆军火探测、海底管线探测等，磁通门磁力仪在1957—1958年用于海洋航空磁测和以及早期的北大西洋和西太平洋海洋调查，后来应用于航空器、卫星和船载测量，同时还用于人工潜水器和自主式车辆测量。

磁通门磁力仪利用高磁导率的坡莫合金，能感应很小的磁场强度，其感应磁场的磁通量密度（磁感应强度）B 与外磁场 H 之间呈非线性关系；并且通过产生的电磁感应信号，来测量 ΔT 和 ΔZ。

偶次谐波测量原理。坡莫合金是一种高磁导率、矫顽力小的软磁性材料。它在外磁场作用下，极易达到磁化饱和，如图3-2-2所示。由图可见，外磁场 H 的很小变化，即引起磁感应强度的很大变化；可以说它对磁场的变化起到了“放大”作用，亦即坡莫合金对外磁场变化很灵敏。

如图3-2-3所示，磁通门磁力仪探头由磁芯、磁芯骨架、激励线圈和信号绕组组成，磁芯为闭合磁路，在其两边绕以匝数相同、绕向相反的激励绕组。对激励绕组给予交变电压，则有交变磁场作用于磁芯，其磁感应强度达到高度饱和。

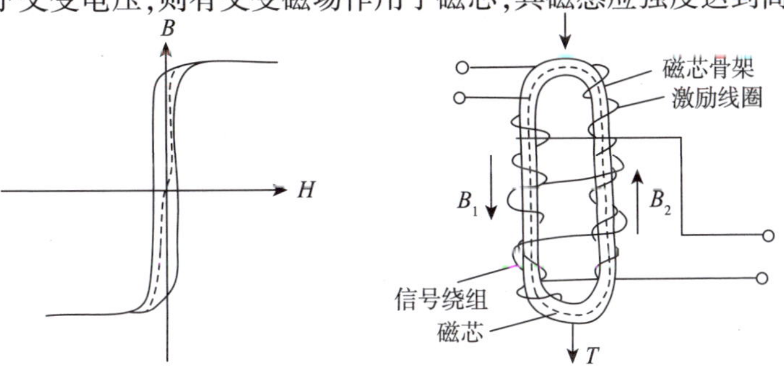

图3-2-2　坡莫合金磁滞回线　　　图3-2-3　探头结构

如图 3-2-4 所示，当探头轴线方向没有恒定外磁场作用时，则两边磁芯产生的磁感应强度波形完全对称，相位相差 180°，这时信号绕组接收到整个磁芯的交变磁感应强度为 0，信号绕组没有感应电压输出。

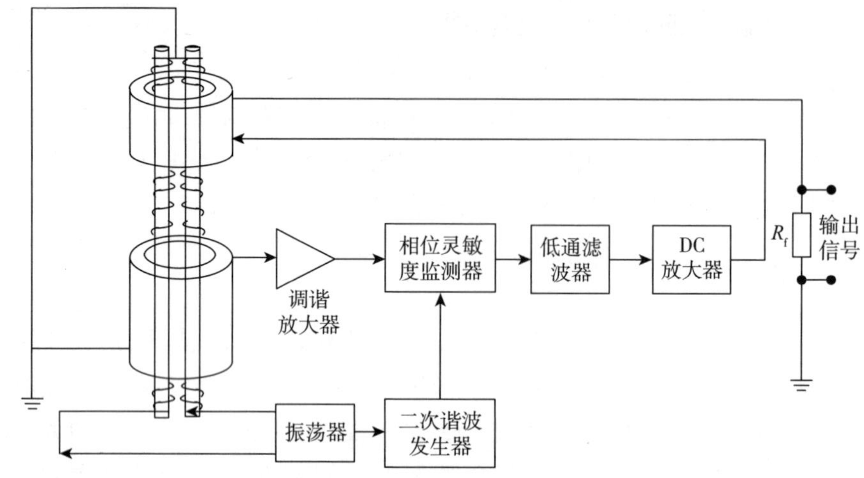

图 3-2-4　磁通门磁力仪结构

如图 3-2-5 所示，当沿探头轴线有恒定外磁场作用时，磁芯受两个磁场的磁化，其两边磁芯中的磁感应在正、负半周内饱和程度不一致，产生不对称的梯形波。两者相位仍差 180°，这时信号绕组接收到的总磁通量不为 0，将有感应电压脉冲输出，其幅度与外磁场的大小成正比，相位与其极性相对应，如图 3-2-6 所示。

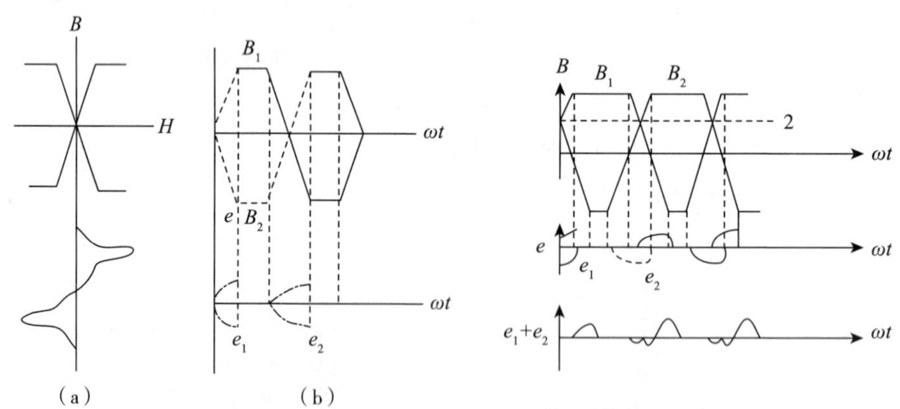

图 3-2-5　外磁场为零时波形　　　图 3-2-6　外磁场不为零时波形

根据傅里叶级数分析，或是频谱分析仪器的实际观测得知，一个非正弦周期的脉冲信号，可分解成一系列谐波分量时，其中频率为基波偶倍数称为偶次谐波；频率为奇数倍称为奇次谐波。

由坡莫合金的 $B-H$ 曲线,在 $|H|\leqslant H_s$ 范围内,二者的关系可描述为

$$B=\mu_0 H(a-bH^2) \tag{3-2-2}$$

当式中 a 和 b 是常数时,它取决于金属物质达到磁饱和的性质。

当给激励线圈施以磁场 $H=Z+H_m\sin(\omega t)$,作用于磁芯装置,则接收线圈中产生感应电压的量值为

$$e=A\frac{\mathrm{d}B}{\mathrm{d}t} \tag{3-2-3}$$

式中:A 为与接收线圈有关的常数。

由式(3-2-2)和式(3-2-3),可得由 $\cos(\omega t)$ 、$\sin(2\omega t)$ 、$\cos(3\omega t)$ 表达的关系式,说明输出电压中包含一次谐波(基波)、二次谐波及三次谐波。且二次谐波项的系数中包含 Z,故只有外磁场 $Z\neq0$,才有二次谐波出现,其振幅正比于外磁场 Z 的大小。

采用对称的磁芯装置和线路设计,滤除一次谐波及三次谐波,在输出电压中保留二次谐波,通过测量其振幅来测定地磁场。

国外较早的磁通门磁力仪有 20 世纪 50 年代苏联研制的 АСГМ-25 型和 АЭМ-49 型航空磁力仪。NASA 1979 年发射的 MAGSAT 磁测卫星就载有磁通门式标量磁力仪。国外典型的磁通门磁力仪还有英国巴丁顿公司的 MAG 系列和地球扫描探测公司的 FM 系列、芬兰的 JH-13 型和加拿大先达利公司的 FM-2-100 型,它们的灵敏度可达 0. 1nT。

我国于 20 世纪 60 年代,由地矿部物探研究所和航空物探队联合研制出磁通门式航空磁力仪(402 型,403 型),其灵敏度为 10nT。之后,我国又研制了 403 型磁通门磁力仪,其灵敏度为 1nT。1975 年,北京地质仪器厂生产了 CCM-2 型地面磁通门磁力仪,而 CTM-302 型三分量高分辨率磁通门磁力仪,其灵敏度可达 0. 1nT,应用于南极地磁场观测。

对于总场测量,三轴磁通门探头可安装于摩托艇的平衡环,保持相互之间垂直,其中两个是旋转的用来记录零磁场,使三个磁通门保持地磁场方向。

磁通门磁力仪的优越性在于它可以测量分量的矢量。但是它不是绝对测量仪器,并且受漂移和温度的影响很不稳定。虽然漂移可以通过频率进行改正,但是稳定性为 1nT 时只能持续几小时,几天后会小于 10nT,磁通门磁力仪逐渐被质子和光泵磁力仪所代替。

三、质子磁力仪

质子磁力仪于 20 世纪 50 年代中期问世,在航空、海洋及地面等领域均得

到了应用(Hall,1962)。它具有灵敏度和准确度均较高的特点,可测量地磁场总强度 T 的绝对值与梯度值,广泛应用于沿岸海洋磁力测量。

质子磁力仪使用的工作物质(探头中)有蒸馏水、酒精、煤油和苯等富含氢的液体。宏观看水是逆磁性物质,但其各个组成部分磁性不同。水分子中的氧原子核不具磁性。它的电子,其自旋磁矩都成对地互相抵消,而电子的运动轨道又由于水分子间的相互作用被"封固"。当有外界磁场时,因电磁感应作用,各轨道电子的速度略有改变,因而显示出水的逆磁性。此外,水分子中的氢原子核(质子),其自旋产生的磁矩,在外加磁场的影响下逐渐地转到外磁场方向。

当没有外界磁场作用于含氢液体时,其中质子磁矩无规则地任意指向,不显示宏观磁矩。若在垂直地磁场 T 的方向,加入人工强磁场 H_0,则样品中的质子磁矩将按 H_0 的方向排列,如图 3-2-7(a)所示,此过程称为极化。然后,切断磁场 H_0,则地磁场对质子有 $\mu_p \times T$ 的力矩作用,试图将质子拉回到地磁场方向。由于质子自旋,在力矩作用下,质子磁矩 μ_p 将绕着地磁场 T 的方向做旋进运动(称为拉莫尔旋进),如图 3-2-7(b)所示。

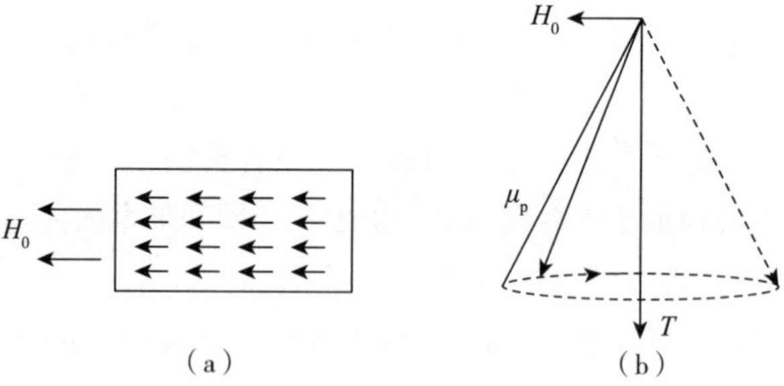

图 3-2-7　质子旋进示意图

此时氢质子旋进的角速度 ω 与地磁场 T 的大小成正比,其关系为

$$\omega = \gamma_p \cdot T \tag{3-2-4}$$

式中:γ_p 为质子的自旋磁矩与角动量之比,称为质子磁旋比(或回旋磁比率)。它是一个常数。根据我国国家标准局 1982 年颁布的质子磁旋比数值为

$$\gamma_p = (2.6751987 \pm 0.00000075) \times 10^8 T^{-1} \cdot s^{-1} \tag{3-2-5}$$

又因 $\omega = 2\pi f$,则有

$$\{T\}_{nT} = \frac{2\pi}{\gamma_p} \cdot \{f\}_{Hz} \approx 23.4874\, \{f\}_{Hz} \tag{3-2-6}$$

由此可见,只要能够准确测量出质子旋进频率 f,乘以常数,就可得到地磁场 T 的值。

如图 3-2-8 所示,质子磁力仪由装有蒸馏水或一些含氢液体的容器(如煤油)与感应线圈组成,并用铠装电缆拖曳于船尾,并能潜入水中或安装于航行器上。

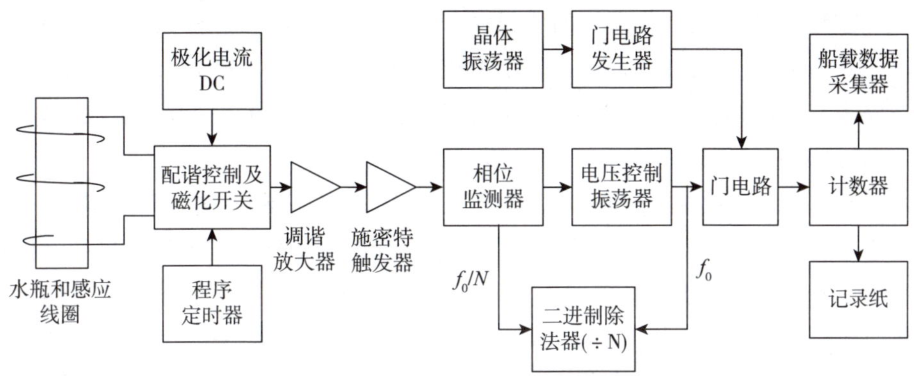

图 3-2-8 质子磁力仪结构

在感应线圈内,感应信号的电压为

$$V(t_1)=C\kappa_p H_0\gamma_p T\sin^2\theta\cdot\sin(\gamma_p T t_1)e^{-\frac{t_1}{T_2'}} \tag{3-2-7}$$

式中:C 为与线圈截面积、匝数及容器的充填因子有关的系数,对于一定的探头装置,C 是一个常数;κ_p 为质子(核子)磁化率;H_0 为极化磁场的强度;θ 为线圈轴线与 T 的夹角;t_1 为切断极化场时刻起算的时间;$1/T_2'$ 为衰减常数。

分析式(3-2-7),可得下述结论。

(1)感应信号的幅度与 $\kappa_p H_0$ 成正比。为了获取强旋进信号,一方面要选用单位体积内质子数目多的工作物质;另一方面要使用极化电流,产生强极化磁场,提高功率消耗。

(2)信号幅度与质子旋进角频率 $\omega=\gamma_p T$ 成正比。若地磁场弱(T 值小),则旋进角频率 ω 低,信号幅度也就小。目前,质子磁力仪的量程一般是 20000~100000nT,相当于旋进频率 851.52~4257.60Hz,此频率范围对于地面、海洋及航空磁测来说是足够的,一般在极地为 3000Hz,在赤道地区为 1200Hz。

(3)信号幅度也与 $\sin^2\theta$ 有关。线圈轴线与 T 的夹角 θ 在 0°~90°变化,其大小会影响旋进信号的振幅,而与旋进频率无关。当地磁场与磁轴的夹角 θ 为 90°时,质子旋进的初始电压最大,两个正交的线圈保证有一个线圈的轴线与地磁场有最大的夹角。当 θ 接近于 0°时,则位于探头的工作盲区。

(4)旋进信号是按指数规律衰减的信号,衰减常数为 $1/T_2'$,持续几秒。感应信号的衰减,与探头所处的磁场梯度有关;梯度越大,衰减越快。在均匀磁场中,其衰减常数在 2~3s,因此旋进频率测量必须在 1s 内完成。

当用于海面船载测量,磁力仪探头通常要拖曳于船尾 2 倍船长的距离,深度在 5~10m 最佳,船速最好在 4~8m/s。高精度的海底磁力测量,拖鱼安装于无磁性压力装置中,并且距海底 100m 左右。

目前,国外比较有代表性的质子磁力仪有加拿大先达利公司的IGS-2/MP-4型(0.1nT);美国Geometrics公司的G803型(0.25nT)、G801型(0.05nT)和G856型(0.01nT);英国利通锚科学公司的Elsec820型(0.1nT)及美国Geometrics公司研制的G-886型海洋质子磁力仪。

另外,国外自20世纪60年代中期以来,法国、苏联和加拿大等国相继研制了欧弗豪泽质子磁力仪,其通过电子-质子耦合现象达到质子极化的目的,可以不用施加强大的人造磁场来极化质子。因此,可用一个很小的探头即可得到很强的旋进信号及很高的灵敏度,探头小还可提高梯度容限。由于射频场不间断的作用,可以产生一个不衰减的连续的质子旋进信号,提高采样率。其采样率和分辨率分别达5Hz和0.01nT。加拿大Marine Magnetics公司生产的SeaSPY磁力仪、加拿大GEM system公司的GSM19M浅拖海洋磁力仪和法国Geomag SARL公司的SMM-Ⅲ型海洋磁力仪都属于欧弗豪泽。

我国20世纪60年代初研制成功的302型航空质子旋进磁力仪,其灵敏度为1nT。北京地质仪器厂相继研制出CHD1~CHD6型质子旋进磁力仪。1983年鉴定的CZM-2型质子磁力仪和CHKK-1型海洋质子磁力仪,其灵敏度为1nT。20世纪80年代和90年代研制的CZM-2B型质子磁力仪与CZCS-90型分量质子磁力仪,灵敏度为0.1nT。

四、光泵磁力仪

20世纪50年代中期,光泵技术应用于磁力仪研制,它具有灵敏度高、响应频率高,可在快速变化中进行测量的特点,其灵敏度超过0.01nT;光泵磁力仪体积小、重量轻,目前已成为航空、海洋和地面磁测的主要手段。

光泵磁力仪所利用的元素是氦、汞、氮、氢以及碱金属铷、铯等,由于这些元素在特定条件下,能发生磁共振吸收现象(或称为光泵吸收),而发生这些现象时的电磁场频率与样品所在地磁场强度成比例关系。只要能准确测定这个频率,就可以得到地磁场强度。

(一)塞曼分裂,能级跃迁

原子内部轨道电子与原子核之间、电子与电子之间有相互作用,以及电子本身的运动,使得原子具有一定的能量,称为原子的内能总能量,原子的内能呈不连续能级分布。按照量子力学的概念,原子能级依次由主量子 n ,角量子数 L ,内量子数 J 以及总角量子数 F 来决定电子的绕核运动、电子自旋及原子核自旋,均具有一定的磁矩,其磁矩的大小与各自的动量矩成比例,原子磁矩是它们的矢量和。

原子磁矩在磁场作用下，具有新的能量，此附加能量是量子化的，与其磁量子数 m_F 有关。m_F 取值为 0，±1，±2，…，±F。原子在外磁场中，受到磁场的作用，同一个 F 值的能级，可分裂成 $(2F+1)$ 个磁次能级，称为塞曼分裂。相邻磁次能级之间的能量差与外磁场成正比，这为测定地磁场 T 提供了可能性。

原子中所有电子的能量之和越小，原子越稳定；最小时原子的状态，称为基态。当电子从外界得到能量或向外界释放适当的能量时，即从一个能级跃迁到另一个能级，原子能级的变化，称为原子的跃迁。跃迁时两能级之间的能量差应满足频率条件，即

$$\Delta E_{mn} = E_m - E_n = hf \tag{3-2-8}$$

式中：h 为普朗克常数；f 为跃迁频率。

当原子受到外界满足上述频率条件的电磁波作用，则发生受激跃迁。它即可使原子由低能级跃迁至高能级，也可由高能级跃迁到低能级。在射频范围内 $(f=10^6 \sim 10^{11}\,\text{Hz})$ 以受激跃迁为主。当原子未受外界影响，从高级向低能级的跃迁，称为自发跃迁；在光波范围 $(f \approx 10^{13} \sim 10^{15}\,\text{Hz})$ 内，以自发跃迁为主。

能级跃迁必须遵守跃迁选择定则，只有满足量子数变化条件的能级之间，才发生跃迁。即

$$\Delta L = \pm 1, \Delta J = 0,\ \pm 1, \Delta F = \pm 1, \Delta m_F = \pm 1 \tag{3-2-9}$$

或

$$\Delta L = \pm 1, \Delta J = 0,\ \pm 1, \Delta F = 0,\ \pm 1, \Delta m_F = \pm 1 \tag{3-2-10}$$

（二）光泵作用

如图 3-2-9 所示，在光泵磁力仪中，有些以氦为工作物质。氦原子的基态是 $1s_0$，利用高频放电使其由基态过渡到亚稳态 2^3s_1，利用波长 $\lambda = 108.375\text{nm}$（相当于 $2^3s_1 \to 2^3p_1$ 的辐射频率）的 D_1 线右旋圆偏振光照射，使之激发跃迁。但是，2^3s_1 中 $m_J = \pm 1$ 的磁次能级上的原子，因不满足跃迁选择定则，不能吸收 D_1 线激发到 2^3p_1 的任何能级上去。$m_J = 0, -1$ 磁次能级上的原子，被激发跃迁到 2^3p_1 $(m_J = 1, 0)$ 的能级上；仅停留 10^{-8}s 后又以等概率（按 $\Delta m_J = 0, \pm 1$ 选择定则）跃迁回到的 2^3s_1 各磁次能级（含 $m_J = +1$）；经过 τ_p 时间后，亚稳态中 2^3s_1 的原子可能全部集中于 $m_J = +1$ 的磁次能级上。实现了氦原子磁矩在光作用下的定向排列，即光学取向。这种利用光能，将原子的能态泵激到同一个能级上的过程，称为光泵作用。

根据监控电子在塞曼次能级之间跃迁的拉莫尔频率的方式不同，光泵磁力仪分为跟踪式和自激振荡式两类。

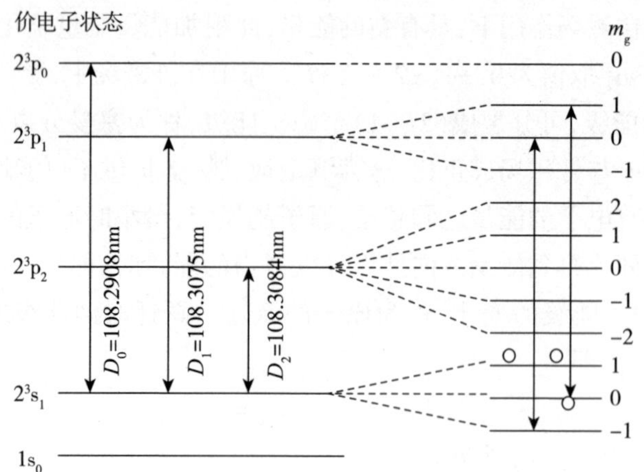

图 3-2-9 氦能级及光学取向示意图

(三)跟踪式光泵磁力仪原理

图 3-2-10 所示为氦光泵磁力仪结构,氦灯内充有较高气压的氦原子,受高频电场激发后,发出波长为 1083. 075nm 的单色光,透过凸镜、偏振片及 1/4 波长片,形成 1. 08 μm 的圆偏振光照射到吸收室。光学的系统光轴与地磁场方向一致。吸收室内充有较低气压的氦气,经高频电场激发,其氦原子变为亚稳态正氦作用,产生原子跃迁。对于氦其跃迁频率 f 与地磁场的关系为

$$f = \frac{\gamma_p}{2\pi} = (28.02356 \pm 0.0003)T \tag{3-2-11}$$

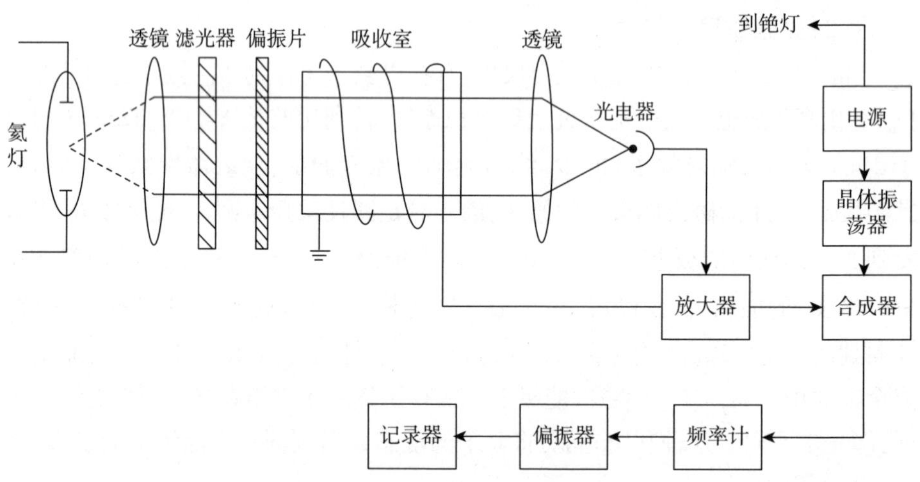

图 3-2-10 氦光泵磁力仪结构

也就是说,圆偏振光使吸收室内原子磁矩定向排列。此后由氦灯发出的光,可穿过吸收室,经透镜聚焦,照射到光敏元件上,形成光电流。

在垂直光轴方向外加射频电磁场(调制场),其频率等于原子跃迁频率 f。

由于射频磁场与定向排列原子磁矩的相互作用，打乱了吸收室内原子磁矩的排列（磁共振）。这时，由氦灯射来的圆偏振光又会与杂乱排列的原子磁矩作用，不能穿透吸收室，光电流最弱；测定此时的射频 f，就可得到地磁场 T 的值。当地磁场发生变化时，相应改变了射频场的频率，使其保持透过吸收室的光线最弱，也就是使射频场的频率自动跟踪地磁场变化，实现对 T 量值的连续自动测量。

电子的能量是质子能量的1/1836，因此其旋进频率更高，在地球表面其频率为15Hz~325kHz。铷原子的 $\gamma_p/2\pi$ 是4.67Hz/nT。

光泵磁力仪可以用来测量几纳特斯拉的外界磁场，而质子磁力仪则需要至少20000nT的外界磁场，且要求记录稳定，因此，光泵磁力仪更适合于在动态的平台上测量。当有更高的旋进频率，光泵磁力仪的测量精度更高，可以感应到0.01nT的变化。高旋进频率的光泵磁力仪允许高频率地计数，计数间隔可小于1s。

国外先进的光泵磁力仪有加拿大的V-210型铯光泵磁力仪（灵敏度达0.01nT）；加拿大GEM system公司的GSM系列钾光泵磁力仪，其中GSMP-20GS3型磁力仪灵敏度分辨率可达0.0001nT，采样率20次/s。美国Geometrics公司生产的G-822型自振式铯光泵磁力仪，其精度为1nT，G-833亚稳态氦光泵磁力仪，探头采用扫描技术，消除了通常导致铯蒸气光泵磁力仪的自振荡，提高了仪器的性能。另外，该公司还研制了G-8××系列海洋铯光泵磁力仪，如G868、G877、G881、G882型铯光泵磁力仪和G880G型铯光泵海洋磁力梯度仪。

1965年，我国长春地质学院研制出第一台光泵磁力仪样机；1976年，北京地质仪器厂研制成功CBG-1型氦跟踪式光泵磁力仪和CSZ-1型铯自激式光泵磁力仪以及GQ-A型氦光泵磁力仪。在此基础上，地矿部航空物探遥感中心研制出实用的GQ-30型氦光泵磁力仪，其灵敏度达0.25nT。改进后的仪器型号为GQ-B型，其灵敏度达0.1nT。于1985年和1990年研制出HC-85型和HC-90型高灵敏度氦光泵磁力仪，其灵敏度分别为0.01nT和0.0025nT。1995年研制成HC-95型地面手持式氦光泵磁力仪，其灵敏度为0.05nT，成为地面磁力仪的换代产品。2003年，研制成功的HC-2000K型航空氦光泵磁力仪，其主要技术性能指标达到了国际先进水平。另外，中国船舶重工集团有限公司715研究所是国内唯一从事海洋磁力仪研制的单位，研制的海洋拖曳式氦光泵磁探仪（图3-2-11），在后处理软件设计中，重点开发泥下掩埋铁磁物的探测、定位与处理、成图技术，具备与国外同类仪器综合竞争能力。其已经开发出三型海洋氦光泵磁探仪CB-4、CB-5、CB-6型（图3-2-12），其灵敏度可达0.01nT。

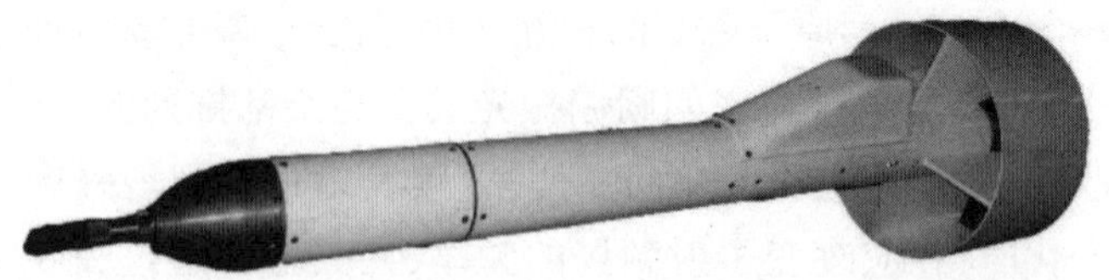

图 3-2-11　中国船舶集团有限公司第 715 研究所 GB-5A 型氦光泵海洋磁力仪

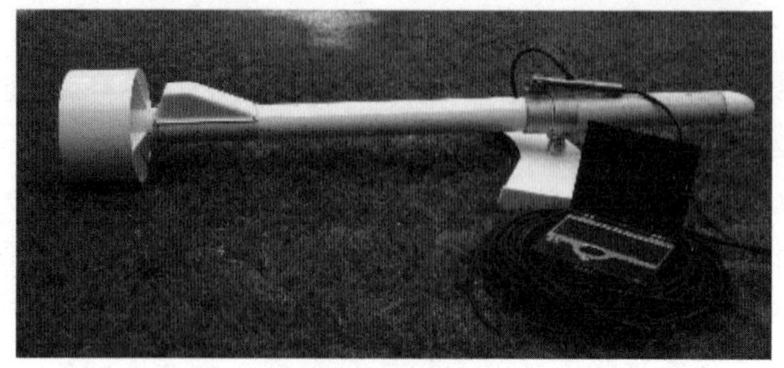

图 3-2-12　GB-6 型海洋数字式氦光泵磁力仪

GB-5A 型仪器重点应用于工程勘探,主要特点是使用方便。特别适合安装在小渔船上作业。拖缆长 60m 以内,在近海锚地、航道及码头等海域作业,灵活方便。仪器按综合探测系统设计,集成了 GPS 导航定位系统、水深测量仪、拖体入水深度等信息,在软件支持下对泥下掩埋物进行探测与定位。

GB-6 型仪器重点应用于海洋地磁调查,也可用于泥下障碍物探测与定位,主要特点是拖缆长可达 500m 以上(图 3-2-13)。加装定深翼片后,可控制拖体入水深度。但在小渔船上安装使用,收放较麻烦,容易损坏。

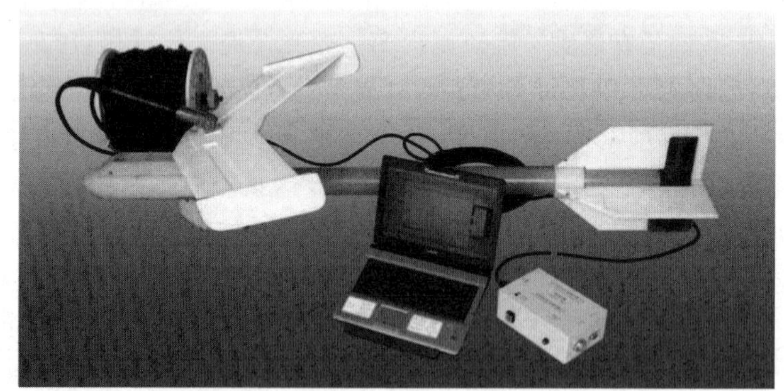

图 3-2-13　GB-6A 型氦光泵海洋磁力仪

该型仪器的技术性能同 GB-6 型数字式氦光泵海洋磁力仪,在拖体小型化和定深技术上有重大改进。

下面重点介绍目前海测部队常用的 G-882 型海洋磁力仪。

G-882 海洋铯光泵磁力仪将具有极高分辨率性能的铯蒸气技术组合到低

成本、小型化的系统中，可在浅水中做专业化调查。在所用的应用场合中，都体现了对地磁场总强度测量的高灵敏度和高采样率。经过大量检验证实的铯光泵传感器与全新独特的 CM-201 Larmor 计数器组合，加上坚固耐用的包装，特别适于小型船只使用。利用 MagLog™ 软件，可用计算机记录、显示和打印来自磁力仪和 GPS 接收机的 RS-232 接口数据。G-882 型磁力仪是现有的性能价格比最高的全功能海洋磁力仪。

G-882 型海洋磁力仪主要针对在小型船只上作业的浅水调查。由于体积小、重量轻，一个人就可以很容易地投放和操作。可用 24～30V DC 的电池供电，拖缆采用的是高强度的 Kevlar 缆。拖缆的甲板端连在接线盒内，可以简单快速地连接电源并输出数据（Geometrics 可以根据用户要求，提供计算机和记录软件，记录并显示磁场数据和 GPS 位置信息）。壳体选用结实耐用的玻璃钢纤维。传感器可选择取向，大大减少了对磁力仪作业区域的限制（只在赤道附近个别调查方向上有所限制）。

G-882 系统尤其适合于探测和定位各种尺寸的铁磁性目标，如铁锚、铁链、电缆、管线、配重石块和其他零散的船只残骸、不同规格的军需品、飞机、引擎和其他具有磁性的目标。如果传感器接近海底，并在目标探测范围之内（表 3-2-1 和表 3-2-2），甚至可以很容易地探测到小至 5 英寸（1 英寸 = 0.0254m）的螺丝刀。

表 3-2-1　对普通目标的典型探测范围

目标体	探测值/nT	探测距离/m
1000t 船只	0.5～1	244
20t 铁锚	0.8～1.25	120
汽车	1～2	30
轻型飞机	0.5～2	12
12 英寸（30cm）管线	2～3	38
6 英寸（15cm）管线	2～3	24
100kg 铁块	2～3	15
1 磅铁块	2～3	2.5
5 英寸螺丝刀	0.5～2	4
1000 磅炸弹	4～5	30
500 磅炸弹	0.5～5	16
手榴弹	1～2	2
20mm 炮弹	0.5～2	1.8

表 3-2-2 G-882 海洋铯光泵磁力仪技术指标

工作原理	自振荡离散波束铯蒸气型(无放射性)
量程	20000~100000nT
工作区域	地磁场矢量与传感器长、短轴夹角均大于 6°的地区,可自动进行南、北半球转换
CM-221 计数器灵敏度	<0.004nT/Hz RMS,典型值为当采样率为 0.1s 时,峰-峰值 0.02nT 采样率为 1s 时,0.002nT 最高采样率为每秒 10 次
航向误差	±1nT(在 360°旋转和翻滚范围内)
绝对精度	<3nT(在整个量程范围内)
输出	RS-232 接口,9600 波特率
传感器拖鱼	拖鱼体直径 7cm,长 1.37m,环形鳍外径 28cm,重 18kg
拖缆	Kevlar 增强型多芯拖缆,断裂强度 3600 磅,外径 12mm
工作温度	-35~50℃
高度	最大 9000m
水密性	O 形圈密封,最大工作深度 2750m
电源	24~32V DC,开机电流 0.75A,工作电流 0.5A

五、超导磁力仪

超导磁力仪于 20 世纪 60 年代中期研制成功,又称为 SQUID 磁力仪(超导量子干涉器件),其灵敏度高出其他磁力仪几个数量级,可达 10^{-5}~10^{-6}nT,它量程范围宽,磁场频率响应高,观测数据稳定可靠。超导磁力仪在大地电磁、古地磁研究和航空地磁分量测量中有所应用,但还没有得到广泛的应用,主要是因为仪器需要低温,降低了超导磁力仪的可移动性。

某些金属,如锡、铅、锌、铌和一些合金。当其温度降到绝对零点附近某一温度时,其电阻突然为零,这种特性称为超导电性。电阻为零时的温度,称为临界温度 T_c。

1962 年,约瑟夫逊(Josephson)发现,在两块超导体中间夹 1~3mm 的绝缘层,超导电子能无阻地通过;绝缘层两端无电压降;此绝缘层称为超导隧道结(约瑟夫逊结),这种现象称为超导隧道结的约瑟夫逊效应。

超导磁力仪是利用约瑟夫逊效应测量磁场,其测量器件是由超导材料制成的闭合环,有一个或两个超导隧道结。结的截面积很小,只要通过较小的电流(10^{-4}~10^{-6}A),接点处就达到临界电流 I_c(超过 I_c 超导性被破坏,即结所能承受的最大超导电流)。I_c 对磁场很敏感,它随外磁场的大小呈周期性起伏,其幅值逐渐衰减。临界电流 I_c,也是透入超导结的磁通量 Φ 的周期函数。它利用器件对外磁场的周期性响应,对磁通量变化(与外磁场变化成正比)进行计数;已知环的面积,就可计算磁场值。

图 3-2-14 和图 3-2-15 分别为超导磁力仪的工作原理和工作方框图。面积为 A 的 SQUID 超导环,在其环的轴向存在着外磁场 Be。若在获得超导态之后 Be 改变了,则在环内将要产生大小和方向要求精确地抵消耦合环磁通变化 $\Delta\phi = \Delta(BeA)$ 的环形电流 I,称为迈斯纳(Meissner)效应。环将变为电阻性的,I 减小了,而耦合环磁通的增加或减小,将取决于 ΔBe 的方向。磁通的改变是量子化的,也即 $\Delta\phi = n\phi_0$,其中 n 是整数,$\phi_0 = h/2e = 2.07\times10^{-15}$ Wb,式中 h 为普朗克(Planck)常数,e 为电子电量。若由于超导电性的消失使 I 降低,且降到临界值 I_c 以下,超导态就可恢复,只要 Be 继续变化,就足以满足 $I>I_c$,则环的全磁通就要改变,当 Be 保持不变,而 $I<I_c$,磁通必为常量。显然,外磁场的变量 ΔBe 产生的环流是磁场变化的量度,而 SQUID 传感器的灵敏度取决于对非常小的电流变化的检测。要得到这个灵敏度,就应把圆周上接触点的横截面减小到宽为 1μm 数量级非常小的区域,称为约瑟夫逊弱联结。外加的数量级为 ϕ_0 的磁通微小改变,可导致环内的临界电流的密度超过结上的临界电流密度,从而使超导电性消失。这一点与磁通门磁力仪的工作类似,在此情况下,改变使磁芯磁化的弱磁场可改变高导磁率磁芯在磁化周期中达到和失去磁饱和的位置。但是,磁通门与 SQUID 的工作有两个重要的差别,若外磁场使磁芯饱和,则磁通门就会停止工作;相反,当 SQUID 中的 I_c 被超过时,则磁通就进入环而系统本身恢复到较小的电流值。此外,磁通门测量的是磁场的绝对值,而 SQUID 的输出是测量环中当 SQUID 变为超导电性时,由于磁场存在而产生磁场的变化。如图 3-2-12所示,信号是由一个称为磁通量转换器的超导环直接测得后耦合到 SQUID 环,其目的是充分利用 SQUID 环的有效面积,使一个极弱的信号放大数十倍。SQUID 环中的信号再输入室温下工作的处理电路中进行放大、滤波和对比,再通过微处理机将信号换算成所需要的三正交分量磁化强度、磁倾角与磁偏角。这些数据也要送入打印机或储存在计算机里。目前,国外先进的超导磁力仪有美国 2G-760R 和 2G-755 型超导磁力仪。我国地质力学研究所于 2002 年引进美国 2G-755 型超导磁力仪,用于古地磁测量,北京大学物理系承担的一项"863""高温超导射频量子干涉仪"通过鉴定,其技术性能指标已达到国际先进水平。

美国在超导量子磁探测系统研制上也有较大进展,目前正在研制基于超导量子传感器的新一代磁异常探测系统。英国在超导量子磁力仪的研制上取得了较大的突破,开发了一种地磁反馈补偿式的超导量子梯度计,将该探测系统装在飞机上,如果系统晃动小于 5°且信噪比小于 4∶1,可探测到 25m 远处磁矩大约为 300A · m^2 以 2~5m/s 运动的磁性目标,系统在动态情况下能承受 80pT/m/$\sqrt{Hz}$ 的环境噪声和 1pT/m/$\sqrt{Hz}$ 的白噪声。日本在超导量子探测系统的研究上也有较大的进展,正在研制的超导磁力仪总场探测系统有较宽的动态测量范围。1999 年,日本在北纬 34°、东经 141°~142° 海区采用该磁探测系统,对一艘远距离的水面舰艇进行了测试,当携有磁探测系统的 P-3C 巡逻机以 370km/h 速度飞行时,仅仅 3min 就发现了该目标,充分展示了磁探测系统对远距离磁性目标的优异搜索能力。

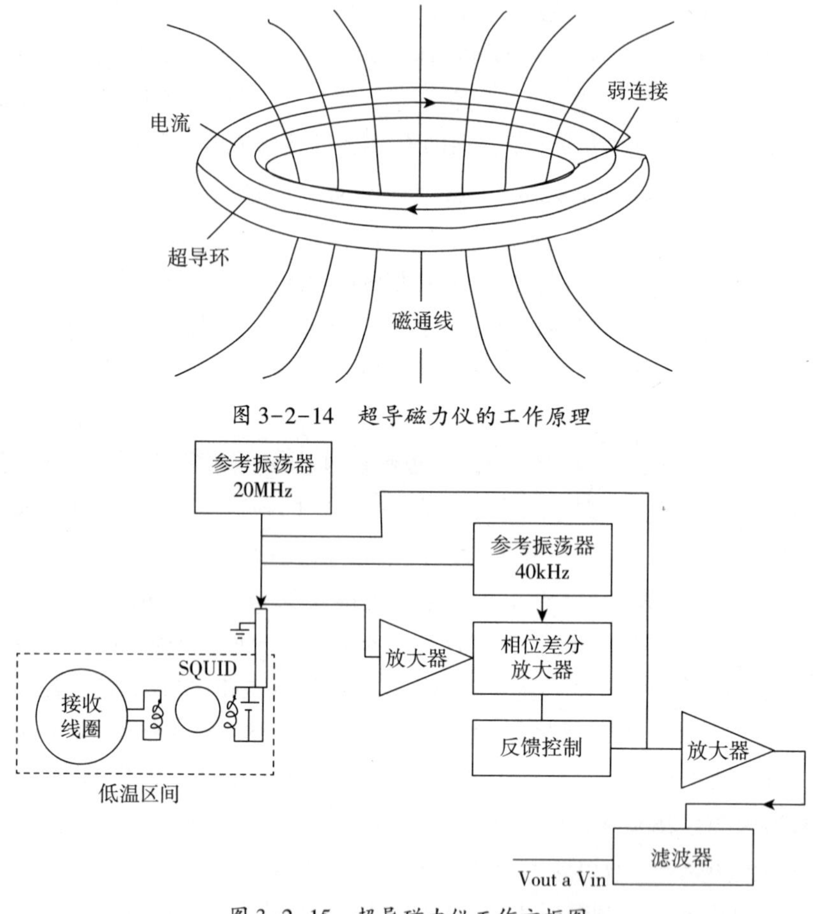

图 3-2-14　超导磁力仪的工作原理

图 3-2-15　超导磁力仪工作方框图

六、卫星磁力仪

为了建立主磁场模型,需要获取含有干扰较少并覆盖一定范围的数据,早期发射的卫星中使用了磁通门磁力仪、质子磁力仪和光泵磁力仪来记录海洋上的磁场(表 3-2-3)。后来,德国的 CHAMP 卫星是最适合的全球磁场观测系统,测量地磁场总场强度则更适合采用丹麦的 Orested 卫星,后者已经从 2005 年开始停止提供矢量分量测量。另外,地面观测站提供的每小时平均值也是可用的。虽然空间覆盖程度较差,地磁台数据可以为地磁场的时间变化提供重要的约束。

表 3-2-3　海洋用于测量近地磁场的空间飞行器

卫星	倾角/(°)	高程/km	日期	仪器类型	精度(近似)/nT
Cosmos-49	50	261~488	1964. 10 至 1964. 11	质子	22
OGO-2	87	413~1510	1965. 10 至 1967. 9	铷	6
OGO-4	86	412~908	1967. 7 至 1969. 1	铷	6
OGO-6	82	397~1098	1969. 6 至 1971. 7	铷	6
MAGSAT	97	352~561	1979. 10 至 1980. 6	磁通门、铯	6,3
DE-2	极点	309~1012	1981. 8 至 1983. 2	磁通门	约 100

卫星数据的主要特点是在相对较短的时间内获取全球磁场数据。轨道倾角(卫星轨迹和地球近赤道面的交角)决定数据所覆盖纬度的范围,90°的倾角能够提供 100%的覆盖范围。在两极很小的极冠地区,轨道倾角即使偏离 90°很小也会导致数据的缺失。卫星数据的另一个重要特点是区域性,小的地壳磁异常和靠近地面的电磁感应现象可以在卫星高度上很大程度地消弱,这样可为地磁场观测提供一个较为干净的地球主磁场。

由于 Ørsted 和 CHAMP 卫星下面地球的自转,卫星随着地方时缓慢地飘移(后面详细论述)。因此,卫星能够提供整个地球 24h 的自然图像。这时,每个卫星覆盖 15 个轨道,大约经度为 24°的宽度。因此,WMM2010 世界地磁场模型主要采用 Ørstcd 和 CHAMP 数据。下面分别介绍 MAGSAT 卫星、CHAMP 卫星、Ørsted 卫星及它们的磁力仪。

(一) MAGSAT 卫星及磁力仪

MAGSAT 卫星(图 3-2-16)于 1979 年 10 月成功发射,进入地球黎明/傍晚子午线的太阳同步轨道,观测不受相应于地球白天地区高导电性电离层大的外部场变化的影响。经过为期 7 个半月的飞行,MAGSAT 得到了离地平均高度为 400km 几乎覆盖全球的地磁场。

MAGSAT 上安装有一台用于总场模量测量铯光泵磁力仪和一台用于场适量分量测量的磁通门磁力仪。它们安装在高 6m 的架子端部,以避免飞行器磁性的影响。两个恒星相机、一个太阳感应器和一个纵轴陀螺仪提供的飞行姿态准确度达到 10~20 弧秒。矢量分量可以精确到 6nT,模量精确度优于 2nT。磁通门磁力仪,每秒可以提供 16 次矢量分量读数,通过比较矢量分量和模量可监测出磁力仪飘移情况。由于铯光泵磁力仪灯电路的错误,其数据不能全部恢复。在空白段或数据质量较差的时段,可从分量中得到总场模量,每秒采集8个模量数据。

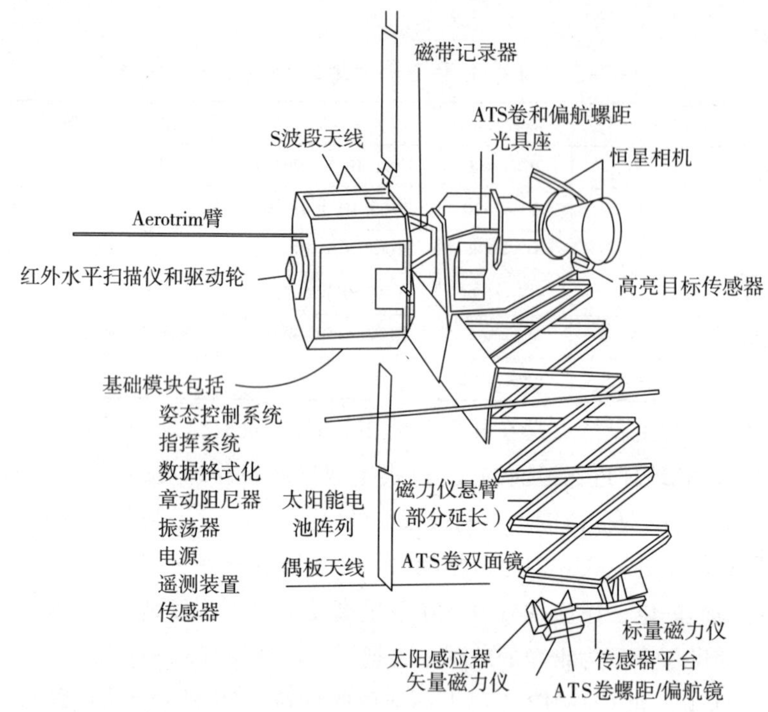

图 3-2-16 MAGSAT 卫星飞行器

(二)CHAMP 卫星及磁力仪

为了响应德国空间机构(DLR)的号召,波茨坦市 GeoForschungs Zentrum 的 Christoph Reigber 于 1994 年提出 CHAMP(CHAllenging Minisatellite Payload)计划,以支持新政府"联合德国"的航天工业,其目的是用于改善地球重磁场模型,其中 Hermann Lühr 负责任务的磁力部分。CHAMP 卫星于 2000 年 7 月 15 日由俄罗斯"宇宙"号运载火箭(Cosmos)发射入低轨卫星,计划运行 5 年时间。

影响低轨卫星的一个限制因素是大气中 600km 以下惰性气体的较大阻力。对于 Magsat 7 个月使用期限和 Ørsted 卫星较高的高度,卫星阻力只是一个影响因子。CHAMP 卫星为了使其固定在小的横截面上和稳定姿态,完成低轨卫星的长期任务,其质量达 522kg。CHAMP 卫星在海拔 454km 处发射入圆形轨道(接近于极轨道),轨道倾角为 87.3°。与 Magsat 卫星是一个严格晨昏太阳同步轨道卫星相比,CHAMP 卫星在当地时间每 11 天提前 1h。卫星速度大约为 8km/s,CHAMP 卫星完成一次周转大约需要 90min。惰性气体的密度随着太阳活动情况而变化,进而决定 CHAMP 卫星轨道高度的衰退程度。为了延长其使用期限,现已两次提升 CHAMP 卫星的轨道高度(图 3-2-17)。

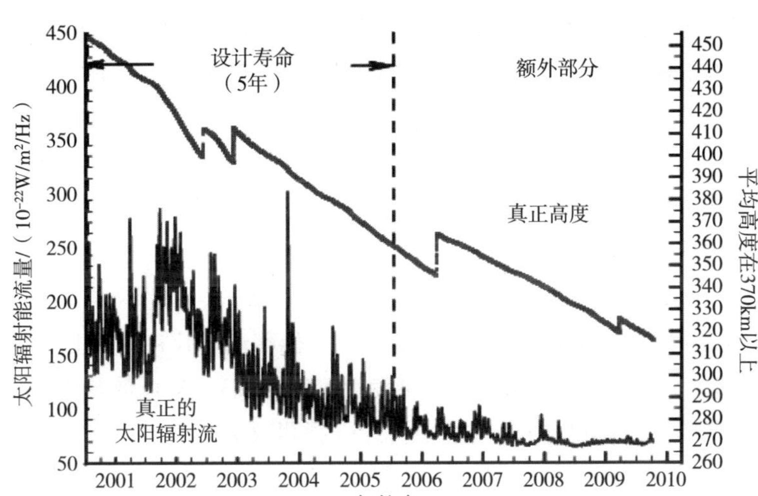

图 3-2-17 CHAMP 卫星高度的衰减(2009 年 10 月 15 日)

与 Ørsted 卫星磁力设备非常相似,CHAMP 卫星同样携带标量和矢量磁力仪。恒星传感器是由同一个实验室研制的,只是配备了双探头(图 3-2-18)。

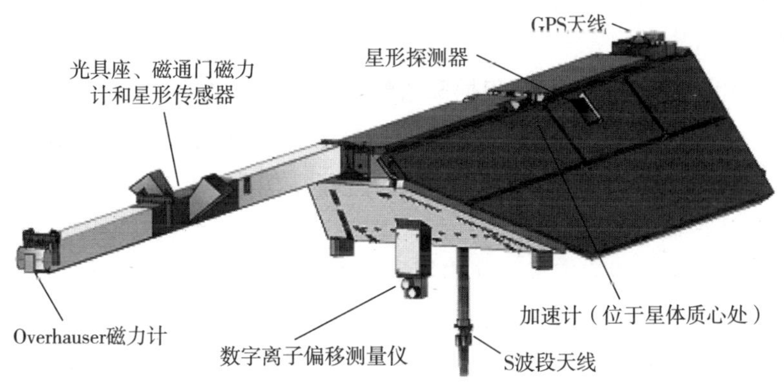

图 3-2-18 CHAMP 卫星正面

Overhauser 质子旋进式磁力仪安置在 4m 长吊杆的顶端,用于测量地磁场的总强度,频率 1Hz。该磁力仪由 LETI 设计,绝对精度可达 0.5nT,用于对剩余两个矢量磁力仪(安置在吊杆中部的光具座上)进行绝对校准。两个磁通门磁力仪由丹麦科技大学(DTU)设计并提供,磁场采样频率为 50Hz,解析度(辨析率)小于 0.1nT。

恒星传感器由丹麦科技大学(Danmarks Tekniske Universitet, DTU)设计和提供,用于定出光具座在空间的方位。在卫星磁力矢量数据中,卫星姿态的多值性是最主要的误差来源。由于太阳和月球的影响,恒星传感器经常提供旋转可视方向(视窗)的不可靠姿态信息。CHAMP 卫星配备了双探头恒星传感器来改善相应姿态,对于所有的旋转轴数量级可达大约 3 弧秒,相应的矢量分量精度大约为 0.5nT。由于双探头可以获得高精度姿态数据(62%的 CHAMP 卫星数据采用双探头获取),未来的磁场测量(如欧洲宇航局于 2011 年发射的 Swarm 计划)将使用三探头恒星传感器。同时,由于吊杆的扰动,使 CHAMP 卫星上的双探头恒星传感器在磁场测量中受到制约。

美国空军研究实验室提供了数字式离子偏移测量仪(Digital Ion Displacement Measuring,DIDM)和平面兰米尔等离子测量仪(Planar Lambert Plasma Measuring Instrument,PLP)。数字离子偏移测量仪用于测量离子运动所产生的电场,不过由于在 CHAMP 卫星发射阶段摩擦过热,已使其部分失效。平面兰米尔等离子测量仪运行正常,每隔 15s 提供飞行器的电压、电子温度和电子密度,这些数据用于修正卫星周围等离子体产生的抗磁体对磁场测量的影响。结果证明,平面兰米尔等离子测量仪对于精确建立地磁场模型非常有用。

由 NASA 提供的 Black Jack GPS 接收机除了精确定出 CHAMP 卫星的位置,另一项重要的工作就是提供绝对时帧,每秒提供一个脉冲用于使飞行器上的仪器同步运行,而且还为质子旋进地磁仪判读提供稳定的参考频率,给出绝对精度。

CHAMP 卫星的产品标准根据原始数据预处理的情况分为 0~4 级,科学上只采用 2 级以上成果。对于 2 级成果要联合精确的轨道进行校准,并以普通数据格式(Common Data Format,CDF)每天存档。3 级成果包含后处理、编辑、数据校准和快速传输成果,但由于恒星传感器绝对校准问题,到 2004 年 10 月磁场的 3 级最终数据还没有完成。在应用世界地磁场模型之前,必须对 CHAMP 卫星的 2 级数据进行姿态改正,改正量将在下面以独立的一部分进行叙述,可以通过波茨坦信息系统和数据中心(Information System and Data Center,ISDC)网址(http://isdc.gfz-potsdam.de/champ/)可以下载 2~4 级成果。

(三)Ørsted 卫星及磁力仪

Ørsted 卫星是一颗用于建立地磁场模型的丹麦卫星,于 1999 年 2 月 23 日在加利福尼亚 Vandenburg 空军基地由 Delta Ⅱ(三角洲Ⅱ)运载工具成功发射,与其同时发射的还有美国地球观测数据远景研究卫星(ARGOS)和南非 SUNSAT 小型卫星。起初计划运行 14 个月,但是至 2004 年 10 月仍能够传送高精度的数据。Ørsted 卫星的网址为 http://web.dmi.dk/fsweb/projects/oersted。

Ørsted 卫星(图 3-2-19)质量为 62kg,大小为 34cm×45cm×72cm,可展开操作杆长 8m,其主要接收站在丹麦哥本哈根的气象研究所(DMI)。其卫星轨道是逆行轨道,开始时升交点时间是当地时间 14:11,轨道远地点 850km,近地点为 640km,轨道倾角为 96.5°,节点周期 96min,运行一周经度减少 24.9°,每天当地时间减少 0.88min,相应的轨道平面每年移动 128.5°,卫星速度约为 7.5km/s。

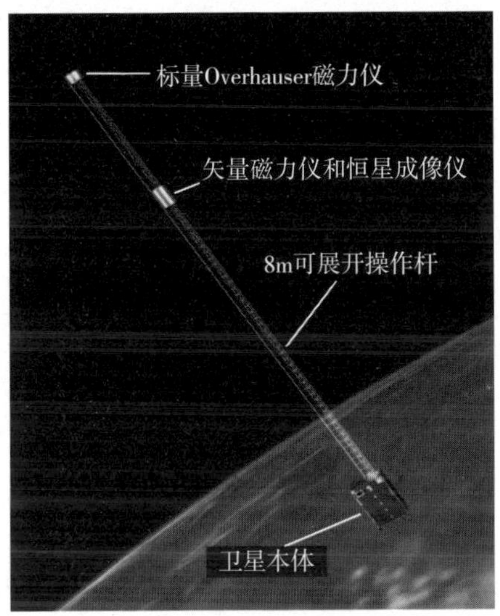

图 3-2-19 Ørsted 卫星

Overhauser 标量磁力仪安置在 8m 长的杆顶(最稳定位置),用于测量磁场强度(没有方向),精度可达 0.5nT。该仪器的主要目的是对集成球形线圈设备(CSC)进行绝对校准,该仪器由法国电子技术实验室 LETI 研制,由法国空间机构 CNES 提供。CSC 磁通门矢量磁力仪由丹麦科技大学(DTU)研制,安置在离 Overhauser 磁力仪(消除磁力仪之间的相互影响)一段距离的地方,用于测量磁场矢量场(大小和方向),这个设备可以在几天时间内稳定在 0.5nT 以内。

单探头恒星传感器(图像仪)与 CSC 磁力仪放置在一起用于确定磁力仪方位,在其 8 个视窗旋转轴上,精度可达 30 弧秒,在任何与视窗正交的旋转轴上精度约为 5 弧秒,该设备由丹麦科技大学(DTU)研制。

粒子探测器由丹麦气象研究所研制,安置在卫星主体上,用于测量卫星周围高能电子(0.03~1MeV)、质子(0.2~30MeV)和 α 粒子(1~100MeV)变化。

在 Ørsted 上安置了 Turbo-Rogue GPS 接收机以精确定位出卫星的位置,并提供设备的同步时间,该设备由 NASA 提供,并由其喷气推进实验室研制。

MAG-F 磁场标量成果和 MAG-L 矢量成果主要用于校准建立主磁场模型的相关数据。这些数据已由 Ørsted 科学数据中心发布,并可以通过丹麦国家空间协会网址 http://dmiweb.dmi.dk/fsweb/projects/oersted/SDC 下载。

七、磁力梯度仪

海洋磁力梯度测量没有固定的仪器配置，可以根据不同的磁力测量需求进行选择。一般以磁力仪间的相对位置区分海洋磁力梯度仪器配置，如横向、垂直、纵向和三维梯度仪等，获得测量点横向、垂直、纵向和三维等方向上的磁力梯度异常信息。根据磁力梯度仪传感器间距的大小，纵向磁力梯度仪又可分为短基线、中基线和长基线三类。用于探测时，一般选择短基线，减小海洋地质变化对探测的影响；用于地质地球物理调查的目的主要是长基线梯度测量，基线长度一般选择 50~300m，这样可以更好地识别变化较小的磁力梯度异常。

（一）横向梯度仪

两个（或多个）磁力仪并排安装在无磁性刚性支架两侧，由一根拖缆拖曳进行测量。刚性支架的中间一般需要吊挂重物，以保证在拖曳测量中两磁力仪姿态稳定，维持相同的入水深度。两个磁力仪保持一定的横向间距，运动轨迹平行测线。测量中，磁力仪距离磁性物质的水平距离有一定差异，测量的地磁异常波形也就不同，因此可以通过比较磁异常波形，大致判断磁性物质的地理位置，尤其是相对测线的横向方位。此外，这种梯度仪一次测量相当于完成了两条测线，大大提高了海洋磁力探测的效率。图 3-2-20 所示为美国 Geometrics 公司的 G-881 横向磁力梯度仪示意图。

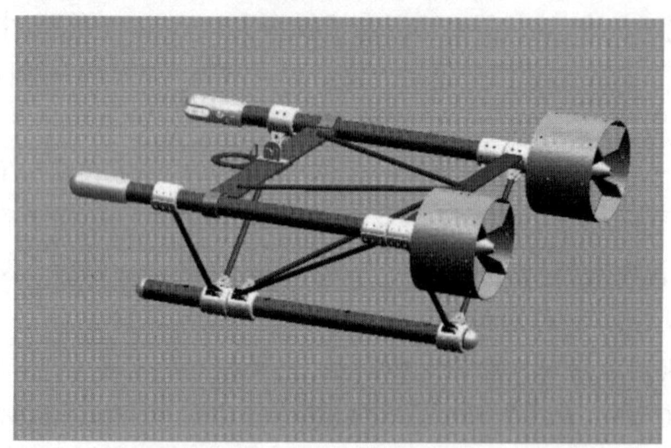

图 3-2-20　G-881 横向磁力梯度仪示意图

（二）纵向梯度仪

两个（或多个）磁力仪由一根拖缆拖曳测量，一个磁力仪在前，一个磁力仪在后；两个磁力仪之间保持一定的基线长度。当以海洋磁力探测为目的时，一般选择较短的基线长度，减小海底地质变化对探测的影响；当进行海洋地球物理调查时，一般选择长的基线长度，可以更好地识别地质变化引起的长周期、低幅值的磁力梯度异常。纵向梯度仪结构简单、操作方便、拖曳稳定，同时可以由梯度数据反算地磁总场异常，非常适合进行海洋磁力梯度测量，并确定磁源的位置和埋深，因此应用比较广泛。

磁力仪间靠拖缆连接，所以测量中磁力仪间距会发生小范围波动。磁力仪缺乏刚性支架的约束，其姿态及相对几何位置在海水中也会不断改变。纵向梯度仪的这一缺点会造成磁力测量数据中引入新的误差，影响测量精度。例如，加拿大 MarineMagnetics 公司推出的 SeaSPY 纵向梯度仪，美国 Geometrics 公司生产的 G-880G 纵向梯度仪（图 3-2-21）。

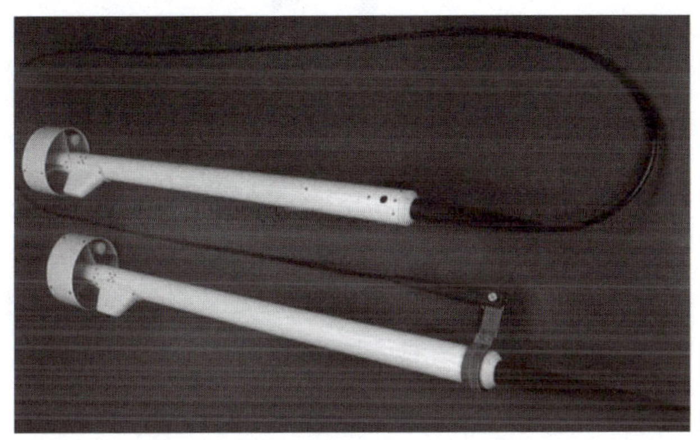

图 3-2-21 G-880G 纵向磁力梯度仪

（三）垂直梯度仪

两个（或多个）磁力仪安装在同一竖直刚性（无磁性）支架上，拖曳测量时，可以测定同一坐标点不同高度（或深度）的总磁场值。两个磁力仪数据可以反映相同磁性物质不同高度的磁异常信息，所以在磁力探测中，可以更加有效地判断磁性物质的大小及深度信息等。垂直梯度仪可以用于测定电缆管线等磁性体的埋深，水平横向组合的梯度仪在追踪电缆管线等磁性体时可以减少拖曳深度，水平纵向组合的梯度仪削弱地质体的影响而突出沉船、炸弹等块状磁性体，用在环境调查方面可以突出浅层沉积削弱深层地质体影响。

垂直梯度仪在拖曳测量中很难保持平衡，一般需要将刚性支架固定于无磁性船体的两侧或船底，再由动力船拖曳无磁性船进行测量，这就大大增加了测量的复杂度，因此单纯使用垂直梯度仪进行测量，在海洋磁力测量中并不常见。图 3-2-22 所示为 Blackhawk Geometrics 公司海上垂直梯度仪舷侧支架，两个磁力仪固定在同一垂直支架上，磁力仪保持一定的垂直间距。另外，不同磁力梯度仪的配置形式如图 3-2-23 所示。

图 3-2-22　海上垂直梯度仪舷侧支架

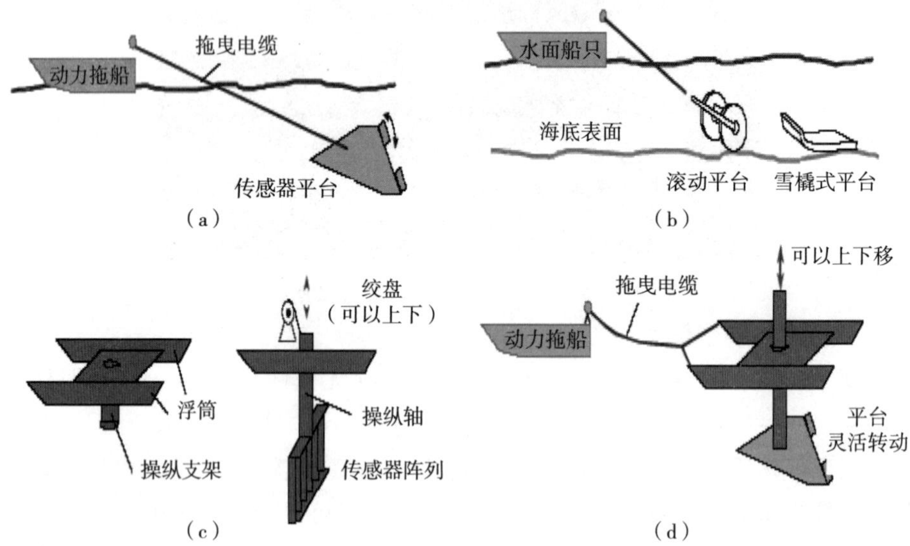

图 3-2-23　不同磁力梯度仪的配置形式

八、磁力仪阵列

磁力仪阵列是按一定的几何形状,将多个磁力传感器组合形成的阵列。磁阵列上安装光学和声学摄像设备、海底高度计、压力水深计、磁通门姿态传感器等,实时记录磁探头距离海底和海面的距离与瞬时姿态,以便于精确计算每个探头的空间位置。磁阵列技术的服务对象与目标是快速搜寻并可精确锁定小尺度、强磁性对比度的人造目标体,如水雷、潜艇、锚链、沉船等。它的出现大大提高了磁性物质探测的能力和效率。其按阵元的空间排列方式,可分为线性阵、平面阵、圆柱阵、球阵、体积阵和拱形阵等,其中美国 Marine Magnetics 公司研制的 SeaQuest 4 型和 SeaQuest 7 型磁力仪阵列，是一种三维的梯度仪。如图 3-2-24所示，SeaQuest 2 型磁力仪阵列共由 2 个探头组成，可以进行水平梯度测量。如图 3-2-25 所示，SeaQuest 3 型磁力仪阵列由 3 个探头组成，可以进行水平和垂直梯度测量。如图 3-2-26 所示，SeaQuest 4 型磁力仪阵列是一个三维的梯度组合，即垂直方向、水平方向（垂直于航迹方向）和经度方向（沿航迹方向），其可以在确定磁源三维空间位置的同时确定磁性体的大小。如图 3-2-27 所示，SeaQuest 6 型磁力仪阵列由两部分组成；一个为 4 个探头组成的阵列；另一个是由 2 个探头组成的。如图 3-2-28 所示，SeaQuest 7 型磁力仪阵列共由 7 个探头组成，垂直方向、水平方向和纵向各有两个传感器，这样就可以获确定磁源三维空间位置的同时确定磁性体的大小。

图 3-2-24　SeaQuest 2 磁力仪阵列示意图

图 3-2-25　SeaQuest 3 磁力仪阵列示意图

图 3-2-26　SeaQuest 4 磁力仪阵列示意图

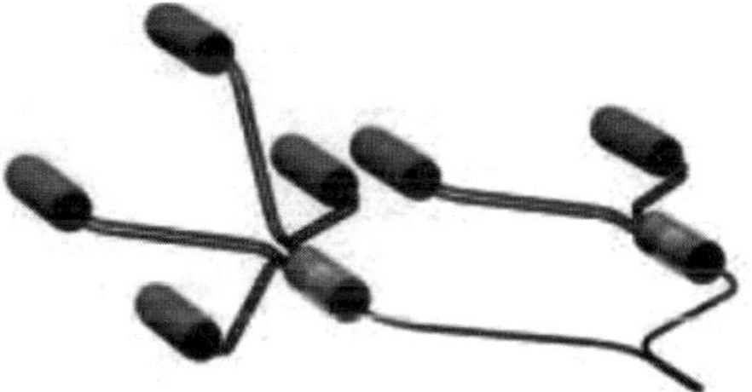

图 3-2-27　SeaQuest 6 磁力仪阵列示意图

图 3-2-28　SeaQuest 7 磁力仪阵列示意图

国外磁力仪阵列的开发最先是从陆地开始的，以后逐步发展到航空磁力仪阵列和海洋磁力仪阵列。国外陆地磁力仪阵列已经由最原始手持式双探头系统发展到目前多探头车载系统，主要应用于地下 UXO 清理和考古。国外先进的海洋磁力仪阵列有美国海军研究试验基地(NR-Naval Research Laboratory)开发的车载磁力仪阵列(MTADS-Magnetometer Towed Array Detection System),其主要特点和技术指标包括:6个采样率为20Hz的G-858(G-822)磁探头,探头间距0.5m;探测宽度为3m;定位精度1m;磁通门传感器(Fluxgate Compass)实时测量阵列的姿态;设立日变站采集日变数据;自主数据处理软件采用一种名为“三维模型匹配”(Three-Dimensional Model Matching Code)的算法,可以估算目标的空间位置(X,Y,Z)和质量。美国橡树岭国家实验室(Oak Ridge National Laboratory,ORNL)航空梯度仪阵列,该系统有4个铯光泵探头,探头间距1.5m;由直升机悬挂以避开飞机磁干扰,航高5~30m;多GPS天线测定姿态参数;可以实际测定磁场梯度三分量G_X、G_Y、G_Z和总梯度G,可获得较高的磁场解析信息,且不需要设立日变站。图3-2-29所示为美国海军研究实验室(Naval Research Laboratory,NRL)航空磁力仪阵列探测系统。

图3-2-29 美国海军研究实验室航空磁力仪阵列

加拿大在开发航空磁力仪阵列方面也很突出,位于多伦多的Aerodat Inc.是国际上比较有名的航磁测量公司,图3-2-30所示为1996年投入使用悬挂式三轴磁场测量系统,被形象地称为“鸟”(bird),其主要目标是地质地球物理测量,但曾多次用于UXO探测,效果很好。其构成特点是:4个铯光泵探头,探头间距1.5m;由直升机悬挂以避开飞机磁干扰,航高5~30m;多GPS天线测定姿态参数;可以实际测定磁场梯度三分量G_X、G_Y、G_Z和总梯度G,可获得较高的磁场解析信息,且不需要设立日变站。

芬兰地质调查局开发的海洋磁力仪阵列(GSF),如图3-2-31所示,该系统由4个Geometrics铯光泵探头组成,探头水平间距1.8m,距离海底高度2m,阵列最大可以达到水下15m,但是需要设立日变站,进行日变改正。欧洲Bosco公

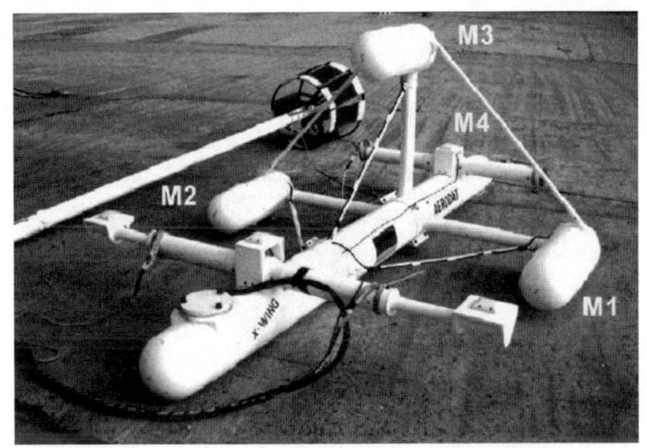

图 3-2-30 加拿大 Aerodat Inc. 航空梯度磁力仪

司开发了迄今世界上唯一的海洋梯度仪阵列，其由 8 个 Forester 型磁通门垂直梯度仪，探头水平间距 0.5m，垂直间距 1m，距离海底高度 3m。另外，还有德国汉堡大学开发的 GeoPro 系统，由 4 个 Geometrics 铯光泵探头组成，水平间距 1.5m，海底高度 1.8m；探测宽度为 6m，探头距海底高度 3m，其应用 Trackpoint Ⅱ 水下声学定位系统和拖船上的 DGPS，水下传感器的定位精度可以达到 0.3m。

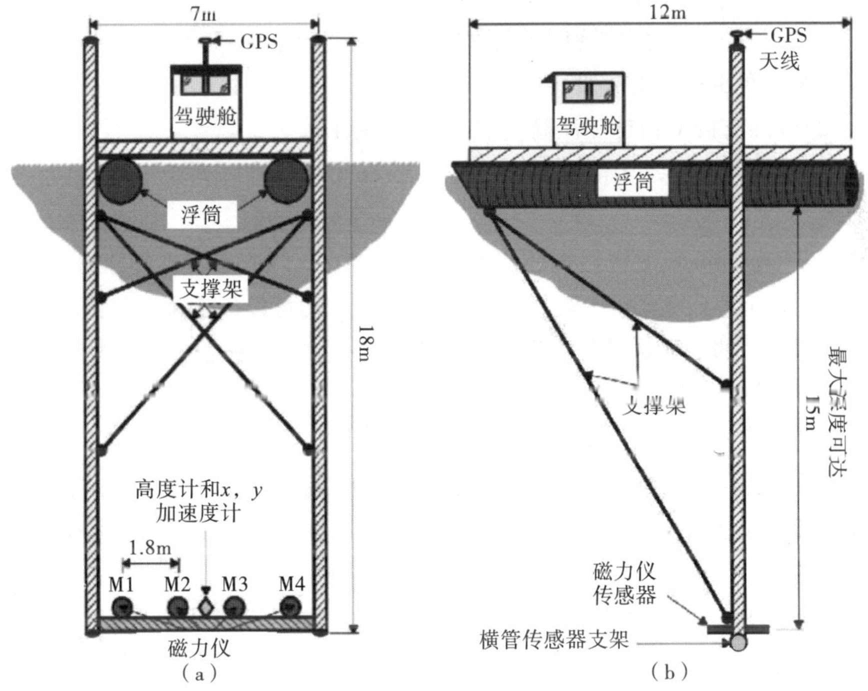

图 3-2-31 芬兰地质调查局海洋磁力仪阵列系统(GSF)的水下结构

Bosco 公司是欧洲一个非常有名的航道工程公司,其开发的迄今世界上唯一的海洋梯度仪阵列如图 3-2-32 所示。

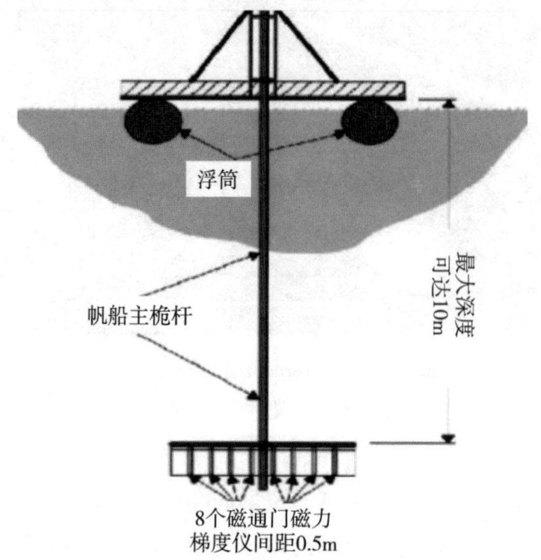

图 3-2-32 欧洲 Bosco 公司的海洋磁力仪阵列

欧洲 Bosco 公司的海洋磁力仪阵列具有以下特点。

(1)8 个 Forester 型磁通门垂直梯度仪,探头水平间距 0.5m,垂直间距 1m,距离海底高度 3m,铝质框架。

(2)阵列支持平台也是浮筒筏子,长 6m,宽 4m。

(3)浮筒筏子由动力船推着而不是拖着,虽可以提高阵列稳定度,但船磁影响增大。

(4)一根 10m 长的帆船桅杆位于浮筒筏的中央,阵列沿桅杆伸向海底。

(5)浮筒筏子的桅杆支架上备有一个手摇绞车,可以任意升降探测高度。

梯度阵列的优势是可免于设立岸台地磁日变站,但磁通门探头毕竟属于上代产品,其灵敏度要远远低于光泵探头。该系统与芬兰 GSF 系统一样,专门服务于泥质海底探测。1999 年,该系统与芬兰 GSF 系统同时在芬兰西部进行 UXO 探测,但 GSF 系统总是较 Bosco 系统发现更多的危险目标,据分析主要是探头距海底太远和探头灵敏度较低,为此,Bosco 公司正在改进,估计不久新型号将问世。

德国汉堡大学开发的海洋磁力仪阵列,是世界上定位精度最高的海洋阵列,现由 GeoPro Inc. 经营,又称 GeoPro 系统(图 3-2-33)。该阵列的主要特点如下。

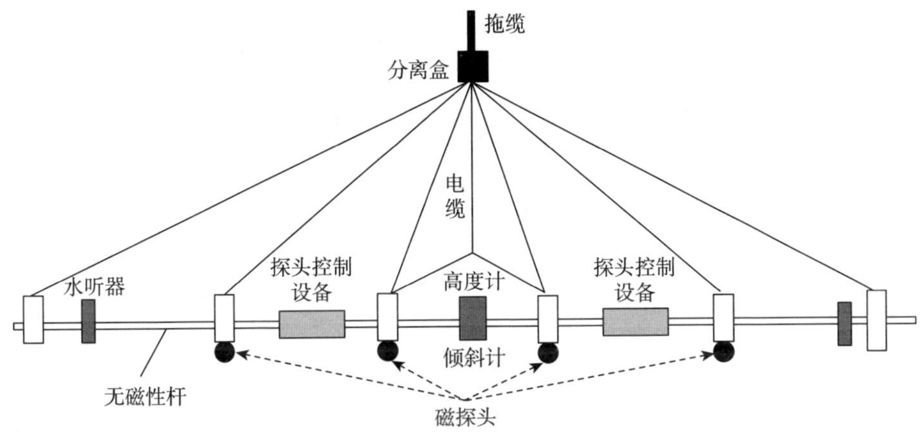

图 3-2-33 德国 GeoPro 公司的磁力仪阵列框架

(1)4 个 Geometrics 铯光泵探头,水平间距 1.5m,海底高度 1.8m;覆盖带宽 6m,探头距海底高度 3m。

(2)阵列平台为水下滑橇,拖曳前进,适用于沙质海底的 UXO 探测。

(3)阵列上备有深度计、倾角仪分布测量阵列水深和姿态。

(4)两个声学定位换能器位于滑橇两端,动力船上备有水听器。

(5)应用 Trackpoint Ⅱ水下声学定位系统和拖船上的 DGPS,水下传感器的定位精度可以达到 0.3m。

(6)比较轻便,用小船装运、布放、回收和拖曳即可。

GeoPro 系统工作原理如图 3-2-34 所示,任何铁磁体都要被地球磁场磁化,铁磁体的磁化磁场叠加在地球磁场之上,导致地磁场的畸变,称为磁异常。铁磁体的磁矩与铁磁体的大小、形状、材质与磁化历史等因素有关。在铁磁体磁场中布置多个磁力仪探头,就可以利用磁矩的计算公式得到磁源的位置和磁矩的大小。

BOS. CA 是意大利威尼斯的一家航道工程公司,其使用的海洋磁力仪阵列以一个水下滑橇(Underwater Sled)为承载平台,专门用于沙质海底的 UXO 探测。如图 3-3-35 所示,该阵列长 3m,宽 3.5m,重 200kg。在滑橇尾部安装两个 Geometrics 铯光泵磁探头,间距 3m,距离海底高度 20cm,同时备有水下高强度探照灯、摄像机,可以以 4kn 航速滑行,拖缆长度 80m。该阵列由德国生产,橇轨用黄铜制造,可以根据磨损情况及时更换,其他部分由非金属管材构成,韧性好,耐冲撞,易维修;滑橇上面备有一个空气压缩箱,通过充气可以使阵列自动上浮。在 UXO 探测之前,其首先对测区进行一次侧扫,了解海底表面情况,在探测过程中用高压气枪冲击底沙,留下测量航迹,在磁探测结束后还要进行一次全覆盖侧扫,查看磁测航迹,确保不留死角。该阵列需要 3 名潜水员,通过设置在目标上面设立梯度仪估算目标埋深。

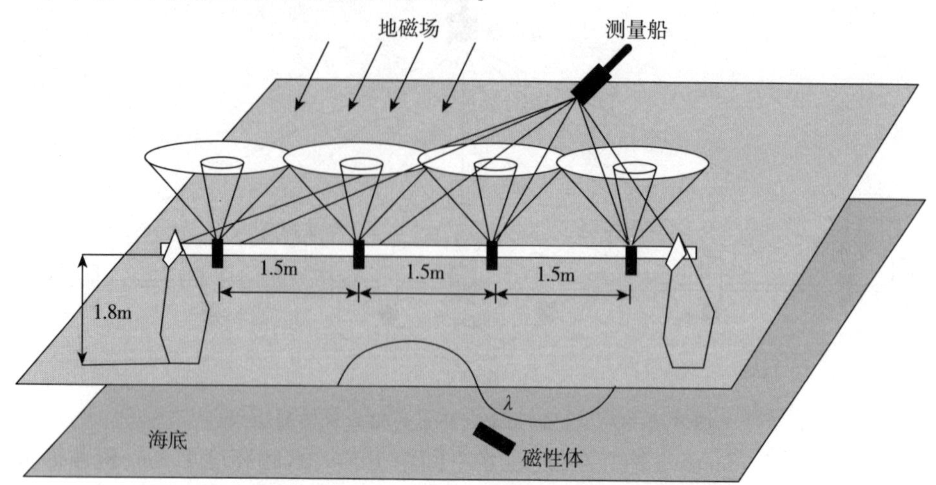

图 3-2-34　德国 GeoPro 公司的磁力仪阵列工作原理示意图

图 3-2-35　意大利 BOS. CA 公司海洋磁力仪阵列

利用海洋磁力仪进行磁性目标探测时，当磁力仪探头穿越水下铁磁体的磁特征平面时，磁力值曲线总是出现极小值。反过来，当磁力值曲线出现极小值时，表明探头正处在磁特征平面位置上。磁力仪阵列正是基于这个原理捕捉磁力曲线的极小值，沿地磁场方向布设计划测线，在同一条测线上的多个探头可以捕捉到不同的磁异常极小值信号，根据这些特征点的空间位置和磁力值大小，通过比较阵列中各个磁探头信号强度的微弱差异和各个探头之间的空间几何关系，可以快速确定铁磁体特征平面的空间位置，进而在特征平面上确定铁磁体的空间位置。其实现思路可简化为以下几个步骤。

(1)根据各个磁力仪探头信号曲线极小值位置，确定水下铁磁体特征平面。

如图 3-2-36 所示。

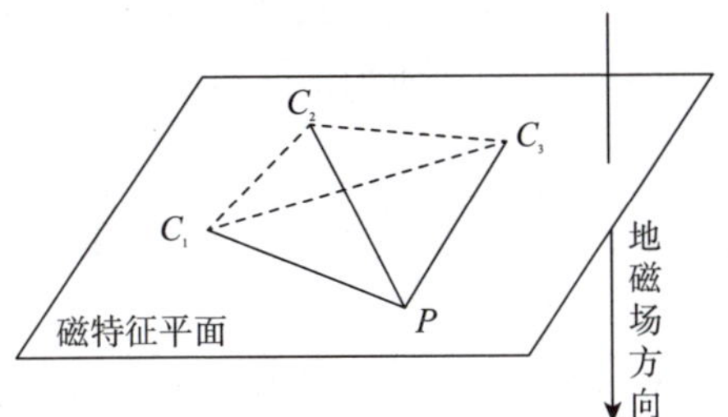

图 3-2-36 磁特征平面上的多探头位置点

在实测过程中,海洋磁力仪阵列都可实时记录下各个探头 C_i 所测的磁异常信号的极小值 B_i,而且各个探头的实时位置(X_i,Y_i,Z_i)可由船载 DGPS 天线中心的位置(X_s,Y_s,Z_s)和航向 α 确定。

(2)根据数学几何知识可知,不在同一直线上的三个点可确定一个平面。取探头 C_1、C_2、C_3 的坐标(X_1,Y_1,Z_1)、(X_2,Y_2,Z_2)、(X_3,Y_3,Z_3),根据平面的点法式方程,可求出铁磁体特征平面的数学表达式:

$$\begin{aligned}&[(Y_2-Y_1)(Z_3-Z_2)-(Y_3-Y_2)(Z_2-Z_1)](X-X_1)-\\&[(X_2-X_1)(Z_3-Z_2)-(X_3-X_2)(Z_2-Z_1)](Y-Y_1)+\\&[(X_2-X_1)(Y_3-Y_2)-(X_3-X_2)(Y_2-Y_1)](Z-Z_1)=0\end{aligned}\tag{3-2-12}$$

(3)根据极小值公式求取"特征截距",即确定阵列拖体到铁磁体的距离。

考虑地磁背景场的影响,在铁磁体特征平面上,磁场公式表现为一种非常简单的形式:

$$B=T_0-\frac{\mu m}{4\pi r^3}\tag{3-2-13}$$

已知公式中 T_0,μ,m,并且实时记录下不同探头 i 所测的磁异常信号极小值的最小值 B_i,即可得到探头 i 距离铁磁体 P 的距离:

$$r_i=3\sqrt{\frac{\mu}{4\pi}\cdot\frac{m}{(T_0-B_i)}}\tag{3-2-14}$$

而探头 i 距离铁磁体 P 的距离为

$$r_i=\sqrt{(X_P-X_i)^2+(Y_P-Y_i)^2+(Z_P-Z_i)^2}\tag{3-2-15}$$

结合式(3-2-14)和式(3-2-15),即可求出铁磁体的空间坐标(X_P,Y_P,Z_P)。

磁力仪阵列通常和侧扫声纳或多波束测深系统等辅助设备仪器对海底磁性目标进行探测。从军事角度考虑,磁力仪阵列无疑是一种快速高效的扫雷、探潜工具,而从民用的角度来讲,其大大提高了海洋救捞能力。磁力仪阵列的作业模式与工作条件不同而异,一般分为海面漂浮式、水中悬浮式和海底滑行式。根据不同探测条件,采用相应的作业模式。磁力仪阵列技术的服务对象与目标是快速搜寻并可精确锁定小尺度、强磁性对比度的人造目标体,如水雷、潜艇、锚链、沉船等,不适于大范围的地质构造测量。

第三节 海洋磁力仪的组成

本节以目前常用的 G-880G SX 型海洋磁力仪为例介绍海洋磁力仪的组成和结构,G-880 是新型高分辨率海洋铯光泵磁力仪的代表,是一种完全数字化,不受船体噪声影响,易于安装和操作的海洋磁力仪,可以实现对地球磁场的标量测量。通过长达 800m 的拖缆可以实现对 6 个独立的传感器数据的同时读取。系统的特点包括全场测量的高灵敏度以及通过快速采样测量梯度数据实现对地质特性和人造目标的可靠检测。新型的 Larmor 计数器直接与处理器主 CPU 连接,以实现侧扫集成和 ROV 安装。其主要技术性能指标如下:

(1)采用率:10Hz 采样率时,灵敏度为 0.02nT(可选)。

(2)传感器数量:多传感器组成梯度仪阵列适用于精确搜索及总场日变改正。

(3)能与侧扫声纳系统快速集成,并实现同时数据显示。

(4)拖缆长度可达 800m——数字化数据不受船壳噪声影响。

(5)深度传感器数据——世界范围内具有绝对精确度验证。

一、硬件部分

磁力仪硬件部分又可分为水上部分与水下部分,其中水上部分由数据采集计算机、G-880 甲板单元、显控台及电缆/绞车等配套部件组成;水下部分由拖把(含调制解调器)、主拖鱼、从拖鱼及连接电缆等部件组成。如图 3-3-1 所示。

(一)主拖鱼

主拖鱼包括高灵敏度 G-822 铯光泵传感器和带有 CM-201 计数器的传感器驱动电子线路,分别安装在各自的压力舱内,耐压能力为 2000psi(相当于 1360m 的工作水深)。压力舱间有连接电缆,安装在非水密式拖曳体内,该拖曳体鼻首部分无磁性,直径约 10cm,长 2.4m(含尾翼和稳定重块)。系统包括内安装式铯光泵传感器支架,使它可在任意纬度为适应相应测区进行任意指向调整。其还包括压力传感器,标称分辨率 0.3m。

(二)从拖鱼

从拖鱼除了包含上面主拖鱼的部件,还包含主拖鱼电缆的专用固定装置。

(三)传感器间连接拖缆

系统配有 150m 长专用多芯拖曳缆,直径 12mm,kevlar 加强缆,拉断强度为

1600kg。电缆两端都有连接头，可连在铯光泵传感器组件的前后部，提供电源和传输数字信息。

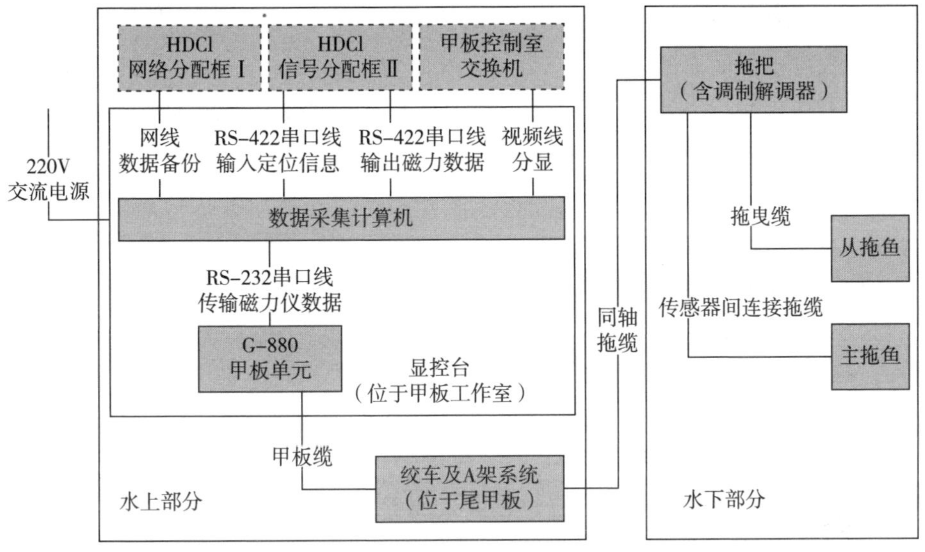

图 3-3-1　磁力梯度仪系统构成

（四）拖曳缆

系统配有 9m 长，外径为 12mm 的 kevlar 加强缆，拉断强度为 2720kg。电缆包含两根#14 芯线和三根#22 芯线，外有聚乙烯护套。电缆两端都有连接头，可连在拖鱼和调制解调器拖把或者侧扫声纳上(带有 U 形钩和 8 芯 subcon 接插件)。

（五）拖曳缆连接组件

拖曳缆连接组件(又称拖把，含调制解调器)封装在耐压模块中，系统配有高耐压模块和高耐压船用接头，两端都有，连接主拖缆和两个传感器的拖曳缆。压力壳体约 30.5cm 长，外径为 8.25cm，最大耐压能力大于 5000psi。

（六）甲板单元

220V AC 输入，24～150V DC (5A)输出，可为传感器供电，并提供到数据记录计算机的 RS-232 全双工通信接口。另配有安全连锁装置，以备在电缆损坏或存在高压泄漏回路时自动切断电源。

（七）甲板缆

甲板缆两端有连接头，可连在绞车和电源上，提供电源、传输保险连锁和数字信号。

（八）数据采集计算机

数据采集计算机上装有磁力仪数据采集软件 MagLog。工作时，计算机通过串口实时与磁力仪的甲板单元通信，并通过串口接收导航设备发送过来的定位

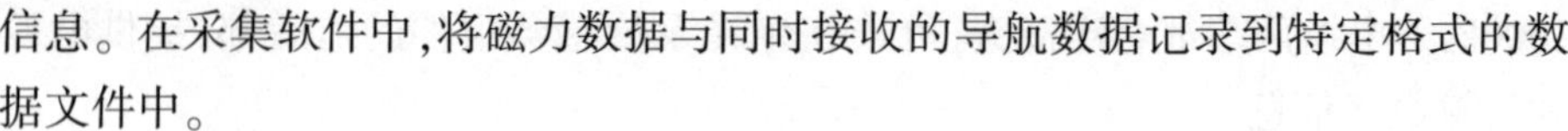

信息。在采集软件中,将磁力数据与同时接收的导航数据记录到特定格式的数据文件中。

(九)显控台

显控台内部装有磁力仪的甲板单元及磁力仪采集工作时使用的计算机,以及供电和数据接口。通过接口,磁力仪可以接入需要的定位数据,并将采集的磁力数据发到船上其他位置。

二、软件部分

(一)CSAZ 软件

CSAZ 用来帮助铯光泵磁力仪用户,在世界不同测量区域不同测线方向测量时,确定合适的传感器朝向。同时,CSAZ 也提供了地球磁场参数信息,包含总磁场强度(field strength)、地磁场相对于地球表面的倾角(inclination)及磁北与真北或地理北的偏差(declination)。使用国际地磁参考场模型,CSAZ 提供一种在世界各地简单便捷的方式确定朝向值的方法。

软件中有简单模式与高级模式两种类型。在简单模式中,用户输入测区的经纬度(或在世界地图上单击选择)并指定测线方向后,软件立刻可以给出一个传感器的朝向模型。该模型图可以进行旋转查看。在高级模式中,用户可以变化测线方向或传感器旋转及(或)倾斜角来观察传感器的信噪比。软件界面如图 3-3-2 所示。

(二)MagLog Pro 软件

MagLog Pro 为磁力仪数据采集、记录和显示软件。另外,系统增加了将差分 GPS 和其他定位信息(放缆指示器、ORE Trackpoint Ⅱ、方位罗经)相结合的功能,可以计算拖曳体的实际位置。

系统可以以图形方式显示来自多个磁力仪的总场和梯度数据、距海底高度、传感器深度或其他输入 CM201 计数器上 A/D 的模拟数据。此外,还有质量控制诊断测量,包含每个磁力传感器的信号强度和噪声(8 阶差分)、GPS 经纬度位置,每个都是实时显示并有告警提示。

实时计算的传感器位置被存储起来或通过 RS-232 口及以太网传输出去。系统还有 GPS 支持,以记录并显示航迹图。所有位置数据均以经纬度的格式记录下来,并转换成 UTM 坐标,易于分析并绘制等值线图。如图 3-3-3 所示。

MagLog Pro 数据采集软件的操作与使用将在本书的第四章进行详细介绍。

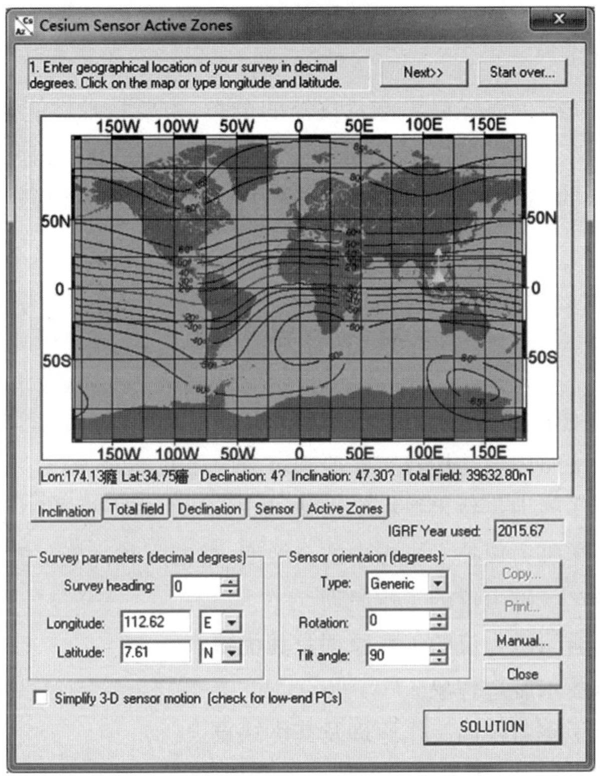

图 3-3-2　CSAZ 软件界面

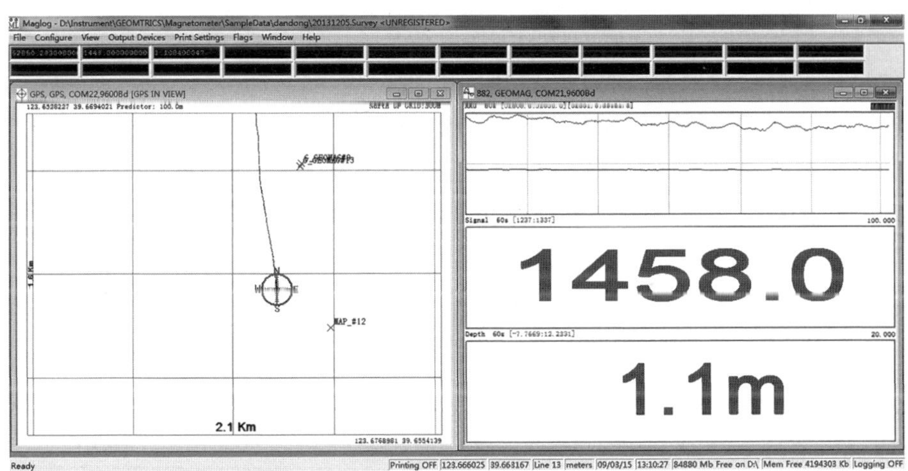

图 3-3-3　MagLog Pro 数据采集软件主界面

小 结

本章主要介绍了海洋磁力测量仪器的分类、主要技术性能指标，重点介绍了机械式磁力仪、磁通门磁力仪、质子磁力仪、光泵磁力仪等磁力仪的工作原理，最后以典型的 G-880G SX 型海洋磁力仪为例介绍海洋磁力仪的组成和结构。

复习与思考题

1. 磁力仪按照发展历史可划分为哪几类？
2. 磁力仪按照内部结构及工作原理可分为哪几类？
3. 解释海洋磁力仪技术指标中带宽、绝对误差、定向误差的意义。
4. 解释海洋磁力仪技术指标中的灵敏度、精密度和准确度的区别。
5. 解释悬丝式磁力仪的工作原理。
6. 解释磁通门磁力仪的工作原理及其优缺点。
7. 解释拉莫尔旋进现象。
8. 解释质子磁力仪的工作原理及其优缺点。
9. 解释 Overhause 质子磁力仪如何改善质子磁力仪的缺点。
10. 什么是光泵作用？
11. 解释跟踪式光泵磁力仪的工作原理及其优缺点。
12. 解释超导磁力仪的工作原理及其优缺点。
13. 海洋磁力梯度仪的配置形式有哪几种？
14. 什么是磁力仪阵列？请解释其工作原理及优缺点。
15. 怎样利用磁力仪阵列实现铁磁性物体的快速探测和定位？
16. G-880G SX 型海洋磁力仪的硬件部分包括哪些？
17. 海洋磁力测量中 CSAZ 软件的作用是什么？
18. MagLog Pro 磁力仪数据采集软件的功能包括哪些？

第四章　海洋磁力测量技术设计与实施

海洋磁力测量海区技术设计是海洋磁力测量的重要内容之一，海区技术设计的好坏关系到能否高质、高效地完成测量任务。相对而言，陆地磁力测量起步较早且发展较快，已基本形成了一套较为成熟的理论和实施方法；由于海洋磁力测量的动态性、高投入和数据处理的复杂性，其发展落后于陆地磁力测量，而在我国落后状况表现得更为明显。早期的海洋磁力测量是在无磁性船上安装地磁仪器进行测量的，在 20 世纪 50 年代后，拖曳式质子磁力仪开始用于海洋磁力测量，拖曳电缆长度一般大于 3 倍船长。20 世纪 70 年代末，质子旋进式磁力仪开始用于海底磁场的直接测量。目前，我国海洋磁力测量主要以船载拖曳式磁力测量为主。因此，本书主要以船载拖曳式磁力测量为主，研究海洋磁力测量技术设计与实施的原理与方法。

第一节　海洋磁力测量模式

如图 4-1-1 所示，区别于陆地磁力测量，海洋磁力测量是在动态的测船载体上完成的，测量环境的多变性及动态性和船磁的影响使得海洋磁力仪通常采取拖曳式工作方式，即测量船拖曳磁力仪在海面附近沿计划测线一边航行一边测量，如图 4-1-2 所示。

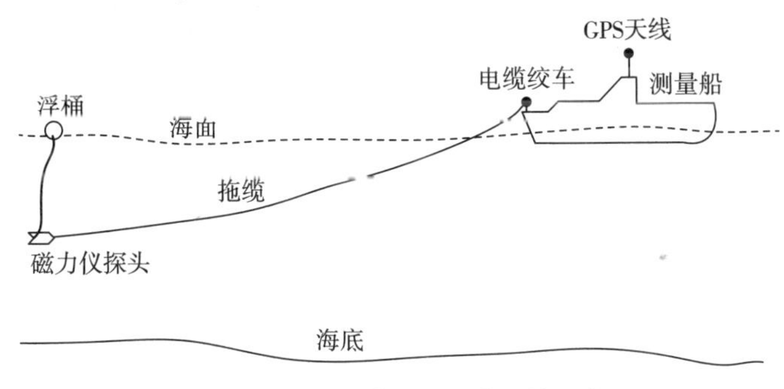

图 4-1-1　海洋磁力测量工作方式

因此，获得一条测线上的磁测数据，在适当采样率下，可保证沿测线方向磁测值是近似连续的，那么就可以获得海底的磁异常剖面。利用多条平行测线的磁异常剖面就可表示海底磁异常变化趋势。同时,在测区按一定间隔加测少量(垂直)相交于计划测线的检查测线,以便获得交叉点附近的差值数据来检核磁测成果。这样,测线和检查线便形成网状。由此可见,和其他海道测量一样,海洋磁力测量属于船载走航式线(网)状测量模式,如图 4-1-3 所示。

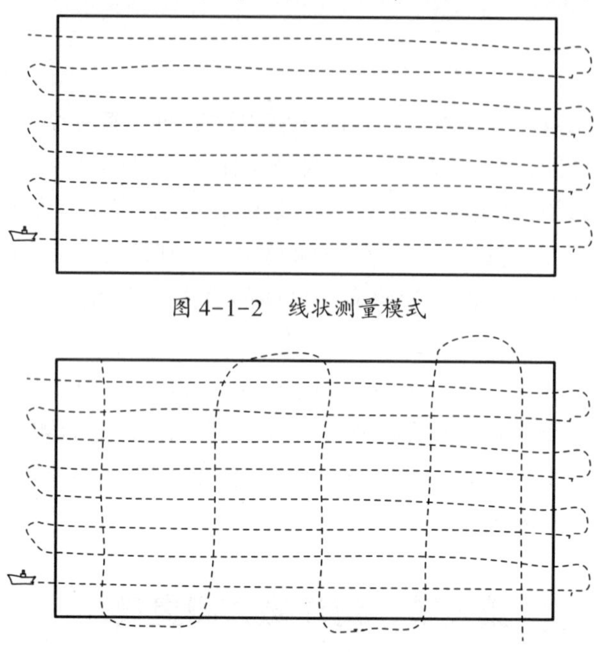

图 4-1-2　线状测量模式

图 4-1-3　网状测量模式

海洋磁力测量的船载走航式线(网)状测量模式决定了海洋磁力测量存在以下特点。

(1)动态性。受海流、风和浪的影响,浩瀚的海面时时处于动态变化中,测船和拖鱼受到不稳定海面的影响,其动态性使得磁测数据具有时变特性,即使在同一位置,不同时刻获得的磁测值也可能是不同的。

(2)船磁效应。测量船本身由铁磁性物质建造,测量船本身存在磁性,对磁测有一定的影响,而且船磁也会随着测船空间位置的变化而改变。

(3)日变化复杂性。海洋磁力测量中,地磁日变化又是一个严重干扰场,海岸效应及海岛效应的影响使得海洋区域的地磁日变化更加复杂,怎样消除和减弱地磁日变化的影响是海洋磁力测量的重点和难点问题。

(4)特殊的 2+1 模式。海洋磁力测量测得的是海上空间位置某点的磁异常。磁测点的空间位置由船载 GPS 定位系统确定,而磁测值则由拖曳式海洋磁力仪系统完成。为了将空间位置信息和磁测信息融合,将会导致位置归算问题。

(5)无控制特性。和其他海道测量一样,海洋磁力测量属于开放式测量。在动态的海面上难以构建像陆地磁测那样稳定的基点网,难以建立稳定的检核条件。因此,为了保证磁测的精度只能通过测前测后严格的仪器稳定性试验来初步控制仪器误差,然后利用网状测量模式的交叉点信息对磁测数据的可靠性进行检测。

(6)时效性。地磁场的时变特点使得海洋磁力测量的最终成果(磁异常等值线图)具有一定的时效性,即其反映的是某一共同年代磁异常的空间分布。因此,海洋磁力测量必须设立地磁日变站或利用地磁台数据来消除地球时变的影响,将不同年代不同时间测量资料归化所要反映的年代。

海洋磁力测量的模式及其以上特点,决定了海洋磁力测量从开始的技术设计、测量实施到数据处理考虑的因素都比较多。

第二节 海区技术设计

一、海洋磁力测量等级分类

海洋磁力测量中,不同的用户对测量的成果有不同的需求,而不同的用户需求最直观的反应是磁测成果的质量。为了尽可能满足用户的需求,GJB 7537—2012《海洋磁力测量要求》(以下简称《要求》)规定:我国海洋磁力测量按照海区的重要性对测量等级进行分类,并对各等级测量的相关技术指标提出了要求,如表 4-2-1 所列。

表 4-2-1 各等级测量精度指标要求

等级	海区举例	定位精度/m	磁测精度/nT	比例尺	测线间隔/km(图上 1cm)	日变站控制范围/km
一级	关键航道、港口等	±5.0	2.0	1∶1 万~1∶5 万	0.1~0.5	50
二级	航道、港口及港口入口	±15.0	5.0	1∶5 万~1∶10 万	0.5~1	200
三级	一、二级外的沿岸海区(离岸 500km 以内)	±30.0	10.0	1∶10 万~1∶25 万	1~2.5	500
四级	离岸 500km 以外远海区	±30.0	15.0	1∶25 万~1∶50 万	2.5~5	1000

1. 一级精度测量

一级精度测量用于用户指定的重要海区,如关键海峡、港口等。测图比例尺为 1∶1 万~1∶5 万。在该类海区进行磁力测量时,所采用的磁力仪精度应不低于0.1nT,且将各种测量误差源控制在最小范围内。

2. 二级精度测量

二级精度测量用于沿岸航道、内陆航道、港口入口等海区,主要是对测区进行海洋磁力详细勘测。测图比例尺为1∶5万~1∶10万。用于二级精度测量的磁力仪精度应不低于0.25nT。

3. 三级精度测量

三级精度测量用于离岸500km以内,且不被一、二级测量区域覆盖的其他所有海区。测图比例尺为1∶10万~1∶25万。

4. 四级精度测量

四级精度测量用于离岸500km以外远海区,且不被一、二、三级测量区域覆盖的其他所有海区。测图比例尺为1∶25万~1∶50万。

定位精度定义为归算后的磁测值精度。确定磁测精度时,需对所有单个误差源进行量化处理。综合所有误差源即可得到一个总的传播误差(Total Propagation Error,TPE),总的传播误差是各项误差的综合作用而产生的。这些误差包括仪器系统误差和日变改正误差、船磁校正误差、测点位置误差引起的磁测误差及数据处理误差等。

定位精度定义是指磁力仪传感器(拖鱼)在大地参考系中的位置精度,而不只是定位系统传感器(GPS天线)的位置精度。

另外,为了测量的方便,对于不同等级的磁测,还限定了一定的比例尺要求,并且测线间距的选择按照图上1cm来选择。

二、海区技术设计的内容

在海洋磁力测量任务明确后,应充分收集有关资料,需要收集的资料包括国内、外出版的有关测区的各种海图,测区及附近已有海洋磁力资料和图件,日变站的相关资料。对资料进行分析,制定技术设计书,海洋磁力测量的技术设计包括以下内容。

(1)制定测区范围。

(2)划分图幅及确定测图比例尺。

(3)海洋磁力仪检验的项目和要求。

(4)静态试验和动态试验的时间、地点和项目。

(5)地磁日变站设立的地点、仪器及技术要求。

(6)测线布设、里程计算和工天概算。

(7)导航定位方法的选择。

(8)作业规定及特殊的技术要求。

(9)制订船只、人力、设备的安排计划。

(10)编写技术设计书。

完成技术设计以后,应报请测量主管部门审批备案后方可实施。

第三节 海洋磁力测量仪器系统检验

海洋磁力测量仪器系统包括GPS、海洋磁力仪系统、地面日变磁力仪系统。目前,GPS的定位技术已相当成熟,为高精度的海洋磁力测量提供了重要的保证;就磁力仪本身的技术性能而言,可以满足任何磁测任务的要求。但是,海洋磁力测量存在明显的动态效应和船磁效应,使得仪器系统的各项技术性能指标远高于实际性能指标。因此,为确保海洋磁力测量成果的可靠性,对仪器系统进行检验是必要的。

一、GPS定位系统的检验

(一)GPS定位系统检验的项目

(1)仪器所属配件是否齐全、工作是否良好。

(2)GPS天线应牢固架设在测量船开阔位置。

(3)接收机按照要求进行系统配置。

(4)对基准站和移动台按要求进行参数设置。

(二)GPS定位系统的静态试验

GPS定位系统有其理论定位精度,但实际的定位精度需要测定,并做出评价。一般出测前要在已知点进行GPS定位精度比对试验,采样间隔不大于3min,时间持续不小于8h,其属于等精度条件下的重复测量,根据观测到的固定点坐标,求出GPS静态定位时的北向分量X、动向分量Y坐标数据的精度σ_X,σ_Y。计算公式为

$$\begin{cases}\sigma_X = \sqrt{\dfrac{1}{N-1}\sum\limits_{i=1}^{N} (X_i - \bar{X})^2} \\ \sigma_Y = \sqrt{\dfrac{1}{N-1}\sum\limits_{i=1}^{N} (Y_i - \bar{Y})^2}\end{cases} \tag{4-3-1}$$

式中:X_i和Y_i为测点的观测值;$\bar{X}$和$\bar{Y}$为算术平均值;N为参加计算点的总数。

由σ_X与σ_Y就可以求出其测量精度σ_0,计算公式为

$$\sigma_0 = \pm\sqrt{\sigma_X^2 + \sigma_Y^2} \tag{4-3-2}$$

由式(4-3-2)得到 GPS 的实际定位精度,然后做出评价,只有其符合《要求》时才能投入使用。否则,要进行固定偏差改正。

定位仪器稳定性检验时,要正确填写稳定性检验记录,如表 4-3-1 所列。

表 4-3-1 定位仪器稳定性检验记录

观测日期	2014 年 8 月 14—15 日	控制点名称	3 号点
起始时间	2014 年 8 月 14 日	观测者	卢建
结束时间	2014 年 8 月 15 日	计算者	刘明顺
接收机型号	C-Nav 2050M	接收机号码	5153
控制点坐标	X	Y	等级
	3957274. 45	497834. 66	E 级
观测结果	平均值	$\bar{X}$	3957274. 2774
		$\bar{Y}$	497834. 2159
	中误差	σ_X	±1. 3916m
		σ_Y	±1. 2442m
		σ_0	±1. 8667m
备注	(1)稳定性试验观测时间不小于 24h; (2)观测间隔不大于 1min; (3)表格中为部分实验数据		

二、海洋磁力仪系统的检验

海洋磁力仪系统包括拖曳传感器(磁力仪探头)、探头电子仪器部分、主机柜、拖曳电缆。本书以美国 Geometrics 公司研制的 G-882 型铯光泵海洋磁力仪为例,对海洋磁力仪系统的检验方法进行说明。

海洋磁力仪检验的项目和要求如下。

(1)仪器噪声水平、灵敏度、磁测准确性及量程范围等应达到仪器出厂指标。

(2)系统是否正常稳定,灵敏度(技术指标 0. 01nT),实测各项分别为 1Hz/0. 004nT,5Hz/0. 01nT,10Hz/0. 02nT,抖动度不大于 0. 1nT。

(3)静态下仪器信噪比应不小于 50。

(4)采样率要求大于或等于 1 次/s。

(5)仪器探头的定向差小于 1. 0nT。

另外,对磁力仪进行调试后,还必须对其持续工作状态进行试验,包括静态试验和动态试验。现将海洋磁力仪系统的检验流程总结如图 4-3-1 所示。

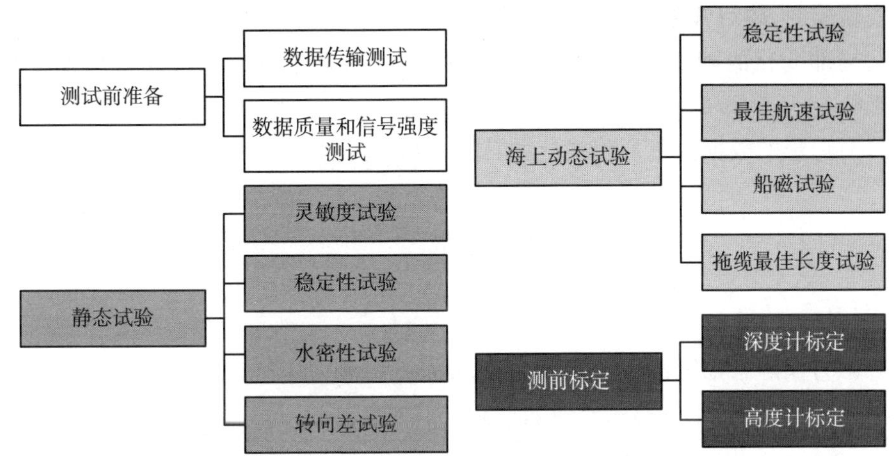

图 4-3-1　海洋磁力测量仪器系统检验与校准的流程

(一)测试前准备

1. 数据传输测试

连接全部电缆,给 G-882 机箱加电,调节电源电流在 2.25A,启动 MagLog NT 数据采集系统,采样率设为 2Hz,确认磁力仪的数据传输正常。

2. 数据质量和信号强度测试

将传感器水平放置在距甲板至少 1m 高的非铁磁平台上(若在陆上试验,可选择符合条件的相应场地),观察数据质量和信号强度。如有必要,应移动传感器至远离电气设备(如电线、变压器、电机或荧光灯等)及弱磁场梯度的区域(如铁壳船),重新测试,直至确保系统正常输出场强、信号强度值。

(二)静态试验

1. 灵敏度试验

(1)仪器采样率设置为 10Hz 采集记录主(从)拖鱼传感器 30min 的测量数据。

(2)将数据进行处理,剔除粗差部分。

(3)分别计算主(从)拖鱼传感器数据抖动的包络线幅度。包络线幅度的大小就是主(从)拖鱼传感器在 10Hz 采样率下的灵敏度。

(4)分别将仪器采样率设置为 5Hz、1Hz,按以上步骤重新进行数据采集和计算,可得到 5Hz、1Hz 采样率下主(从)拖鱼传感器的灵敏度。

2. 稳定性试验

海洋磁力仪静态测试要求将海洋磁力仪摆放到磁场比较平静的测试点上进行。此项测试一般为 4~5 年(或在怀疑仪器测量精度时)进行一次。

将 G-880G 海洋磁力梯度仪的传感器拖鱼放置在磁场梯度比较小的地方。

静态试验时，将海洋磁力仪放在某开阔场地固定点位连续观测，时间应不少于24h，局部变化的测量值差，在 10s 内<0.1nT。将整个磁力梯度仪系统连续开机 24h。

对记录的数据按下列公式计算其静态时的精度：

$$S_n = \sqrt{\frac{1}{n-1}\sum_{i=1}^{n}(B_i' - \bar{B}')^2} \tag{4-3-3}$$

式中：$B_i' = (T_{i-2} - 4T_{i-1} + 6T_i - 4T_{i+1} + T_{i+2})/16$，$\bar{B}' = \frac{1}{n}\sum_{i=1}^{n} B_i'$。

磁力仪静态稳定性评价分级 S_n 如表 4-3-2 所列。

表 4-3-2　磁力仪静态稳定性评价分级 S_n

等级	一级	二级	三级	四级
精度指标/nT	0.01	0.011~0.03	0.031~0.1	大于 0.1(不合格)

由式(4-3-3)计算得到静态时的精度后，根据评价指标判定其是否符合任务要求。如果不符合，则需仔细查清原因，重新测定，直至满足要求。

海洋磁力仪静态稳定性试验要正确填写海洋磁力仪静态稳定性检验记录，如表 4-3-3 所列。

表 4-3-3　海洋磁力仪静态稳定性检验记录

观测日期	2014 年 8 月 25 日	检验点名称	
起始时间	8 月 25 日 12:50:17	观测者	卢建
结束时间	8 月 26 日 12:50:17	计算者	姚红
磁力仪型号	G880	海洋磁力仪拖鱼编号	880152
海洋磁力仪拖鱼深度计 SCALE	0.044365	海洋磁力仪拖鱼深度计 BIAS	-90.55
检验点坐标	*B*	*L*	
检验结果	抖动度	S_n	0.0275
	掉格次数及其持续时间	0	
	跳点个数	0	
说明	(1)静态稳定性检验观测时间不小于 24h； (2)磁力仪数据采集频率为 1Hz		
备注			

3. 水密性试验

水密性测试主要是为了保证磁力仪水下工作部分在进行水下拖曳测量时，

仪器能够采集到可靠的数据。该试验应在水深大于100m的地方进行。船速保持在5 ~6kn,装上传感器尾翼。

(1)投放拖缆50m,投放过程中:

①监测主传感器的深度值,确保传感器不触底(与海底留有一定的安全距离);

②监测电流的稳定性,确保滑环工作正常。

③监测电流电压5min,确保传感器密封良好,无渗漏。

(2)投放拖缆100m,同时监测电流电压,确保无渗漏现象,且应获得有效的场强读数值。继续监测30min,确认系统完全水密。

(3)如发现系统有任何渗漏现象,需及时关闭并回收系统,并用兆欧表(10MΩ,1000V DC)对每根芯线做高压绝缘测试。测试后,将导线放电,重新组装系统,对渗漏点进行修复。

4. 转向差试验

仪器开机后,需要一人操纵系统计算机,另外需要两个人除去身上所有磁性物质,准备移动传感器拖鱼。

仪器稳定后,计算机操作者记录一次仪器读数,拖鱼移动人员将主(从)传感器拖鱼绕传感器位置转动90°,稳定后再记录一次仪器读数,计算两次读数之间的差值,此差值就是主(从)拖鱼传感器的90°转向差。

按以上方法将主(从)传感器拖鱼再分别旋转180°、270°,并测定其转向差。

(三)海上动态试验

1. 稳定性试验

测量应选择磁力梯度变化较小,便于船只转向,水深大于20m,风流较小,无渔网和无水下障碍物的开阔海区。测量船应保持匀速直线航行,避免大的转向和航速突变。

测量船在测线上航行时,采样率为1s,取整条测线的数据(舍去水平梯度>100nT/km异常上的测点值),航行时间至少2h,精度计算公式为

$$S_i = \frac{1}{\sqrt{70}}\sqrt{\frac{1}{n-1}\sum_{i=1}^{n}(B_i - \bar{B})^2} \tag{4-3-4}$$

式中:$B_i = T_{i-2} - 4T_{i-1} + 6T_i - 4T_{i+1} + T_{i+2}$;$\bar{B} = \frac{1}{n}\sum_{i=1}^{n} B_i$;$n$为参加计算的测点数;$B_i$为第$i$点上的磁测数据$T_i$的四阶差分值。

海洋磁力仪动态稳定性评价指标S_i为静态稳定性评价指标的倍数,如表4-3-4所列。

表 4-3-4　磁力仪动态稳定性评价分级

等级	一级	二级	三级	四级
精度指标/nT	8.0S_n	8.1~14.0 S_n	14.1~20.0 S_n	大于 20.0 S_n(不合格)

计算得到实际的动态磁测精度后,根据评价指标判定其是否符合任务要求。如果不符合,则需仔细查清原因,重新测定,直至满足要求。另外,还应该选择不同测量船速,对海洋磁力仪磁测数据质量和信号强度进行测试。

海洋磁力仪动态稳定性检验记录如表 4-3-5 所列。

表 4-3-5　海洋磁力仪动态稳定性检验记录

观测日期	2014 年 8 月 25 日	检验点名称	
起始时间	08 月 25 日 12:50:17	观测者	卢建
结束时间	08 月 26 日 12:50:17	计算者	姚红
磁力仪型号	G-880	海洋磁力仪拖鱼编号	880152
海洋磁力仪拖鱼深度计 SCALE	0.044365	海洋磁力仪拖鱼深度计 BIAS	-90.55
检验点坐标	B	L	
检验结果	抖动度	S_i	0.0275
	掉格次数及其持续时间	0	
	跳点个数	0	
说明	(1)动态稳定性检验测线采样时间不小于 2h; (2)磁力仪数据采集频率为 1Hz		
备注			

2. 最佳航速试验

测量船分别以 4kn、5kn、6kn、7kn、8kn 航速沿最平静的方向各行进 8min,选定最佳航速后,再进行如下两组测试。

继续沿最平静的方向航行,在不到 1min 的时间间隔内改变航向±15 °~±25 °,以模拟为保持航迹的航向修正过程,这样可生成船体磁场对传感器影响的信息。

再沿能够生成最大纵摇(垂直浪向)、横摇运动(平行浪向)的方向行进,每条测线 5 ~10min。

3. 船磁试验

船磁试验海区条件同海洋磁力仪动态试验。

测量船航行时,为了减小船磁的影响,通常将磁力仪探头拖曳于船尾一定距离,但是航行中,水面附近的探头将激起水面浪花,且随涌浪上下浮动;从而增加仪器的噪声,使记录抖动度明显加大,影响测量精度。因此,探头必须拖曳于水下一定深度。

由于船体磁场对探头影响的大小与航向有关,还需进行船磁八方位试验。在试验海区选定平静磁场基点,在基点抛设一固定无磁性浮标,并设计 8 条测线通过基点,如图 4-3-2 所示。测船沿着航迹进行试验并保证船艏、船艉、拖鱼三点呈一直线通过基点,测得该点的测量值。测量值经日变改正后,作为方位校正曲线。为了保证船磁改正曲线的精度,船磁方位试验应进行 2～3 次,航向误差不得大于 10°,航磁八方位标准拟合差 σ 不得大于±4nT。

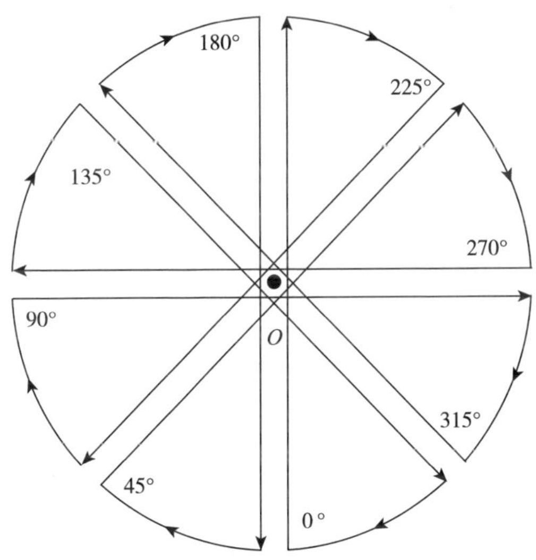

图 4-3-2　船磁改正试验的测线布置示意图

标准拟合差 σ 的计算公式为

$$\sigma = \sqrt{\frac{1}{7}\sum_{i=1}^{8}\left(T_i(\alpha) - T_0\right)^2} \quad (4-3-5)$$

式中：$T_0 = \frac{1}{8}\sum_{i=1}^{8}\left[T(\alpha_i) + \Delta T(\alpha_i)\right]$ 为试验测定的船磁校正基值;$T(\alpha_i)$为不同方位通过基点时的磁场强度值; $\Delta T(\alpha_i)$ 为通过基点时刻地磁日变的影响。

船磁影响测定时,要及时填写船磁影响测定表,如表 4-3-6 所列。

4. 拖缆最佳长度试验

测量船在测区沿着磁子午线往返航行,不断改变拖曳距离,在噪声不断增加的情况下,记录的抖动度不变即为最佳拖曳距离。为了尽量使拖鱼稳定,根据船速的快慢,适当地在拖鱼上予以无磁性配重,观测仪器的噪声情况和数据记录质量,选择最佳的拖放深度。

表 4-3-6　船磁影响测定表

日期：　　年　　月　　日　　天气：　　海况：

海洋磁力仪型号：　　磁力仪采样频率拖缆长度(m)：

GPS 天线相对绞车拖曳点的纵向距离(m)：　　横向距离(偏左为“-”偏右为“+”)(m)：

测线名：　　测区：　　测量船：　　作业单位：

计划测线方位/(°)	实际测线方位/(°)	时间/h	测量值/nT	日变改正/nT	成果值/nT	备注
0						
45						
90						
135						
180						
225						
270						
315						

船磁影响改正系数：

$a_0=$　　$a_1=$　　$b_1=$　　$a_2=$　　$b_2=$

技术负责人(签名)：

(四)测前标定

1. 深度计标定

上第一条测线前，在测量船处于漂泊的条件下，进行此项标定。如图4-3-3所示。

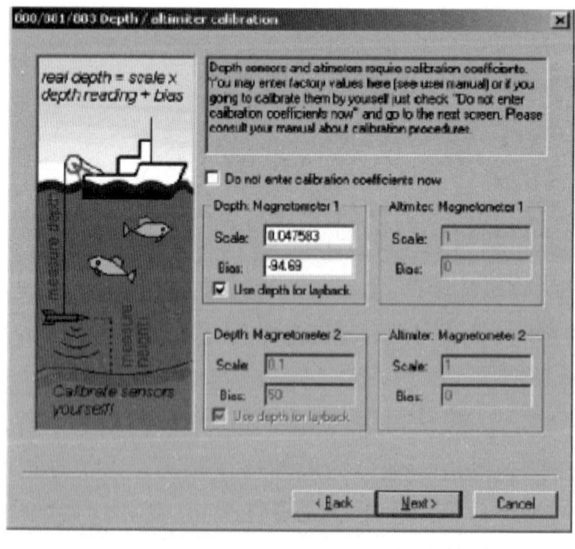

图 4-3-3　海洋磁力仪高度计及深度计标定

按开机步骤打开整个测量系统。

用两根无伸缩的测绳分别拴在传感器拖鱼的首位两端,将拖鱼传感器浸入水中 5min。

将拖鱼传感器拉至水面,记录此时的磁力仪深度计读数。同时在 MagLog NT 的 Calibration for sensor 1(注:标定从拖鱼时此处为 2)channel Depth 窗口的 Value 对话框中输入此时传感器深度计入水的深度“0”。

分别将拖鱼传感器放到 5m、10m、20m 和 30m 水深处,并记录磁力仪深度计在每一水深的读数。同时在 MagLog NT 的 Calibration for sensor 1(注:标定从拖鱼时此处为 2)channel Depth 窗口的 Value 对话框中分别输入“5”“10”“20”和“30”。

记录 MagLog NT 的 Calibration for sensor 1(注:标定从拖鱼时此处为 2) channel Depth 窗口的 Scale 和 Bias 值。

2. 高度计标定

上第一条测线前,在测量船处于匀速直线航行的条件下,进行此项标定。

按投放步骤将传感器拖鱼投放到水中。

打开测量船所装备的测深仪。

测量船分别以 6kn、8kn、10kn 和 12kn 的航速沿直线航行,船速稳定后,记录磁力仪高度计、深度计和船载测深仪在每一航速下的读数。同时,将测深仪所测深度与高度计所测高度的差值分别输入 MagLog NT 的 Calibration for sensor 1(注:标定从拖鱼时此处为 2)channel Altimeter 窗口的 Value 对话框。

记录 MagLog NT 的 Calibration for sensor 1(注:标定从拖鱼时此处为 2) channel Altimeter 窗口的 Scale 和 Bias 值。

三、地磁日变系统的检验

海洋磁力测量中,一般要求地磁日变磁力仪的精度与海上磁力仪相匹配,以××型氦光泵日变磁力仪为例,该观测系统由氦光泵磁力仪、数据收录系统和电源组成,其检定的项目和要求如下。

(1)仪器所属配件是否齐全、工作是否良好。

(2)仪器的静态指标测试(同海洋磁力仪)。

(3)探头的取向是否合理(与地磁倾角一致)。

(4)静态下探头信噪比的测定。磁记录抖动度均小于±0.1nT。

(5)仪器的记录时间应该和海上磁力仪系统的时间同步。

另外,地磁日变站的磁力仪系统也应该进行稳定性检验,检验方法和海洋磁力仪静态稳定性试验方法相同。

第四节 地磁日变站布设

一、地磁日变站布设要求

海洋磁力测量中,地磁日变站布设要求如下。

(1)日变站应尽可能设置于测区中心,并能控制测区磁场变化。当测区范围较大时,应设立两个以上的地磁日变观测站,同时进行观测,但需求出这些日变站之间的磁场差值,以便统一日变校正值。

(2)日变站要远离工农业用电区及电话线和广播线,杜绝外界的磁干扰,观测站 20m 半径内,磁场梯度变化要小于 1nT/m。

(3)在不宜设立日变站的边远海区,尽可能选在同纬度最靠近测区的陆地或岛屿设置,实在难以设置日变站的海区,可以选用就近地磁台日变资料,允许降低观测精度。

(4)使用磁力梯度进行海洋磁力测量时,原则上可不设置地磁日变观测站;但梯度仪性能达不到要求时,需设立日变观测站;地磁日变观测仪器精度应与海上磁测仪器相区配。

二、地磁日变站布设方法

地磁日变站应尽量布设在平静日变场地区,温差小,无外界磁干扰和地基稳固的地方。日变站点选择可分为两个步骤:一是野外考察,二是架设仪器实地勘测。在进行考察工作以前,应尽量收集地质、航磁、地形图等技术资料,从已有的磁场图上选择磁场分布均匀的地区。通过实地察看找寻几个符合地磁观测要求的架设点。在已圈定选点的地方进行野外实地勘察工作。其内容包括地形地貌状况、周围环境条件,特别要注意是否存在电磁干扰和有利于测点的长期保存,还应尽量避开各种人文干扰,如汽车、摩托车及其他大型机械设备,以及是否经常有人员或牲畜在待选点附近活动或停留,表 4-4-1 列出了各种干扰源应与日变站点的最小距离。同时,还应通水通电,满足基本的居住条件。通过对所收集的地学等基本资料与野外实地勘察得到的各种资料进行综合分析比较,确定环境良好、无电磁干扰的地点作为预选日变站观测点。

预选测点确定以后,为确定该点是否满足测量要求,还必须架设仪器实地勘测。一般要求测点周围的地磁场梯度(包括水平梯度和垂直梯度)分布均匀且小于 1.0nT/m,以减少测量时因探头位置变动所引起的误差。测点周围磁场梯度越大,应探头变动引起的误差就越大,从而影响地磁日变观测数据的精度。日变站点的实地勘测主要分为水平梯度测量和垂直梯度测量两项。进行测量时,需要两台同精度的日变仪:一台用于测点梯度测量;另一台架设在离测点30m左右的地方与梯度测量进行同步观测,以便消除梯度观测数据中的日变影响。

表 4-4-1　日变站点距各种干扰源最小距离

<table>
<tr><th>干扰源种类</th><th>最小距离/m</th><th colspan="2">干扰源种类</th><th>最小距离/m</th></tr>
<tr><td>铁路</td><td>1000</td><td rowspan="2">公路</td><td>三级以下</td><td>200</td></tr>
<tr><td>铁路编组站的调车场</td><td>5000</td><td>三级以上</td><td>500</td></tr>
<tr><td>飞机场</td><td>2000</td><td rowspan="3">机械厂
钢铁厂</td><td>百吨级</td><td>1000</td></tr>
<tr><td>电车</td><td>30000</td><td>千吨级</td><td>2000</td></tr>
<tr><td>地铁</td><td>35000</td><td>万吨级</td><td>3000</td></tr>
<tr><td>人工爆破源</td><td>500</td><td colspan="2">电力电缆线路</td><td>300</td></tr>
</table>

(一)水平梯度测量

以预选测点为中心,沿东西、南北方向布设成0.5m或1m间距的田字测点阵。测量时,首先将日变站探头放置到预选点上,待仪器稳定后,同时读取两台仪器的测量值并计算两者差值。其次将仪器分别放置在其他测量点上测量各自的磁力值,并计算同一时刻与另一台仪器测量值之间的差值。图4-4-1(a)显示的是在某预选日变站点水平梯度测量中部分磁场相对异常等值线,测网间距为0.5m×0.5m,可以看出,该区具有重大水平梯度差异,不满足磁场梯度变化小于1.0nT/m的要求。但经过观察,发现据测点西南方向约30m处有一台大型铁质机器(约2000kg)。移开这一机器后,再次测量的相对磁场异常等值线如图4-4-1(b)所示,该预选点磁场分布较为均匀,梯度变化小于1.0nT/m,可以作为日变站点。

(二)垂直梯度测量

在测点正上方的0.5m、1.0m、1.5m和2.0m高度上,测量垂直梯度,具体方法与水平梯度测量方法相似。

在梯度测量过程中,由于对测量精度要求较高,需要注意的是测量人员本身应避免携带磁性物体,如刀具、拉链、仪器支架和钥匙链等。在预选点进行梯度测量后,如果发现有较大的梯度,则应仔细分析原因,搜寻异常源。并在允许的条件下,消除异常源,再次进行梯度测量。如果无法发现异常源,则需要重新选择日变站点。

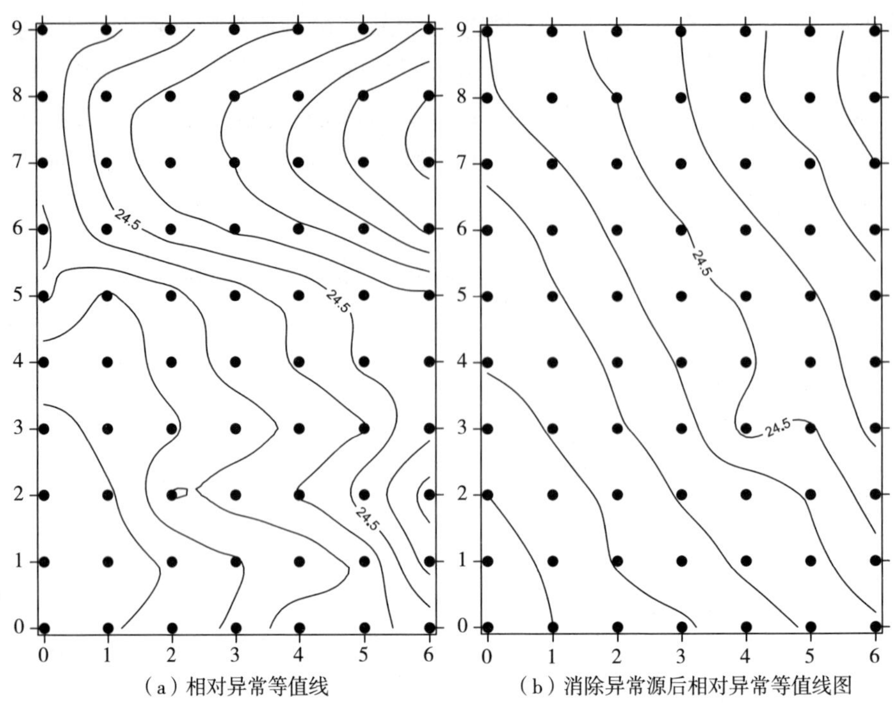

（a）相对异常等值线　　（b）消除异常源后相对异常等值线图

图 4-4-1　梯度测量示意图

三、海底日变站和浮标式地磁日变站的建立

海洋磁力测量中，地磁日变站有效作用距离在空间上是有一定限制的，其作用距离与测区的背景场特征相关。日变站的有效作用距离均小于 500km，特别是一级海洋磁力测量中，日变站有效作用距离仅为 50km 左右。长期以来，远海区的磁力测量因受条件限制无法就近架设地磁日变站，所以没有合适的日变改正资料，使用远程日变站的日变资料进行日变改正又会降低海洋磁力测量成果的精度。例如，利用海南地磁台站日变资料对南海海区磁力测量值进行日变改正时，交点的均方差值局部地区达±20nT；而在黄海海域磁力测量时，采用的是测区附近的山东和江苏地磁台资料，交点均方差不到±5nT。因此，建立海底日变站和海面日变站解决近距离的地磁日变改正是一项关键技术问题。

（一）海底日变站的建立方法

在远离大陆的磁测区中或者附近的深海海底布设地磁日变站可缩短日变站观测数据的改正作用距离，改善远海区磁测数据处理的质量，提高磁测成果精度。海底地磁日变站的关键技术是合理地设计和布设海底地磁日变观测锚系，确保观测仪器以及辅助设备安全回收和成功地采集到高质量的地磁日变观测资料。

海底日变观测设备布设在海底，投放和打捞回收都较为困难，因此不仅需要高稳定性、低功耗、大容量储存能力和全向型测量技术特性，而且还需要耐压、防腐、水密性强和高集成度等特点。

以海陆两栖型 SENTINEL 地磁日变观测站为例，其不仅可作为地面和航空磁测的地磁日变观测设备，而且还可作为海底地磁日变观测设备。由于该设备的测量工作原理是建立在 Overhauser 增强型的质子旋进测量技术基础上的，避免了温度漂移的技术弊端。它又属于动态核极化技术，测量的质子旋进频率很高，因而其测量精度比普通的质子旋进磁力仪高出很多，测量灵敏度为 0.015nT，绝对精度达到 0.2nT。同时，其又使用多线圈测量技术，克服了测量盲区，实现了全向型的测量能力。设备的功耗很小，每秒一次测量的功耗为 960mW，每 60s 一次的测量功耗为 25mW，可作为长期观测设备。倘若按每 60s 采集一个观测值的设置，数据记录的能力可达到 104 天(2500h)，可满足各类海洋磁力测量船在续航能力下磁力测量的日变观测记录的时间长度要求。

海底地磁日变观测站工作方式与在深海海底进行海流观测设备一样，需要建立一个锚泊系统。锚泊系统由地磁日变观测设备与浮力装置、声纳释放器、沉降的混凝土块以及连接的绳索组成。图 4-4-2 所示为广州海洋地质调查局 2004 年在东沙海域布设的地磁日变锚系示意图，锚系所有的设备和辅助装置均是由无磁性物质组成的。其工作方法是：投放时，辅助设备和海底日变观测设备一起下放，之后用声学释放器甲板控制单元监测下水设备到达目的地的状态。当数据采集完成之后，在船上使用甲板控制单元命令声纳释放器工作，观测设备驱动马达工作脱离与其联系在一起的混凝土块在浮力装置的牵引下到达水面，再打捞回收，读取地磁日变观测设备内的数据。

锚系投放地点需要严格挑选，投放到海底地形平坦、周围地磁场梯度较小的地点、底流不大的海域；避免选择在过往船只频繁国际海运航道中或者地磁场梯度较大的岛礁海域，从而影响地磁日变观测。投放前要了解在锚系投放位置的海底地形地貌以及底质情况，投放后导航定位系统要准确定位并记录保存。此外，锚系设备投放前，要认真检查下水设备的工作状态以及工作电量、密封和耐压情况。

(二)海面地磁日变站的建立

将日变站布设在靠近测区的海面上，同样可以缩短日变站和测区之间的距离，提高日变改正精度。海面地磁日变站系统是以无磁性船只或浮标等为载体，在载体之上放置日变仪的日变观测系统。整个日变站系统由磁力仪系统、DGPS、数据处理系统、电源系统、数据发射系统、数据接收系统、存存器和扩展模块系统等组成,如图4-4-3所示。其中日变站磁力仪、DGPS、数据实时采集系统、数据传输系统和电源系统都集成在载体上,而数据接收和处理系统则安装在测船上。

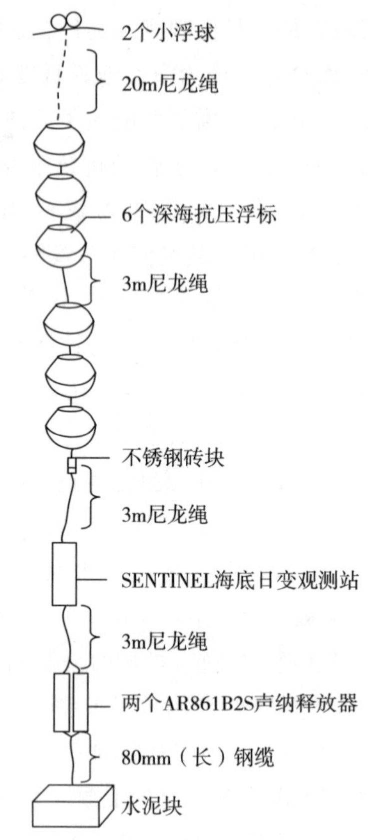

图4-4-2　海底地磁日变观测锚系结构示意图

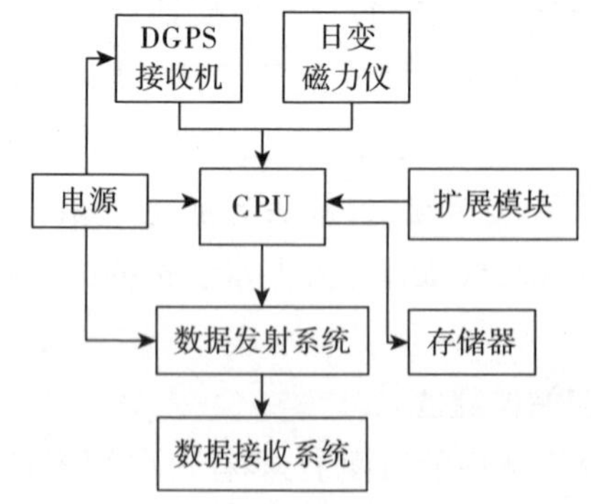

图4-4-3　海面日变站系统示意图

由于日变观测设备是建立在载体之上,首先要求载体有足够的空间来安装各种仪器和电源。由于磁力测量的特殊性,要求载体本身是无磁的或采用某种手段对磁性物质进行消磁。加拿大 Marine Magnetics 公司生产的 Overhauser 磁力仪,该磁力仪功耗小,无盲区,受姿态影响小。磁力仪每分钟极化一次,以此来降低系统的功耗,数据通过 RS-232 接口实时传送到数据采集系统。为了提高观测系统的定位精度,一般应采用广域 DGPS 定位设备。广域 DGPS 的天线位于载体的外部,用以接收卫星的定位信息,为了消除接收机对日变观测的影响,接收机应置于载体的内部。数据实时采集系统可采用低功耗的嵌入式智能集成芯片(如 CPU)为控制核心,为节约电源能量和存储器空间,一般每分钟或更长时间采集一次磁力数据和 DGPS 定位数据。为了能完全保存日变站工作期间的所有数据,应尽量选择能够驱动大容量存储器的具有存储器扩展内核的 CPU。采集到的磁力和定位数据由 CPU 处理后,除传送至数据传输系统外,还应由外部存储器保存备份。

数据传输系统接收数据采集系统采集的磁力值和定位信息,对其进行调制编码加密,采用特定频率传送到国际海事卫星。数据传送周期可以选择,最短周期为 1s,为节约卫星使用费用和电源能量,可以选择一个较长的发送周期,如一天发送一次。电源系统为 DGPS、实时数据采集系统与数据传输系统提供电源,日变站磁力仪有自己的电源。海洋磁力测量一个航次的时间通常都在一个月以上,也就是说日变观测系统在一次充电之后,要连续工作一个月以上的时间,这就要求日变站的电源可以支持整个系统连续工作 40~50 天,以保证数据的完整性和安全性。本系统将采用高性能、大容量的蓄电池作为日变站的电源系统。

数据接收和处理系统独立于日变观测系统,安装在测量船上,用以接收和处理地磁日变站发送的数据。该系统由卫星信号接收装置和一台笔记本电脑组成。卫星信号接收装置定时接收由日变系统发出的数据,并通过以太网传送到笔记本电脑。由笔记本电脑记录并显示日变仪的工作情况以及位置等信息,供测量船上的研究人员参考。扩展系统是一个提高载体综合利用能力的扩展模块,搭载其他类型的传感器,如温度、盐度、深度、气压等,可以广泛收集资料,为海洋科学研究提供宝贵的数据。

由此可见,海面地磁日变站的设计思想从原理上是可行的,在现有技术条件下是完全可以实现的。为解决小空间电子设备的干扰,采用仪器均匀分布、设置环状屏蔽等措施,降低电子设备对磁力仪探头的影响。提高远海和大洋的地磁日变观测水平,获得高精度的磁力测量数据,对于开展大洋矿产资源测量、远海的海洋环境调查以及极地的科学考察将起到推动作用,因此具有广阔的应用前景。

第五节　测图比例尺确定与图幅划分

一、测图比例尺的确定

测区范围应根据任务要求、海区自然状况和重要性等合理确定，尽量使磁测轮廓完整规则，并尽可能使测区范围包含一定进行过磁力测量的区域，以利于磁测结果进行对比和磁场解释。要将磁场信息按同样大小绘制到磁异常图上是不可能的，因此磁异常图只能是磁场信息的缩小图形，这种缩小的关系，即图上距离与实地相应水平距离之比，称为磁测图幅比例尺。图幅比例尺的大小决定了图上磁场信息的详细程度、测量精度和测量成本的高低。比例尺越大，图上磁场信息显示得越详细，测量的精度和成本也越高。因此，应根据用图的需要来选择图幅比例尺的大小。例如，如果测区较为重要或磁场变化较为复杂，则图幅的比例尺可大些；如果地质勘察或海区磁场变化较为平缓，则测图比例尺可小些。

测图比例尺是海洋磁力测量技术设计的重要一环，因为测图比例尺直接关系着测量成果图的准确程度、地磁场分布的详细程度以及测量工作效率。对于不同等级的海洋磁力测量，实际中还应该根据测区的重要性和测区地磁场分布复杂程度来确定适当的比例尺。

二、图幅划分

海洋磁力测量中，图幅划分是技术设计中一项重要的内容，其目的是便于测量的实施。图幅划分的好坏直接关系到磁力测量的作业量，从而影响磁力测量的作业效率。图幅划分是在较小比例尺海图上进行的，在划分之前要进行一系列准备工作，主要包括明确海洋磁力测量任务、确定图幅划分范围、测区性质划分、测图比例尺的选择、投影方式的选择和图幅尺寸的选择等。

(一) 图幅划分的准备工作

1. 明确测量任务、确定图幅设计与划分的范围

海洋磁力测量任务的内容主要包括测区的范围、测图比例尺、分幅的图廓坐标(大地坐标(B,L)，高斯坐标(X,Y)。一般地，通过在小比例尺海图上展绘可得测区范围的图形一般为长方形、正方形、梯形。有时下达的磁力测量任务仅给出测区的范围，这种情况下图幅比例尺的确定、测区的图幅设计与划分等工作就必须由工程师来完成。

2. 测区性质的划分及测图比例尺的选择

测区性质的划分是进行图幅比例尺的确定、测区的图幅设计与划分等工作之前所必须完成的准备工作，海洋磁力测量中，将测区的性质划分为 4 类，并给出了每个等级的比例尺选择方案，如表 4-5-1 所列。

3. 投影方式的选择

海洋磁力测量中测图一般采用高斯－克吕格（Gauss－Krüger）投影，大于 1：5000比例尺测图可按 1. 5°带投影，大于（含）1：10000 比例尺测图采用 3°带投影，小于 1：10000 比例尺采用 6°带投影，小于（含）1：50000比例尺测图可采用墨卡托投影，并以测区的中央纬度为基准纬线。笔者认为小于（含）1:50000 比例尺测图可直接采用墨卡托投影，这样对于外业测量及后期的磁异常图编绘都有利。原因主要有以下几个。

（1）海图编绘规范中规定小于（含）1：50000 比例尺采用墨卡托投影，为了减去在海图编辑时将磁力测量图板中的定位数据从高斯－克吕格投影向墨卡托投影转换这一项工作，可在海洋磁力测量中直接采用墨卡托投影。

（2）采用墨卡托投影在布设测线时可沿经度或纬度方向布设，便于测量作业。

（3）全球定位系统 GPS 的出现使近海、远海测量定位精度大大提高，完全可以满足 1：50000 比例尺测图的定位精度要求。伴随着海洋磁力测量自动化处理软件的出现，在软件内部可以实现从 WGS－84 坐标系统（B,L）到北京－54 坐标系统（B,L）的转换，而且精度满足要求。因此，外业作业完全可采用墨卡托投影时时观测并记录测船的位置（B,L），以达到控制测船沿计划测线航行测量的目的。

（4）对于近海和远海磁力测量测图比例尺为 1：100000 或 1：250000，如采用高斯－克吕格投影 6°分带，在远离中央经线的地区其投影变形误差将大于墨卡托投影。

（二）图幅划分的原则

根据任务要求，确定测区的性质、选择合适的测图比例尺后，下一步就可以对整个测区进行图幅划分。海洋磁力测量的标准图幅尺寸可选择与传统水深图幅相同的尺寸，即 50cm×70cm、70cm×100cm 和 80cm×110cm。

图幅设计与划分的目的是便于海洋磁力测量，设计时一般用较小比例尺海图。划分的原则如下。

（1）尽量采用标准图幅布设全部测区，并与相邻图幅很好地衔接起来。

（2）为了照顾测区的完整性和便于编绘海图。同一重要的海区应尽量划入同一图幅内,使成果资料不致分割零碎。

(3)保证有一定的定位精度。每一图幅尽量要求有足够数量并布设均匀的控制点。设计图幅尽量与海图出版图幅一致,相邻图幅应有必要重叠。

(4)使用图幅要经济。磁力测量范围尽量扩大些,图幅重叠尽可能减少,用较少的图幅布满测区,以提高每一图幅资料的利用率。一般有沿岸部分的图幅,应使陆地部分不超过全图幅的1/3。

(三)图幅划分的方法

1. 图解法

图解法是目前我国海洋磁力测量图幅划分的主要方法。图解法就是在海图上直接划分图幅的方法。首先按标准图幅、海图比例尺和图幅比例尺做成相应于海图上所有分图幅大小的矩形透明纸片;其次将这些透明纸片在海图上移动,根据划分的原则及需要重点考虑的因素,选定最佳的图幅位置,一般将图廓线置于整公里线上。为了不致浪费图幅,多是由北向南、从西向东进行分幅。划分纵长的海区时,一般用纵的图幅。对于横长的海区,多用横的图幅。图幅划分的次序,一般先确定单幅较大比例尺的图幅,如 1∶5000 及 1∶10000,然后再划分 1∶25000 及 1∶50000 等。

1)算例

本书选择某港附近经度变化范围为×××°14′~×××°19′、纬度变化范围为×××°26′~×××°14′的海区,分别请了 8 名专业人员进行图幅的实际设计与划分,得到了 6 种设计及划分方案。如表 4-5-1 所列。

表 4-5-1　图解法图幅设计及划分方案

个数	分幅比例尺及图幅尺寸选择									图幅总数
	1∶5000			1∶10000			1∶25000			
	(1)	(2)	(3)	(1)	(2)	(3)	(1)	(2)	(3)	
专家 1	1					1		4		6
专家 2						7			2	9
专家 3						2		4		6
专家 4			1		2	5		2		10
研究生 1、2				1		2	3		1	7
研究生 3、4				1		5	1	2		9

注:(1)表示 50cm×70cm,(2)表示 70cm×100cm,(3)表示 80cm×110cm。

但从统计的结果看,这 6 种方案差别很大,主要体现在比例尺选择的差别和图幅尺寸选择的差别两个方面。由这两个差别导致了图幅总数的不同、图廓坐标的不同、相邻图幅叠幅大小的不同,最终导致了整个测量效率的不同。

产生上述差别的原因总结起来可分为两大类：一类是由于人的思维分析判断能力的差异所带来的差别，本书称为人为因素；另一类是由于规范、规则规定的不确切、模糊所带来的差别，本书称为规则因素。其中，规则因素往往对人为因素产生很大的影响。人为因素是不可消除的，规则因素是可以消除的。我们可以通过加强规范、规则的正规化、标准化，使规范明了、正规、确切，以此来最大限度地消除人为因素对图幅设计与划分的影响，尽量地达到图幅的最优化、统一化设计。

2）图解法分析

（1）测区性质分类分析。通过上面的讨论，可以发现在测区性质的分类上存在模糊：①没有给出确定与区分海区地磁场变化是剧烈还是平缓的数学指标；②没有给出典型海区重要性的确定方法。针对上述模糊的地方，需要对分类标准和重要性进行量化，从而评定海区地磁场分布的程度。

（2）图幅尺寸选择分析。对于图幅尺寸的选择，它是建立在对测区性质的划分及测图比例尺已确定的基础上进行的。当对测区性质的划分确定了测图的基础比例尺和几种辅助比例尺后，首先对某些重要的需放大比例尺测量的海区按辅助比例尺由大到小，图幅尺寸由小到大的顺序选择，直到选择的图幅尺寸可以正好覆盖重要海区。其次选择基础比例尺的最大标准图幅尺寸，即80cm×110cm布设测区，对于边缘部分，以多余的图幅面积最少为原则适当选择50cm×70cm、70cm×100cm两种图幅尺寸。这样做不仅可以减少图幅的数量，还可以减少辅助比例尺测图的工作量，从而提高磁力测量工作效率。

2. 解析法

根据最优化理论，可得图幅划分的另一种方法，即解析法。此法适用于采用同一比例尺对沿岸开阔海域、近海、远海测区进行分幅或在图解法划分图幅的过程中用基础比例尺标准图幅划分图幅时。其数学模型如下：

$$\begin{cases} f_1(x) = x_1 + x_2 + x_3 = \min \\ f_2(x) = \mathrm{abs}(35x_1 + 70x_2 + 88x_3 - a \times b) = \min \end{cases}$$

$$\text{s.t.}\begin{cases} x_1 \leqslant \mathrm{int}\left[\dfrac{a \times b - 88x_3}{50}\right] + 1 \\ x_2 \leqslant \mathrm{int}\left[\dfrac{a \times b - 88x_3}{70}\right] + 1 \\ \left[\mathrm{int}\left(\dfrac{a}{8}\right)\right] \times \left[\mathrm{int}\left(\dfrac{b}{11}\right)\right] \leqslant x_3 \leqslant \left[\mathrm{int}\left(\dfrac{a}{8}\right) + 1\right] \times \left[\mathrm{int}\left(\dfrac{b}{11}\right) + 1\right] \\ x_1, x_2, x_3 \geqslant 0 \quad \text{且 } x_1, x_2, x_3 \in I(I = 0, 1, \cdots) \end{cases} \tag{4-5-1}$$

式中:x_1 为图幅划分过程中选择的 50cm×70cm 标准图幅的个数;x_2 为图幅划分过程中选择的 70cm×100cm 标准图幅的个数;x_3 为图幅划分过程中选择的 80cm×110cm 标准图幅的个数;α 为测区范围换算到所用分幅图幅比例尺后所得图形短边的长度,由于三种标准图幅的长和宽都是 10cm 的整数倍,为了数学模型书写及计算方便,a 的单位为 dm;b 为测区范围换算到所用分幅图幅比例尺后所得图形长边的长度,同理 b 的单位也为 dm。

上述数学模型 $f_1(x)=x_1+x_2+x_3=\min$ 的含义是划分的图幅数最少,$f_2(x)=\text{abs}(35x_1+70x_2+88x_3-a\times b)=\min$ 的含义是图幅的重叠面积最小。这两个方程是由图幅划分的原则确定的,在最优化中把它称为目标函数。后 4 个方程为变量 x_1, x_2, x_3 的取值区间,在最优化中将其称为约束方程,由于上述数学模型中有两个线性目标函数,而且 x_1, x_2, x_3 的取值均为整数,所以上述数学模型为最优化中的多目标整数线性规划问题。通过对上述模型的求解,我们可以得到选择三种标准图幅中每一图幅的个数,以此为基础进行划分就可得到最优化分幅。

海洋磁力测量图幅划分的要求如下。

(1)尽量采用标准图幅布满全测区,并与相邻图幅很好地衔接起来,使成果资料不致分割零碎,标准图幅同水深测量。

(2)为照顾测区的完整性和便于测量的实施,应充分考虑海洋磁力仪拖曳式航行的特点,使同一港湾、水道、航道和岛屿等划入同一幅图内。

(3)测图分幅还应该考虑测区海底地质构造走向,测区地磁场的分布情况很大程度上取决于测区海底地质构造走向,因此尽量使具有同一性质的海底地质构造的测区划入同一幅图内。如有沉船等明显的磁性物质的地磁场分布,则应将其置于同一幅图内。

(4)为了便于测量的实施,相邻图幅要有必要的重叠。

(5)使用图幅要经济,并尽量减少重叠,用较少的图幅布满测区,以提高每一图幅资料的利用率。

第六节　海洋磁力测量测线布设

由前所述,海洋磁力测量属于船载走航式线状测量模式,即在测区布设许多计划测线,然后沿每条测线进行测量,这是海洋测量作业模式的重要特点。获得的测量值反映了沿每条测线的空间变化信息,而在测线之间存在着空白区。因而,测线布设是海洋测量海区技术设计的核心内容,在保证整个测区的测量成果精度和测量效率方面起着重要甚至是决定性作用。

相对而言,海洋磁力测量测线布设与其他海洋测量既有相似之处又有所区别。在水深测量中,水深成果图的表示是以水深点注记为主、加绘等深线为辅的方式;而在海洋重力测量和海洋磁力测量中,测量成果图的表示是以绘制等值线为主的方式,其成果图通常称为重力异常图和磁异常图。同时,与重力测量相比,磁异常值较重力异常值变化剧烈和复杂,因此,海洋磁力测量的测线布设更为重要。测线间距选择过宽,达不到磁测成果精度要求,过窄则会增加工作量、降低磁测效率,造成不必要的资源浪费。

对于测线的布设,《要求》规定如下。

1. 测线方向的选择

海洋磁力测量主测线应尽量垂直于区域地质构造走向,检查线应等间距垂直于主测线。检查线里程应不少于总测线里程的 10%。为确保对主测线两端数据实施有效检核,应尽量在主测线两端布设检查线。

2. 测线间距的选择

按照表 4-2-1 中不同等级测量,以测图比例尺为依据,采取图上 1cm 作为主测线间距。此外,相邻测区,不同类型仪器、不同作业单位之间的测区结合部应布设至少两条平行的联络测线。在海底构造复杂或磁场起伏较大的海区,应适当加密测线,加密的程度以能完善地反映地磁异常变化为原则。

一、磁异常测线插值的概念及有关精度关系式

海洋磁力测量测线由主测线和检查线(在航磁测量中将检查线也称为切割线,本章采用海道测量的传统习惯称为检查线)组成,为了绘制磁异常图,必须对测线间空白区的磁场信息进行内插,再利用观测点和插值点的数据联合绘制磁异常图。因此,磁异常图的绘制精度取决于观测点和插值点的精度,相当程度上更取决于插值点的精度。

磁异常插值精度直接取决于地磁场的区域变化特性及测线布设间距,因此,海洋磁力测量海区技术设计的一个重要内容就是:针对客观的地磁场变化特性,通过设计调整测线布设间距来控制插值点的精度,保证测量成果(磁异常图)满足预定的精度要求。对磁异常插值精度的要求可转化为对测线布设的要求,插值精度的要求不同,测线布设也将不同。因而,磁异常插值精度也成为反映测区测线布设是否合理的重要指标(后面对比分析结论也证实了这一点)。

事实上,测量时设置的检查线恰好为评估磁异常插值精度提供了条件和方法。本章采用检查线上相邻测线的中点(插值精度的最弱点)来计算磁异常插

值精度。

如图 4-6-1 所示,假设测区共布设 m 条主测线 L 和 n 条检查线 C,且主测线和检查线正交,主测线间距为 d,共 $m \times n$ 个交叉点。

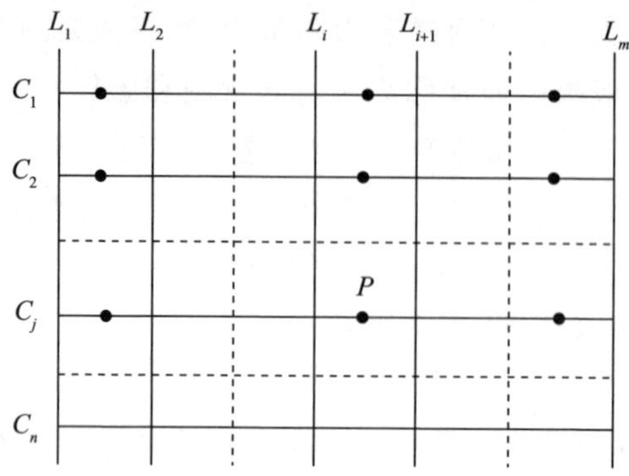

图 4-6-1　检查线中点评估示意图

在每条检查线上,选取测线之间的中点 P 作为磁异常插值精度检核点,对每一个中点 P 可得到磁异常值差值 t:

$$t = T_{\mathrm{I}} - T_{\mathrm{R}} \tag{4-6-1}$$

式中:T_{I} 为检核点 P 处由相邻主测线测量值内插得到的磁异常值;T_{R} 为检核点 P 处由检查线上实际测量得到的磁异常值。由于主测线内插得到的磁异常值 T_{I} 与检查线实测值 T_{R} 不相关,故有

$$m_{\mathrm{t}}^2 = m_{\mathrm{I}}^2 + m_{\mathrm{R}}^2 \tag{4-6-2}$$

式中:m_{t} 为磁异常差值中误差;m_{I} 为磁异常插值中误差;m_{R} 为观测值中误差。

下面进一步分析磁异常插值中误差 m_{I},当采用两点线性内插时(这是测量人员及成果使用者最可能的习惯做法),则有

$$T_{\mathrm{I}} = \frac{1}{2}(T_1 + T_2) + \varepsilon \tag{4-6-3}$$

式中:T_1 和 T_2 为与检查线相交的相邻主测线上的磁测值;ε 为对应的模型误差(即两点线性内插的模型误差)。

显然,不同的内插方式对应不同的模型误差。由于相邻主测线的磁测值相互独立,则按误差传播律有

$$m_{\mathrm{I}}^2 = \frac{1}{4}(m_{\mathrm{R}}^2 + m_{\mathrm{R}}^2) + m_{\varepsilon}^2 \tag{4-6-4}$$

进一步

$$m_{\mathrm{I}}^2 = \frac{1}{2}m_{\mathrm{R}}^2 + m_{\varepsilon}^2 \tag{4-6-5}$$

式(4-6-5)即为磁异常插值的精度关系式。

将式(4-6-5)代入式(4-6-2),可得

$$m_t^2 = \frac{3}{2}m_R^2 + m_\varepsilon^2 \tag{4-6-6}$$

式(4-6-6)表明了检核点磁异常差值中误差与观测值中误差及线性内插模型误差的精度关系式。

m_t 和 m_T 可由整个测区观测数据按定义统计计算得到,即

$$m_t = \pm\sqrt{\frac{[tt]}{N}} \tag{4-6-7}$$

式中:N 为检核点 P 的个数,当 m 条主测线和 n 条检查线均相交时,则 $N=(m-1)\times n$。

$$m_R = \pm\sqrt{\frac{[\Delta\Delta]}{2mn}} \tag{4-6-8}$$

式中:Δ 为主测线与检查线交叉点处主、检观测值的差值。

由式(4-6-6),可得到整个测区线性内插模型误差的精度:

$$m_\varepsilon^2 = m_t^2 - \frac{3}{2}m_R^2 \tag{4-6-9}$$

式(4-6-9)直接表明了地磁场的线性变化特性。m_ε 越小,表明地磁场的线性越好。显然,测线布设间距越小,地磁场的线性特性越好。

根据上面的公式即可分析精度的控制情况。例如,当要求磁异常插值点精度不超过观测点的精度时(这意味着要求:磁异常插值点精度不损害磁测精度,而使磁异常图的精度与磁测精度相同),即要求 $m_I \leqslant m_R$,则根据式(4-6-5)有

$$m_I^2 = \frac{1}{2}m_R^2 + m_\varepsilon^2 \leqslant m_R^2 \tag{4-6-10}$$

此时,对线性内插模型误差的精度要求为

$$m_\varepsilon^2 \leqslant \frac{1}{2}m_R^2 \tag{4-6-11}$$

进一步将式(4-6-11)代入式(4-6-6)得

$$m_t^2 \leqslant \frac{3}{2}m_R^2 + \frac{1}{2}m_R^2 = 2m_R^2 \tag{4-6-12}$$

即要求 $m_t = \sqrt{2}m_R$。

图 4-6-2 中,不失一般性,假定检查线沿 X 轴方向,x_1 和 x_2 分别为相邻主测线上的磁测点坐标,x_P 为检查线中点坐标(此处,认为沿主测线方向坐标相同)。

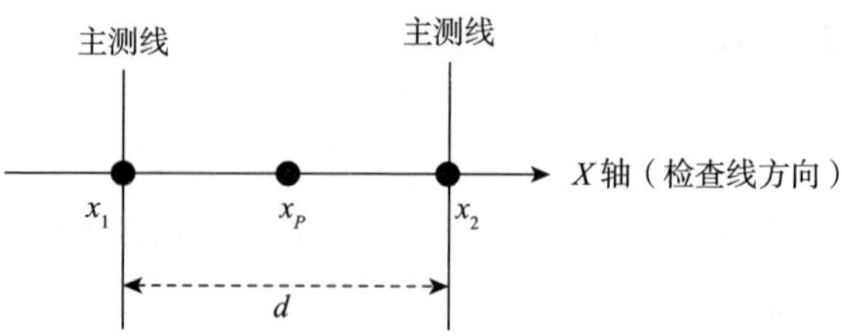

图 4-6-2　测线间磁异常线性内插的示意图

设沿检查线方向磁异常函数表示为 $T(x)$（视为真值），并且在区间 (x_1, x_2) 存在 $(n+1)$ 阶导数，在检查线中点 x_P，将 $T(x)$ 展开为泰勒公式：

$$T(x) = T(x_P) + T'(x_P)(x - x_P) + \frac{T''(x_P)}{2!}(x - x_P)^2 + \cdots + \frac{T^{(n)}(x_P)}{n!}(x - x_P)^n + R_n(x) \quad (4-6-13)$$

式中：$R_n(x)$ 为函数 $T(x)$ 的插值余项，且 $R_n(x) = \frac{T^{(n+1)}(\xi)}{(n+1)!}(x - x_P)^n, \xi \in (x_1, x_2)$。

忽略函数 $T(x)$ 中 $n > 2$ 时非线项部分的影响，式(4-6-13)简化为

$$T(x) = T(x_P) + T'(x_P)(x - x_P) + \frac{T''(\xi)}{2!}(x - x_P)^2 \quad (4-6-14)$$

式中：$\frac{T''(\xi)}{2!}(x - x_P)^2$ 为函数 $T(x)$ 中非线性项的影响；$T''(\xi)$ 为磁异常函数 $T(x)$ 沿 X 方向的梯度变化。

由式(4-6-13)和式(4-6-14)，相邻主测线上点 x_1 和点 x_2 处的磁测值 $T(x_1)$、$T(x_2)$ 可分别表示为

$$T(x_1) = T(x_P) + T'(x_P)(x_1 - x_P) + \frac{T''(\xi)}{2!}(x_1 - x_P)^2 \quad (4-6-15)$$

$$T(x_2) = T(x_P) + T'(x_P)(x_2 - x_P) + \frac{T''(\xi)}{2!}(x_2 - x_P)^2 \quad (4-6-16)$$

当采用线性内插时，由相邻主测线内插得到的插值点 x_P 处的磁异常值 $T(x_P)'$ 可表示为

$$T(x_P)' = \frac{1}{2}[T(x_1) + T(x_2)] \quad (4-6-17)$$

将式(4-6-15)和式(4-6-16)分别代入式(4-6-17)，并与 $T(x_P)$ 比较，得到插值点 x_P 处的插值误差为

$$\varepsilon = T(x_P)' - T(x_P) = \frac{1}{8}T''(\xi)(x_1 - x_2)^2 \quad (4-6-18)$$

由于 $x_2-x_1=d$,那么式(4-6-18)最终可表示为

$$\varepsilon = \frac{1}{8}T''(\xi) \cdot d^2 \tag{4-6-19}$$

由式(4-6-19)可以看出,对于某一测区而言,测线间距越大,磁异常插值精度越低,测区磁异常梯度变化越复杂,磁异常插值精度越低,这与本书仿真分析的结果一致。

尽管式(4-6-19)是假定检查线沿 X 轴导出的,事实上,从上述推导过程可知,式(4-6-19)实际上也是检查线沿其他方向的插值误差表达式。

二、测线布设的基本原理

测线布设的基本原则是控制测线间的空白插值区域,来使得插值精度与磁测精度相匹配,共同满足磁异常图测制精度的总要求。

由于测线间的插值精度,根本上取决于地磁场的区域变化特性,笔者提出如下测线布设的基本原理,即依据测区的先验地磁场信息,合理选择测线方向,并通过控制和调整测线间距,使测线间(空白区)的插值精度与测线上的磁测精度相匹配。最终保证测制的磁异常图满足预定的磁测精度要求。具体实施时,还应考虑施测的方便性及磁测效率等因素的影响,并综合确定最佳的测线布设方案。

三、测线方向的选择方法

测线方向选择的主要内容是如何精确确定测区磁场变化的梯度总方向。首先对先验得到的磁异常图(对于历史上的未测区域,可由区域地磁场模型计算得到)进行数字格网化,然后通过网格化数据计算每一点的梯度,进而计算得到测区磁场总梯度方向。如果确定出的梯度总方向与 X 轴方向(南北方向)或 Y 轴方向(东西方向)接近,可选择为测线方向,因为这样易于施测。

四、测线间距的确定方法

下面讨论沿梯度总方向测线间距的选择方法,可按图 4-6-3 所示的流程图来确定测线间距。

图 4-6-3 中,m_t 代表磁异常差值中误差,由相邻主测线内插得到检核点处的磁异常值与检查线上实际测量得到的检核点处的磁异常值的差值统计得到(一般选取检查线上,相邻主测线的中点作为检核点)。m_R 代表观测值中误差,由主测线和检查线交叉点差值统计得到。m_I 代表磁异常插值中误差。

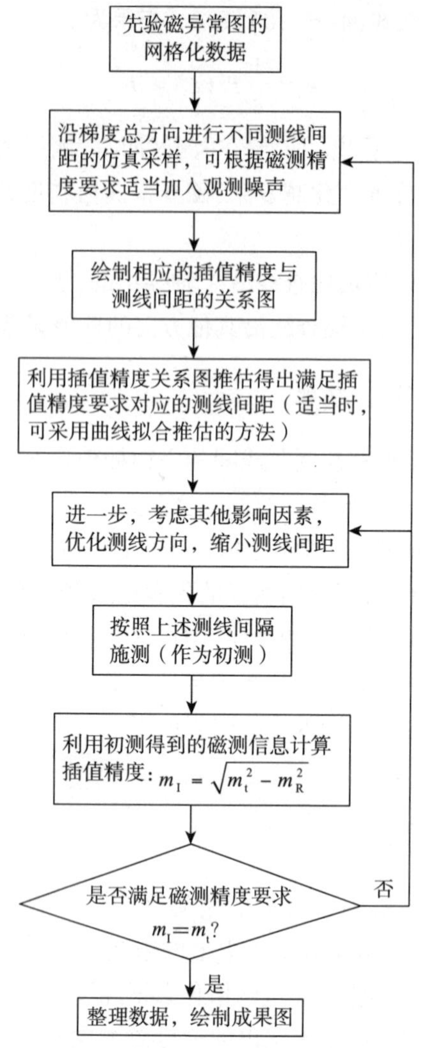

图 4-6-3　测线布设的流程图

从海洋磁力测量技术设计来看,即应充分了解先验的磁场信息,然后提出较为合理的初测方案,再根据初测得到的最新磁场信息,进一步对测线布设方法进行优化,最终确保在该测线布设方式下,得到的磁异常图能满足预定的磁测精度要求,并且保持最高的磁测效率。

相比之下,传统的测线布设方式(如表 4-1-1)过于简单化,尤其未顾及地磁场的实际,可能会直接导致两种不尽人意的结果:①测线间距过密,尽管满足了磁测精度的要求,但增大了工作量与费用,降低了磁测效率。②测线间距相对稀疏,导致所测制的磁异常图无法满足磁测精度要求(若重新加密测量,则又将导致磁测效率的降低)。而笔者提出的测线布设方法还体现了逐步优化的设计思想，当然也增加了测线布设技术的复杂性和难度。不过，现代计算机技术为此提供了良好的解决环境。

第七节　海洋磁力测量的实施

一、海上磁测数据采集

（一）海上磁测数据采集的要求

1. 海上数据采集步骤

对海洋磁仪进行调试、检定和各项试验后，选择合适的时间就可以进行海上数据的采集，步骤如下：

（1）在测量船进入测线前半小时，开启电源，使仪器预热。将拖鱼探头放入水中，用电缆拖曳于船后。同时打开数据采集软件进行系统配置，系统配置包括 GPS 定位方式、磁力仪工作方式等。

（2）上测线时，要有适当的提前量，保证在测线起点处测量船已严格上线；进入测线后，即开始测量，同时开始记录，按要求进行定位并同时在记录纸上标记测线号、时间。下线时，要等测量船过测线终点后方可转向。

（3）测线上，测量船要保持匀速直线航行。换线时，应及时定位并做好记录。此外，值班人员应时刻观测拖鱼的工作状态，当出现信号不稳定情况时，及时记录测船的位置、时间和磁场的数值。

（4）当主测线测完后，测船进行检查线的测量，并开始记录，记录方法同主测线。

（5）测量结束后，将电缆和拖鱼收于船上。

（6）因避船、磁暴、人为干扰、断电等原因使海洋磁力测量部分测线段的数据无效，如无效测线里程大于图上 2cm 应补测，补测测线应与正常测线重合 500m 以上。

2. 测船船速的选择

目前，我国海洋磁力测量属于船载走航式测量，船速的选择及航向的控制是一个重要的因素，直接影响测量成果的精度和效率。过低的船速将降低测量的效率，而过高的船速和航向变化较大将导致精度及可靠性的降低，并引起对定位及磁测等方面的影响。

船速对磁测的影响是多方面的，包括船速对定位点间隔的影响、对磁力仪磁测的影响、定位系统和磁测系统延时效应的影响及对内插点精度的影响。合理船速的选择不是一个简单的问题,也不可能得到一个公式来计算合适的船速,必须进行多方面的考虑和评估后来决定将采用的船速。因此,目前我国海洋磁力测量条件下,船速的选择应遵循以下原则:

(1)保证拖缆拉力小于拖缆的断裂强度。

(2)尽量使拖鱼在水中的姿态稳定。

(3)经济上的合理性,一般采取经济航速 8~10kn。

(4)尽量使测船沿计划测线匀速航行,航速变化不得太大,不能超过 0.2kn。

3. 测船航向的控制

测船航向的控制也是海洋磁力测量实施中的重要环节,一方面要保证测量船只、人员和器材的安全,另一方面使测船在计划航线上航行,不仅可提高工作效率,也可提高成图的质量,完善显示测区地磁场分布。海洋磁力仪的拖曳式工作方式,给测船及拖鱼的航向控制带来麻烦,测船航向的变化会对测点位置、磁力仪磁测、船磁校正及内插点精度产生影响。由此可见,航向对磁测的影响也是多方面的,目前我国海洋磁力测量条件下,测船航向的控制应遵循以下原则:

(1)尽量使船艏、船艉与拖曳传感器三点呈一直线沿计划航线航行,保证测点位置归算精度。

(2)使得同一测线上船磁影响的变化最小。

(3)为了保证测线上磁测值内插精度,实际航线偏离计划测线不得大于1/5测线间距或航向变化不得大于 5°。

(4)如果发现测船偏离计划航线应及时加以修正,一般不宜大角度修正,避免使测线呈 S 形,船只偏离测线要及时缓慢修正,修正速率最大不得超过 0.5°/s。

(5)遇到特殊情况必要停船、转向或变速时,应及时通知测量人员。

4. 测量中的注意事项

(1)海上测量时,一条测线应力求一次完成。若分段测量,则应尽量将连接点选在平静的磁场区。连接时,应重复测量两个定位点以上的距离。在磁异常区内,如果两个连接点的位置稍有偏移,异常值就相差较大,从而降低测量精度。

(2)在测量过程中如出现一起拖鱼信号不稳定而造成漏测的区域,应对其进行补测。如果漏测的区域大于一定范围,则需要对该区域进行重测。对于重点异场区,可根据需要加密探测。

(3)测量过程中,还应时刻注意仪器的工作状态(包括拖曳电缆),密切观测系统显示,发现异常时,及时调试或检查维修,并做好记录工作,而且也要经常检查测量数据记录。

5. 水深测量

海洋磁力测量中的水深测量是为了获得平均海面至海底的深度数据,为磁场信息的归算和应用提供水深数据。

用于磁场信息归算处理的水深数据,其测深精度要求应按 GB 12327—1998《海道测量规范》中相关条款执行,具体如下(置信度 95%):

(1)$0m<Z\leq 20m$,测深精度优于±0.3m。

(2)$0m<Z\leq 30m$,测深精度优于±0.4m。

(3)$30m<Z\leq 50m$,测深精度优于±0.5m。

(4)$50m<Z\leq 100m$,测深精度优于±1.0m。

(5)$50m<Z\leq 100m$,测深精度优于$\pm Z\times 2\%$。

测深仪的选择应根据测区水深范围和水深测量的精度要求选择,水深大于1000m 时尽量选择高精度数字式测深仪。水深测量水位改正可采用潮汐数值预报方法。

(二)海上磁测数据采集的实施

下面以目前海测部队常用的 G-880G SX 型磁力仪为例,介绍海洋磁力仪数据的采集。

1. 硬件连接

将磁力仪硬件按照前面的硬件系统连接图连接。在确认外部供电稳定的情况下,向磁力仪的显控台供电,并通过显控台向磁力仪主机及磁力仪采集计算机供电。

2. 拖鱼布放与回收

拖鱼在完成连接且供电后,通过后面所讲的软件配置,将拖鱼数据读入软件中,如果数据正常,则进行拖鱼布放。

拖鱼布放时,需要使用船上的绞车及 A 架系统配合。

梯度磁力仪水下主要由主拖鱼、从拖鱼、拖把(水下调制解调器)三部分构成。

布放时,首先让船只低速顶流航行。不能高速航行也不能完全停船,以免出现不能控制或拖鱼布放后被水流冲向船身的情况。将固定有绞车电缆滑轮的 A 架倒入船内侧。连好电缆的主拖鱼、从拖鱼及拖把都放置在尾甲板。先抱起主拖鱼,并由专人手持电缆,在船尾将主拖鱼慢慢放入水中,直到电缆基本放完,拉住主拖鱼。然后抱起从拖鱼,将其逐步放入水中。通过绞车与 A 架的配合,将拖把吊起。通过拖把拉住主拖鱼与从拖鱼。将 A 架向船外侧倒出,同时缓缓放缆让拖把入水。A 架倒入船的外侧后,继续放缆到适当的长度。一般为了避免船壳产生的铁磁性干扰,从拖鱼到船尾的水平距离应为船只长度的 3~5 倍。

布放完成后,将船速保持在 8~10kn 进行测量。在船只正常掉头或拐弯时可能需要收放缆辅助作业,以防止拖鱼触底。

当测量完成后,回收磁力仪系统。设备首先断电,船只保持低速顶流航行。回收时先收拖把,然后依次是从拖鱼、主拖鱼。首先通过绞车将拖把拉回到船尾的位置,然后船尾的 A 架倒入船内侧。通过人工抓住拖把。拖把经人工固定后,将从拖鱼人工拉回船尾甲板上。然后将主拖鱼拉回主甲板上。全部回收完成后,检查拖鱼、拖缆及拖把是否有损坏,并使用淡水清洗设备。在保证设备无破损的情况下,将梯度磁力仪系统拆解。拖鱼及电缆放回原厂包装箱中保存。

海上测量实施过程中要做好海洋磁力仪值班记录的填写,如表 4-7-1 所列,特别要注意的是,在事件一栏标注当文件与测线变更情况、上下线时间、突发事件及处置措施、通知联络时间与内容等,以便在数据处理中进行检查核对。

表 4-7-1　海洋磁力仪值班记录

日期：　年　月　日　天气：　海况： 海洋磁力仪型号：　磁力仪采样频率：　拖缆长度(m)： GPS 天线相对绞车拖曳点的纵向距离(m)：　横向距离(偏左为“-”偏右为“+”)(m)： 测线名：　测区：　测量船：　作业单位：										
点号	时间(hh:mm)	经度	纬度	航向/(°)	航速/节	拖鱼入水深度/m	测深仪读数/m	磁力仪读数/nT	事件	值班员
技术负责人(签名)：　第　页共　页										

海洋磁力仪信息采集记录的格式如下:

海洋磁力测量信息以测线为单位进行综合采集记录,文件命名形如 YYYYMMDD—LXXXX. LOG,YYYY、MM、DD 分别为年、月、日,L 为测线属性标记,主测线以 Z 表示,检查线以 J 表示,XXXX 为测线名,LOG 为原始采集数据标记。一般情况下,一条测线对应一个数据文件,若某一测线分多段测量,则测线数据也必须分多个文件记录,文件名形如 YYYYMMDD—LXXXX—NN. LOG, NN 为分段号。

数据记录内容及格式如下:

测量任务名称:××××

测量单位名称:××××

测量负责人:××××

测量人员:×××,×××, ×××

测量船名称:××××

测量船排水量:××××t

测量船长度:××. ××m

测量船宽度:××. ××m

船载测深仪吃水改正:××. ××m

测量坐标系统: ××××

海洋磁力仪型号:××××

GPS 天线相对拖曳点的纵向距离:××. ××m

GPS 天线相对拖曳点的横向距离:××. ××m

拖缆长度:×××. ××m

测线名称:××××

NNNN YYYY - MM - DD HH: MM: SS. SSS LLL. LLLLLL BB. BBBBBB DDDDD. DMMMMM. MMM SSSSS TTTT. T HHHH. H VV. V CCCC. C CR/LF

每一测点对应一条记录,一条记录为一行,每条记录包括点号、日期、时间、经度、纬度、船载测深仪读数、磁力读数、磁信号强度、拖鱼入水深度、拖鱼高度、航速、航向,各数据项之间以空格为分隔符,上述各项数据的具体含义如表 4-7-2 所列。

表 4-7-2　海洋磁力测量综合信息采集数据项

数据项序号	数据项	含义	说明
1	NNNN	点号	
2	YYYY-MM-DD	年__月__日(日期)	北京时间
3	HH:MM:SS. SSS	时:分:秒(时间)	北京时间
4	LLL. LLLLLL	经度	定位仪读数

续表

数据项序号	数据项	含义	说明
5	BB. BBBBBB	纬度	定位仪读数
6	DDDDD. D	船载测深仪读数	仪器读数
7	MMMMM. MMM	磁力读数/nT	仪器读数
8	SSSSS	磁信号强度	仪器读数
9	TTT. T	拖鱼入水深度/m	仪器读数
10	HHH. H	拖鱼高度/m	仪器读数
11	VV. V	航速/kn	GPS 读数
12	CCC. C	航向/(°)	GPS 读数
13	CR/LF	回车/换行	—

二、地磁日变数据的采集

下面以 HC-90D 型氦光泵地面磁力仪为例,来介绍地磁日变数据的采集。其包括地磁日变仪器系统的组成、地磁日变站数据记录的要求、地磁日变观测数据的采集记录要求。

(一)地磁日变站仪器系统的组成

实施地磁日变观测的主要仪器一般包括 HC-90D 磁力仪、不间断电源(Uninterruptible Power Supply,UPS)、稳压器,计算机等或 G-882 磁力仪、不间断电源(UPS)、稳压器,计算机等。根据任务特点,驻地情况还可适当配其他需要设备。

(二)地磁日变站数据记录的要求

(1)地磁日变站每次在船出海工作前一天开始记录。

(2)日变站每天都应与相应的标准时间对时(北京时间),其误差每日应不超过 1min。

(3)日变观测中,遇到磁暴、磁扰日时,必须准确记录初动、持续、消失的时间,并及时通知测量船。

(4)日变观测结束时间应在每次海上测量束之后一天。

(5)日变站观测过程中也应该时刻注意日变仪的工作状态,如出现故障及时采取应对措施,并做好记录。

在得到整个测量时段的日变资料后,对资料进行分析处理,来确定日变基值,绘制日变改正曲线对海上磁测数据进行地磁日变校正。

(三)地磁日变观测数据的采集记录要求

地磁日变数据采集过程中要做好日变站观测班报表的填写,格式如表

4-7-3所列，特别要注意的是，在事件一栏标注当文件与突发事件及处置措施、通知联络时间与内容等，以便在数据处理中进行检查核对。

表 4-7-3　日变站观测班报表

日期：　年　月　日　天气： 日变站名：　经度：　纬度： 仪器型号：　数据采样频率：　数据文件名： 测区名称：　作业单位：				
序号	时间(hh:mm)	日变读数/nT	事件	值班员(签名)
数据备份序号： 负责人(签名)：　第　页共　页				

日变观测数据记录为文本文件，文件名以观测日期命名，其格式为YYYYMMDD.DIU，YYYY、MM、DD分别为观测日期的年、月、日，DIU为日变数据标识。

日变数据采集内容及格式如下：

测量任务名称：××××
测量单位名称：××××
测区名称：××××
日变站负责人：××××
日变观测人员：×××，×××，×××
* * * * * * * * * *
日变站磁力仪型号：××××
日变站地址：××××
日变站经度：DDD.MMSS
日变站纬度：DD.MMSS
* * * * * * * * * *
YYYY-MM-DD HH:MM:SS.SSS MMMMM.MMM

日变数据项含义如表 4-7-4 所列。

表 4-7-4　日变数据项含义

数据项	含义	说明
DDD. MMSS	度 . 分分秒秒(经度)	东经为正,西经为负
DD. MMSS	度 . 分分秒秒(纬度)	北纬为正,南纬为负
YYYY-MM-DD	年　月　日(日期)	北京时间
HH:MM:SS. SSS	时:分:秒(时间)	北京时间
MMMMM. MMM	地磁场值/nT	日变站磁力仪读数

小　结

海洋磁力测量技术设计是保障海洋磁力测量的顺利实施和确保海上测量数据质量的前提和基础。本章首先介绍了海洋磁力测量技术设计的主要内容,包括仪器系统检验、地磁日变站布设、测图比例尺确定和图幅划分以及海上实施。另外,本章还介绍了海洋磁力测量海上实施的方法和注意事项。

复习与思考题

1. 试述海洋磁力测量模式及特点。
2. 列表并描述海洋磁力测量等级分类。
3. 海洋磁力测量技术设计包括哪些内容?
4. 海洋磁力测量中 GPS 定位系统检验的项目包括哪些?
5. 海洋磁力仪系统检验的项目和要求是什么?
6. 海洋磁力仪系统测前试验包括哪些内容?
7. 海洋磁力仪系统静态测试的内容包括哪些?
8. 海洋磁力仪系统海上动态试验的内容包括哪些?
9. 船磁试验的步骤和要求包括哪些?
10. 海洋磁力仪测前标定包括哪些?
11. 地磁日变系统检验的项目和要求包括哪些?
12. 海洋磁力测量中,地磁日变站布设的要求包括哪些?
13. 海洋磁力测量中,地磁日变站的选址有哪些要求?
14. 画图并解释地磁日变站选址时水平梯度测量和垂直梯度测量的步骤。
15. 海底日变站布设需要解决的关键技术包括哪些?
16. 海面地磁日变站布设需要解决的关键技术有哪些?

17. 海洋磁力测量中,测图比例尺确定的原则是什么?
18. 海洋磁力测量中,图幅划分的原则和要求是什么?
19. 海洋磁力测量中,测线布设的原则和方法是什么?
20. 海洋磁力测量中,海上数据采集的步骤是什么?
21. 海洋磁力测量中,测船船速选择的原则是什么?
22. 海洋磁力测量中,测船航向控制的原则是什么?
23. 海洋磁力测量的实施过程中有哪些注意事项?
24. 试描述 G-880G SX 型磁力仪拖鱼布放与回收的步骤。
25. 海洋磁力测量中,海洋磁力仪采集的信息记录的内容有哪些?
26. 海洋磁力测量中,地磁日变站数据记录的要求是什么?
27. 海洋磁力测量中,地磁日变站数据记录的内容有哪些?

第五章　海洋磁力测量数据处理

海洋磁力测量数据处理是海洋磁力测量的重要组成部分,数据处理的精度是评定海洋磁力测量成果质量的重要指标。船载海洋磁力测量数据处理的内容包括磁测点位置计算、正常场校正、地磁日变改正、船磁改正、精度评定、系统误差的探测与补偿、数据通化、磁测成果的表达以及成果质量评定等。本章首先给出了海洋磁力测量数据表示方法,提出了数据处理的数学模型及具体实施步骤,并对海洋磁力测量的各项改正方法进行了介绍。

第一节　海洋磁力测量数据表示方法

由第四章第一节海洋磁力测量的网状测量模式可知,主测线磁测值、检查线磁测值及测线和主测线的交叉点处的磁测差值组成了海洋磁力测量网的数据。为了后续数据处理的方便,本节给出了海洋磁力测量数据的向量及矩阵表示方法。

一、测线数据的表示

假定测区有 m 条主测线和 n 条检查线组成海洋磁力测量网。第 i 条主测线的位置坐标 (x,y) 和磁测值 $\boldsymbol{T}$ 分别表示成行向量,即

$$\begin{cases} XT_{i\cdot} = [x_{T_{i,1}}, x_{T_{i,2}}, x_{T_{i,3}}, \cdots, x_{T_{i,n}}] \\ YT_{i\cdot} = [y_{T_{i,1}}, y_{T_{i,2}}, y_{T_{i,3}}, \cdots, y_{T_{i,n}}] \\ T_{i\cdot} = [T_{i,1}, T_{i,2}, T_{i,3}, \cdots, T_{i,n}] \end{cases} \tag{5-1-1}$$

那么,m 条主测线上磁测值 T 可表示如下:

$$\boldsymbol{T} = \begin{bmatrix} T_{1\cdot} \\ T_{2\cdot} \\ \vdots \\ T_{m\cdot} \end{bmatrix} = \begin{bmatrix} T_{1,1}, T_{1,2}, T_{1,3}, \cdots, T_{1,n} \\ T_{2,1}, T_{2,2}, T_{2,3}, \cdots, T_{2,n} \\ \vdots \quad \vdots \quad \vdots \quad \vdots \\ T_{m,1}, T_{m,2}, T_{m,3}, \cdots, T_{m,n} \end{bmatrix}_{m\times n} \tag{5-1-2}$$

式(5-1-2)中,T 的下标(i,k)对应坐标 $(x_{\mathrm{D}_{i,k}}, y_{\mathrm{D}_{i,k}})$,k 为任意整数。

检查线一般与主测线垂直,故第 i 条检查线的位置坐标(x,y)和磁测值 T

分别表示成列向量,即

$$\begin{cases} X\tilde{T}_{\cdot j}=[x_{\tilde{T}_{i,1}},x_{\tilde{T}_{i,2}},x_{\tilde{T}_{i,3}},\cdots,x_{\tilde{T}_{i,n}}]^{\mathrm{T}} \\ Y\tilde{T}_{\cdot j}=[y_{\tilde{T}_{i,1}},y_{\tilde{T}_{i,2}},y_{\tilde{T}_{i,3}},\cdots,y_{\tilde{T}_{i,n}}]^{\mathrm{T}} \\ \tilde{T}_{\cdot j}=[\tilde{T}_{i,1},\tilde{T}_{i,2},\tilde{T}_{i,3},\cdots,\tilde{T}_{i,n}]^{\mathrm{T}} \end{cases} \tag{5-1-3}$$

那么,n 条检查线上磁测值 $\boldsymbol{T}$ 可表示如下:

$$\tilde{\boldsymbol{T}}=[\tilde{T}_{\cdot 1},\tilde{T}_{\cdot 2},\cdots,\tilde{T}_{\cdot n}]=\begin{bmatrix} \tilde{T}_{1,1},\tilde{T}_{1,2},\tilde{T}_{1,3},\cdots,\tilde{T}_{1,n} \\ \tilde{T}_{2,1},\tilde{T}_{2,2},\tilde{T}_{2,3},\cdots,\tilde{T}_{2,n} \\ \vdots \quad \vdots \quad \vdots \quad \vdots \\ \tilde{T}_{m,1},\tilde{T}_{m,2},\tilde{T}_{m,3},\cdots,\tilde{T}_{m,n} \end{bmatrix}_{m\times n} \tag{5-1-4}$$

同样,$\tilde{T}$ 的下标(k,j)对应坐标 $(x_{\tilde{D}_{i,k}},y_{\tilde{D}_{i,k}})$,k 为任意整数。

二、交叉点差值的表示

设主测线 i 和检查线 j 的交叉点(i,j)处差值为 Δ_{ij} ,且定义

$$\Delta_{ij}=T_{ij}-\tilde{T}_{ij} \tag{5-1-5}$$

式中:T_{ij}为主测线 i 在(i,j)处的磁测值;$\tilde{T}_{ij}$为检查线 j 在(i,j)处的磁测值。

这里,$i=1,2,\cdots,m$,且 i 对应第 i 条主测线上的坐标位置 $(x_{D_{i,k}},y_{D_{i,k}})$; $j=1,2,\cdots,n$,且 j 对应第 j 条检查线上的坐标位置 $(x_{\tilde{D}_{i,k}},y_{\tilde{D}_{i,k}})$ 。因此,用一个矩阵来表示 m 条主测线和 n 条检查线的交叉点磁测差值,有

$$\boldsymbol{\Delta}=\begin{bmatrix} \Delta_{1,1} & \Delta_{1,2} & \cdots & \Delta_{1,n} \\ \Delta_{2,1} & \Delta_{2,2} & \cdots & \Delta_{2,n} \\ \vdots & \vdots & & \vdots \\ \Delta_{m,1} & \Delta_{m,2} & \cdots & \Delta_{m,n} \end{bmatrix}_{m\times n} \tag{5-1-6}$$

第二节　海洋磁力测量数据处理数学模型

海洋磁力测量的目的是获得高精度的反映测区磁异常分布的等值线图(磁异常等值线图),而海洋磁力仪测得的是海上某点的磁场总强度值,通常需要对数据进行地磁正常场校正。另外,由海洋磁力测量的拖曳式网状测量,使得海洋磁力测量存在明显的动态性和船磁效应,在测量过程中还难免受到地球变化

磁场的影响,因此还必须对测量数据进行预处理,以剔除测量数据中磁测值异常的影响,以及进行测点位置及地磁日变改正和船磁方位改正。除此以外,还需要对测量的精度进行评定,对海洋磁力测量中的系统误差进行调整,以提高磁测成果的精度,为了得到整个测区的磁异常分布情况,还必须对未知点进行磁异常插值。

假设测区某点 $P(x,y)$ 处地磁异常值 $\Delta T(x,y)$ 可由下式确定:

$$\Delta T(x,y) = T(x,y) + T_0(x,y) + \Delta T_{\mathrm{d}}(x,y) + \Delta T_{\mathrm{s}}(x,y) + \varepsilon(x,y) \tag{5-2-1}$$

式中:$T(x,y)$ 为海洋磁力仪的观测值;$T_0(x,y)$ 为地磁正常场校正值;$\Delta T_{\mathrm{d}}(x,y)$ 为地磁日变改正值;$\Delta T_{\mathrm{s}}(x,y)$ 为船磁校正值;$\varepsilon(x,y)$ 为系统误差调整值。

为了数据处理方便,设 $T'(x,y) = T_0(x,y) + \Delta T_{\mathrm{d}}(x,y) + \Delta T_{\mathrm{s}}(x,y)$,则式(5-2-1)简化为

$$\Delta T(x,y) = T(x,y) + T'(x,y) + \varepsilon(x,y) \tag{5-2-2}$$

式(5-2-2)即为海洋磁力测量数据处理的数学模型,采取矩阵形式描述如下:

$$\boldsymbol{\Delta T} = \boldsymbol{T} + \boldsymbol{T'} + \boldsymbol{\xi} \tag{5-2-3}$$

式中:

$$\boldsymbol{T} = \begin{bmatrix} T_{1\cdot} \\ T_{2\cdot} \\ \vdots \\ T_{m\cdot} \end{bmatrix} = \begin{bmatrix} T_{1,1}, T_{1,2}, T_{1,3}, \cdots, T_{1,n} \\ T_{2,1}, T_{2,2}, T_{2,3}, \cdots, T_{2,n} \\ \vdots \quad \vdots \quad \vdots \quad \quad \vdots \\ T_{m,1}, T_{m,2}, T_{m,3}, \cdots, T_{m,n} \end{bmatrix}_{m\times n}$$

$$\boldsymbol{T'} = \begin{bmatrix} T'_{1\cdot} \\ T'_{2\cdot} \\ \vdots \\ T'_{m\cdot} \end{bmatrix} = \begin{bmatrix} T'_{1,1}, T'_{1,2}, T'_{1,3}, \cdots, T'_{1,n} \\ T'_{2,1}, T'_{2,2}, T'_{2,3}, \cdots, T'_{2,n} \\ \vdots \quad \vdots \quad \vdots \quad \quad \vdots \\ T'_{m,1}, T'_{m,2}, T'_{m,3}, \cdots, T'_{m,n} \end{bmatrix}_{m\times n}$$

$$\boldsymbol{\xi} = \begin{bmatrix} \xi_{1,1} & \xi_{1,2} & \cdots & \xi_{1,n} \\ \xi_{2,1} & \xi_{2,2} & \cdots & \xi_{2,n} \\ \vdots & \vdots & & \vdots \\ \xi_{m,1} & \xi_{m,2} & \cdots & \xi_{m,n} \end{bmatrix}_{m\times n}$$

因此,海洋磁力测量数据处理的内容包括测点位置计算、地磁正常场校正、地磁日变改正、船磁改正、测量精度评定、系统误差平差及磁异常插值,参见图5-2-1。

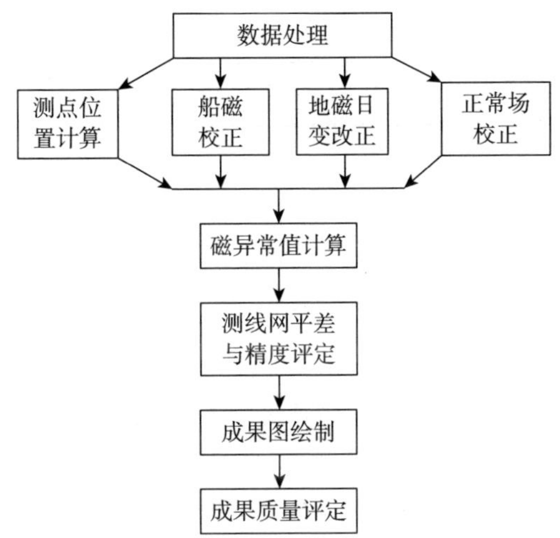

图 5-2-1　海洋磁力测量数据处理流程

第三节　海洋磁力测量测点位置计算

如前所述,为了减小船磁影响,海洋磁力仪传感器(简称拖鱼)采取拖曳式工作,这样定位和磁测在不同的载体上完成,为了实现空间位置信息与磁测信息融合,必须利用船载定位坐标计算磁测点位置坐标(有关文献也称拖鱼位置,本章称为磁测点)。国外在高精度船载磁力测量中,经常配置陀螺仪或声纳跟踪器等辅助定位装置,以提高磁测点位置定位精度。由于这些辅助设备费用昂贵,目前我国的海洋磁力测量中并没有安装,在计算磁测点位置时,不考虑海风、海流等因素的影响,假设测船和拖鱼沿计划测线保持直线航行,直接利用拖缆长度进行简单计算。

海洋磁力测量中,拖鱼是通过绞车进行收放的(将测船拖缆绞车的位置称为测船拖点,参见图 5-3-1),因此,磁测点位置计算时,首先应将测船定位点的位置计算到测船拖点的位置,再通过测船拖点与拖鱼的几何关系得到磁测点位置。

一、测船拖点位置计算公式

为了讨论方便,引入二维船载坐标系与测线坐标系(图 5-3-1),船载坐标系以测船 GPS 天线中心为原点 O(考虑 GPS 定位已广泛应用到海洋定位中,这里测船的定位就以 GPS 定位为例),y 轴指向测船前进方向,x 轴指向右舷。测线坐标系与船载坐标系原点相同,ζ轴指向测线前进的方向,η 轴垂直于ζ轴构成右手坐标系。

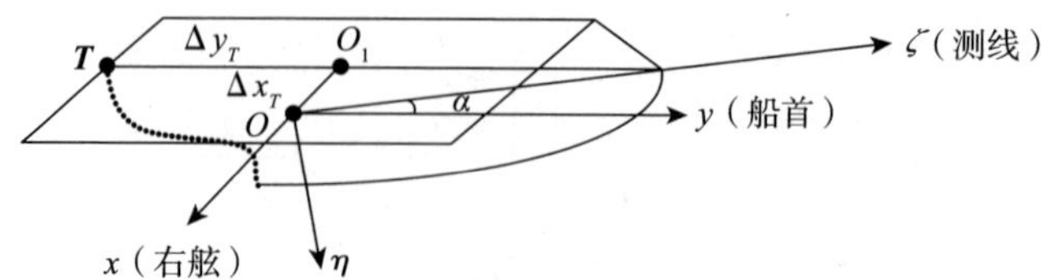

图 5-3-1　船载坐标系与测线坐标系

在船载坐标系中,设测船 GPS 接收天线中心与测船拖点 T 之间位移分别为 $-x_T$,$-y_T$。测船在航行时受风、流、浪等因素的影响产生艏摇,因此,尽管测船 GPS 接收天线与测船拖点 T 相对位置不变,但是在测线坐标系中的位移随着测船航向的变化改变。设 α 为船首晃动角,当船首沿前进方向位于测线右侧时取正值。使用坐标旋转矩阵,测船拖点 T 在测线坐标系中的表达式为

$$\begin{bmatrix}\eta_T\\ \zeta_T\end{bmatrix}=\begin{bmatrix}\cos\alpha & \sin\alpha\\ -\sin\alpha & \cos\alpha\end{bmatrix}=\begin{bmatrix}-x_T\\ -y_T\end{bmatrix} \tag{5-3-1}$$

测线坐标系和高斯平面直角坐标系的关系如图 5-3-2 所示,则测船拖点在高斯平面直角坐标系中的坐标(X_T,Y_T)为

$$\begin{bmatrix}X_T\\ Y_T\end{bmatrix}=\begin{bmatrix}X_O\\ Y_O\end{bmatrix}+\begin{bmatrix}\cos\beta & -\sin\beta\\ \sin\beta & \cos\beta\end{bmatrix}=\begin{bmatrix}\zeta_T\\ \eta_T\end{bmatrix} \tag{5-3-2}$$

式中:X_O 和 Y_O 为 GPS 接收天线位置在高斯平面直角坐标系中的位置。

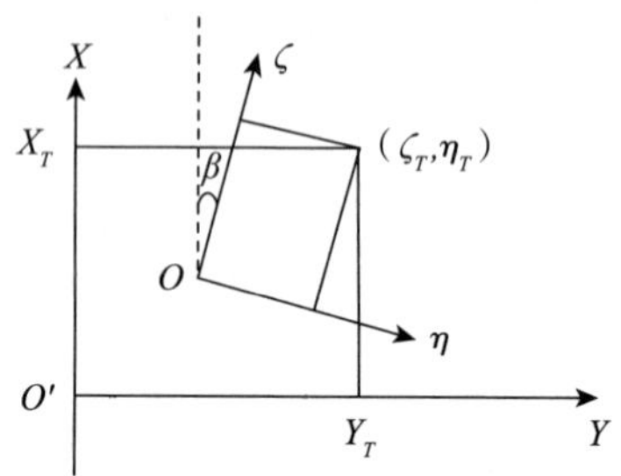

图 5-3-2　测线坐标系和高斯平面直角坐标系的关系

二、磁测点位置计算公式

不考虑风、海流等因素的影响,假设测船和拖鱼沿计划测线保持直线航行,测船和拖鱼的剖面位置关系、平面位置如图 5-3-3 所示,L 为拖缆长度,μ 为拖曳系统的倾角,h 为测船拖点 T 到拖鱼的垂直高度。拖鱼相对于测船拖点在高斯平面直角坐标系中的位移表示为

$$\begin{cases}\Delta X_F = L_1\cos(\alpha+\beta)\\ \Delta Y_F = L_1\sin(\alpha+\beta)\end{cases} \tag{5-3-3}$$

式中：L_1 为拖缆长度 L 在水平面上的投影长度，即 $L_1=\sqrt{L^2-h^2}$。

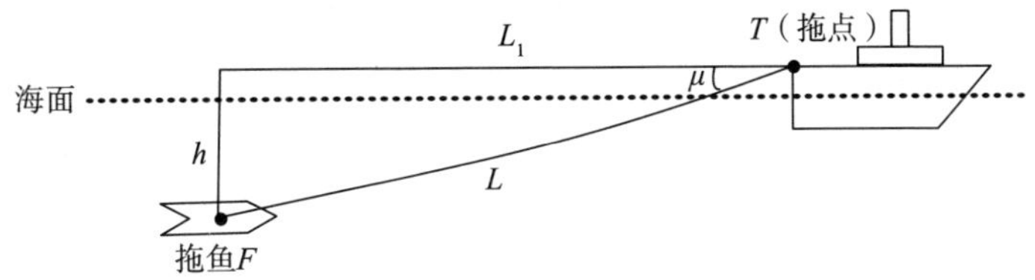

（a）拖曳系统平面图

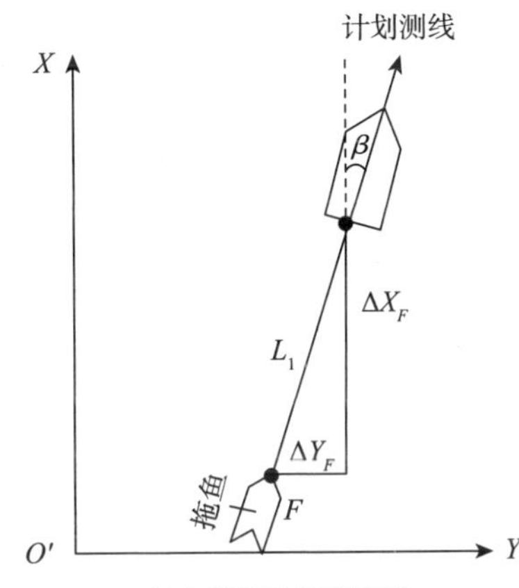

（b）拖曳系统剖面图

图 5-3-3　拖曳系统关系

进而，由测船拖点位置(X_T,Y_T)，即可得到拖鱼在高斯平面直角坐标系中的位置(X_F,Y_F)，表示为

$$\begin{bmatrix} X_F \\ Y_F \end{bmatrix}=\begin{bmatrix} X_T \\ Y_T \end{bmatrix}-\begin{bmatrix} \Delta X_F \\ \Delta Y_F \end{bmatrix} \tag{5-3-4}$$

这种简单的计算方法（后面称简单算法），就是目前我国海洋磁力测量中常用的将定位点位置坐标计算到磁测点位置的方法。

三、顾及海流、海风影响下的改进方法

在实际海洋磁力测量中，在海流、海风等因素的影响下，测船的航向与航迹向是不一致的，测船的航迹通常呈波动变化，拖鱼的航迹与测船的航迹一般也是不一致的，为了讨论问题方便，下面先将海流、海风的影响分开，分析测船和拖鱼的位置关系及计算方法，再将各种影响叠加起来形成总的计算方法。

1. 海流影响下的计算方法

首先假定在没有海风的情况下，仅考虑测船和拖鱼同时受海流的影响拖点位置到测点位置的计算问题。

为简单起见，设定计划测线是由南到北（$\beta=0$），如图 5-3-4 所示。在某一

小范围海域内，影响测船和拖鱼的海流矢量 v_c 可以认为是一个恒定的量，考虑在海洋磁力测量的每条测线中，测船航行速度(即测船对水的相对速度)v 是不变的，为了使测船能沿计划测线航行，从流速、流向和航速的关系不难计算流压角 γ，进而求出测船的航向 α，航向角 α=计划测线的方位角 β+流压角 γ，此处已假定 $\beta=0$，故 $\alpha=\gamma$。只要测船保持航向 α 和航速 v，测船的航迹线就与计划测线一致。测船的航迹线可认为是由测船对水体的运动和水体对地的运动叠加的结果。

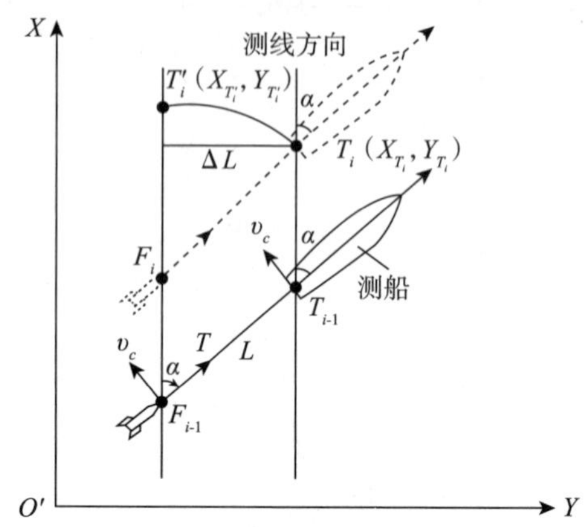

图 5-3-4　海流对测点位置的影响示意图

从对水体的运动考虑，拖鱼在测船的牵引下与测船保持同步航行，即拖鱼的航向和航速与测船的一致，再叠加上相同的水体对地的运动，可知拖鱼的航迹线如图 5-3-4 所示，与计划测线平行，但偏离一定距离 ΔL，偏移量的大小与航向、航速、流向、流速及拖缆长度 L 有关。

此时，只要将测船拖点的位置 $T_i(X_T,Y_T)$ 修正到拖鱼的航迹 $T_i'(X_T,Y_T)$ 上，就可以按照上述简单算法进一步将定位点的位置坐标计算到磁测点位置。从图 5-3-4 不难得到计算公式：

$$\begin{cases} X'_{T_i}=X_{T_i}+L\cos\alpha \\ Y'_{T_i}=Y_{T_i}+L\sin\alpha \end{cases} \tag{5-3-5}$$

式中：(X'_{T_i},Y'_{T_i}) 为修正后的测船拖点位置。

拖鱼到测点的距离与简单算法一样计算，流压角 γ 可以根据航速、航向和流速、流向计算，进而算出航向角 α。在没有海风影响时也可以通过实时记录海洋磁力测量中测船罗经实际航向得到航向角 α；顾及海风影响时则可以根据航速、航向和风速、风向计算风压角 ε，再从实际航向角 α 减去风压角 ε 得到经考虑海流影响的航向角 α。

2. 海风影响下的计算方法

假定在没有海流的情况下，仅考虑测船受海风的影响下拖点位置到测点位置的计算问题。同样,设定计划测线是由南到北,如图 5-3-5 所示。在某一小范围海域内,影响测船的海风矢量 v_f 可以认为是一个恒定的量,考虑在海洋磁力测量的每条测线中,测船航行速度 v 是不变的,为了使测船能沿计划测线航行,从风速、风向、航速和船型的关系可以计算风压角 ε,进而求出测船的航向 $\alpha=\beta+\varepsilon$,此处 $\beta=0$,故 $\alpha=\varepsilon$。只要测船保持航向 α 和航速 v,测船的航迹线就与计划测线一致。

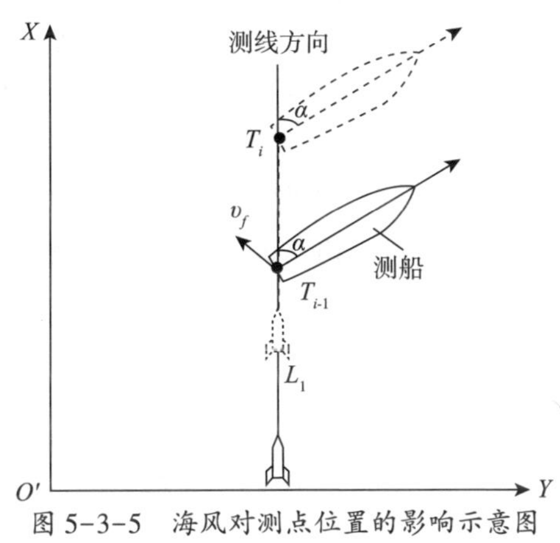

图 5-3-5　海风对测点位置的影响示意图

拖鱼在水面以下,受到海风的直接影响很小,可以忽略,这样拖鱼的航迹线就与测船航迹线是一致的。此时,可以按照上述简单算法直接将定位点的位置坐标计算得到磁测点位置。

3. 海风和海流联合影响下的计算方法

同样,假设计划测线是由南到北,在海风、海流的联合影响情况下,如图 5-3-6所示。测船的航向角为 $\alpha'=\beta+\gamma+\varepsilon=\gamma+\varepsilon$(此处,$\beta=0$),拖鱼受风的影响可以忽略,故拖鱼与拖点的连线与航向角 α 差一个方向角 ε,即用式(5-3-5)计算时,$\alpha=\beta+\gamma$。

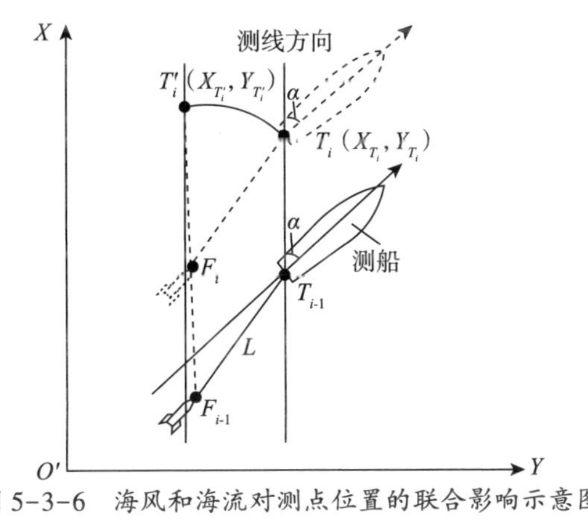

图 5-3-6　海风和海流对测点位置的联合影响示意图

特别要注意的是,通过实时记录海洋磁力测量中测船罗经的实际航向 α',进行海流影响修正时,必须顾及海风影响产生的风压角,即从实际航向角 α'减去风压角 ε 得到经考虑海流影响的航向角 α,风压角通常可以根据航速、航向、风速、风向和船体的形状等参数计算,一般测量船都有相应的计算公式。

4. 顾及测线波动的改进方法

在实际海洋磁力测量中,测船受到的海风、海流等因素的影响通常不是恒定的,使得测船和拖曳系统的实际航迹线与计划航线不能完全一致,测船的实际航迹线一般是围绕计划航线呈波动变化的,如图 5-3-7 所示,拖鱼实际航迹线也会随着测船的实际航迹线一起波动变化,考虑测船和拖鱼的拖缆是用缆绳连接的,并非刚体系统,通常当测船转大圈时,拖鱼会转小圈,测船航迹线左右波动时,拖鱼会小幅波动,即可认为拖鱼的运动滞后于测船的运动,拖鱼的波动航迹线是测船波动航迹线滤波之后的结果。

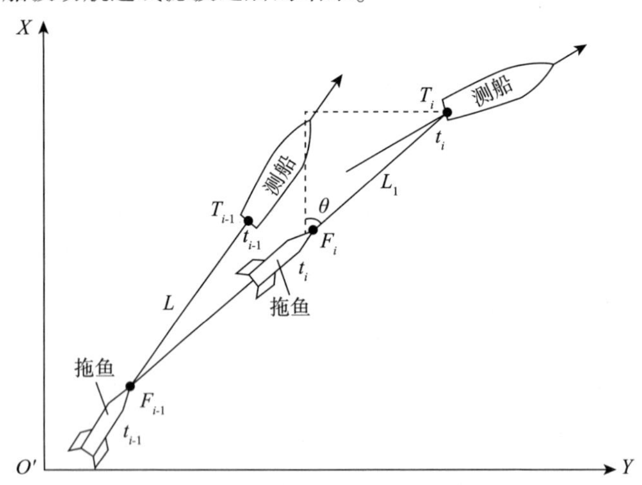

图 5-3-7　直线线性法示意图

针对上述分析,本书提出了用直线线性法计算磁测点位置。直线线性法的原理如图 5-3-7 所示,即假设某时刻磁测点位置位于该时刻测船拖点与前一时刻磁测点位置连线上,并通过拖缆长度在水平面上的投影长度来得到该时刻磁测点位置,具体算法如下:

已知测船和磁测点在 t_{t-1} 时刻位置分别为 $T_{i-1}(X_{T_{i-1}}, Y_{T_{i-1}})$ 和 $F_{i-1}(X_{F_{i-1}}, Y_{F_{i-1}})$,并且测船在 t_i 时刻的位置 $T_i(X_{T_i}, Y_{T_i})$,而磁测点在 t_i 时刻的位置 $F_i(X_{F_i}, Y_{F_i})$应该位于测船在 t_i 时刻的位置 T_i 和磁测点在 t_{i-1}时刻位置 F_{i-1}的连线上,即可求得磁测点在 t_i 时刻的位置 F_i,用公式表示如下:

$$\begin{cases} X_{F_i} = X_{T_i} - L_1\sin\theta \\ Y_{F_i} = Y_{T_i} - L_1\cos\theta \end{cases} \tag{5-3-6}$$

式中：$\theta = \arctan \dfrac{Y_{T_i} - Y_{F_{i-1}}}{X_{T_i} - X_{F_{i-1}}}$；$L_1$ 为拖缆长度 L 在水平面上的投影长度，即 $L_1 = L\cos\mu$。

采用直线线性法进行磁测点位置计算时，必须知道磁测点在初始时刻 t_0 的真实位置 F_0，但是测船开始上线时，F_0 是未知的。初始 F_0 的位置可以用简单算法计算得到。

特殊地，当测船和拖鱼严格沿计划测线直线航行时，直线线性法则简化为式(5-3-5)的情况，即简单算法。

实际的海洋磁力测量中，为了使测船和拖鱼沿计划测线航行，测船一般要求提前500m上线，并且尽量使测船保持匀速直线航行，这样就保证了磁测点初始时刻位置 F_0 的准确性。

5. 计算步骤

本书将磁测点位置的计算步骤总结如下：

(1)根据航速、航向和风速、风向和船体的形状等参数计算风压角 ε。

(2)根据流速、流向和航速计算流压角 γ。

(3)计算考虑海流及海风影响下的测船实际航向 $\alpha'=\beta+\gamma+\varepsilon$，也可从测船磁罗经得到 α'，则 $\alpha=\alpha'-\varepsilon$。

(4)根据测船航向 α 将测船航迹计算到拖鱼的航迹上。

(5)采用简单算法或直线线性法计算磁测点的位置。

第四节　海洋磁力测量正常场校正

海洋磁力测量的最终目的是获得高精度的反映测区磁异常分布的等值线图(磁异常等值线图)，而海洋磁力仪测得的是海上某点的磁场总强度值，因此，为了得到测点磁异常必须对磁测数据进行地磁正常场校正。由于选取的地磁正常场不同，故计算的地磁异常场也不完全相同。

当选取IGRF模型作为正常场模型时，如第二章第四节所述，国际地磁参考场模型在研究全球地磁场分布时效果较好，各国绘制的不同地区的地磁异常图便于比较。但是由于数据和计算能力的限制，它的分辨能力是有限的，不适宜处理某一区域磁场或描述空间尺度较小的磁异常差异，在我国大部分地区，计算的地磁异常均为负异常，磁异常的分布不够均衡，忽略了区域性地壳磁异常的影响。例如，IGRF模型，最高截断阶数 N 一般为8~12阶，包含80~168个球谐系数，相应的最短空间波长越位5000~3300km。如果要分辨100km的波长，

要求 $N=400$,这时要有 160800 个球谐系数,即使在计算技术发达的今天,这仍然是非常繁复的计算。至于只有局部地区测值的情况,球谐分析所得的结果既不稳定,也不可靠。而海洋磁力测量的特点是测线密和点距小,适合研究小构造和探查油气矿产资源,因此应采用区域地磁场模型。

区域正常场模型中,多项式模型计算简单,并且适用方便,但是它不满足地磁场位势理论的物理限制,不能给出地磁场的三维结构。地磁场冠谐模型计算比较复杂,但是它具有许多优点;满足地磁场的位势理论,可以表示地磁场的三维结构;由于地磁场模型来自统一的拉普拉斯方程,因而各个要素的分布不会出现自相矛盾的现象。所以冠谐分析方法是建立区域地磁场模型的一种好方法。矩谐模型虽然可以表示地磁场的三维结构,但是其在研究区域的边缘会发生振荡现象,因此它虽能刻画较短波长,在应用上不如多项式模型广泛。值得注意的是,这些区域正常场模型大多采用分布在我国大陆地磁台或地磁测点建立的,在大陆地区有较高的精度,当用来模拟海洋区域地磁场分布时就会产生很大的误差。

因此,现阶段我国海洋磁力测量地磁正常场校正采用国际高空物理和地磁协会最新的国际参考场模型,目前最新模型为 IGRF13,有限期从 2020 年 1 月 1 日—2024 年 12 月 31 日。IGRF13 模型的系数如表 5-4-1 所列。

表 5-4-1　IGRF13 最终系数模型(主磁场单位为 nT,年变率单位为 nT/年)

n	m	$g_n^m(t_0)$	$h_n^m(t_0)$	$\dot{g}_n^m(t_0)$	$\dot{h}_n^m(t_0)$
1	0	−29438.5		10.7	
1	1	−1501.1	4796.2	17.9	−26.8
2	0	−2445.3		−8.6	0.0
2	1	3012.5	−2845.6	−3.3	−27.1
2	2	1676.6	−642.0	2.4	−13.3
3	0	1351.1		3.1	
3	1	−2352.3	−115.3	−6.2	8.4
3	2	1225.6	245.0	−0.4	−0.4
3	3	581.9	−538.3	−10.4	2.3
4	0	907.2		−0.4	
4	1	813.7	283.4	0.8	−0.6
4	2	120.3	−188.6	−9.2	5.3
4	3	−335.0	180.9	4.0	3.0
4	4	70.3	−329.5	−4.2	−5.3
5	0	−232.6		−0.2	

续表

n	m	$g_n^m(t_0)$	$h_n^m(t_0)$	$\dot{g}_n^m(t_0)$	$\dot{h}_n^m(t_0)$
5	1	360.1	47.4	0.1	0.4
5	2	192.4	196.9	-1.4	1.6
5	3	-141.0	-119.4	0.0	-1.1
5	4	-157.4	16.1	1.3	3.3
5	5	4.3	100.1	3.8	0.1
6	0	69.5		-0.5	
6	1	67.4	-20.7	-0.2	0.0
6	2	72.8	33.2	-0.6	-2.2
6	3	-129.8	58.8	2.4	-0.7
6	4	-29.0	-66.5	-1.1	0.1
6	5	13.2	7.3	0.3	0.1
6	6	-70.9	62.5	1.5	1.3
7	0	81.6		0.2	
7	1	-76.1	-54.1	-0.2	0.7
7	2	-6.8	-19.4	-0.4	0.5
7	3	51.9	5.6	1.3	-0.2
7	4	15.0	24.4	0.2	-0.1
7	5	9.3	3.3	-0.4	-0.7
7	6	-2.8	-27.5	-0.9	0.1
7	7	6.7	-2.3	0.3	0.1
8	0	24.0		0.0	
8	1	8.6	10.2	0.1	-0.3
8	2	-16.9	-18.1	-0.5	0.3
8	3	-3.2	13.2	0.5	0.3
8	4	-20.6	-14.6	-0.2	0.6
8	5	13.3	16.2	0.4	-0.1
8	6	11.7	5.7	0.2	-0.2
8	7	-16.0	-9.1	-0.4	0.3
8	8	-2.0	2.2	0.3	0.0
9	0	5.4		0.0	-0.2
9	1	8.8	-21.6	-0.1	-0.1
9	2	3.1	10.8	-0.1	-0.2
9	3	-3.1	11.7	0.4	0.1

续表

n	m	$g_n^m(t_0)$	$h_n^m(t_0)$	$\dot{g}_n^m(t_0)$	$\dot{h}_n^m(t_0)$
9	4	0. 6	+6. 8	−0. 5	0. 1
9	5	−13. 3	−6. 9	−0. 2	0. 0
9	6	−0. 1	7. 8	0. 1	−0. 2
9	7	8. 7	1. 0	0. 0	0. 4
9	8	−9. 1	−3. 9	−0. 2	0. 3
9	9	−10. 5	8. 5	−0. 1	
10	0	−1. 9		0. 0	0. 1
10	1	−6. 5	3. 3	0. 0	−0. 1
10	2	0. 2	−0. 3	−0. 1	0. 0
10	3	0. 6	4. 6	0. 3	0. 0
10	4	−0. 6	4. 4	−0. 1	−0. 2
10	5	1. 7	−7. 9	−0. 1	0. 1
10	6	−0. 7	−0. 6	−0. 1	−0. 1
10	7	2. 1	−4. 1	0. 0	−0. 2
10	8	2. 3	−2. 8	−0. 2	0. 1
10	9	−1. 8	−1. 1	−0. 1	−0. 1
10	10	−3. 6	−8. 7	−0. 2	
11	0	3. 1		0. 0	0. 0
11	1	−1. 5	−0. 1	0. 0	0. 1
11	2	−2. 3	2. 1	−0. 1	0. 0
11	3	2. 1	−0. 7	0. 1	0. 1
11	4	−0. 9	−1. 1	0. 0	0. 0
11	5	0. 6	0. 7	0. 0	0. 0
11	6	−0. 7	−0. 2	0. 0	0. 1
11	7	0. 2	−2. 1	0. 0	0. 0
11	8	1. 7	−1. 5	0. 0	−0. 1
11	9	−0. 2	−2. 5	0. 0	0. 0
11	10	0. 4	−2. 0	−0. 1	−0. 1
11	11	3. 5	−2. 3	−0. 1	
12	0	−2. 0		0. 1	0. 0
12	1	−0. 3	−1. 0	0. 0	0. 0
12	2	0. 4	0. 5	0. 0	−0. 1

续表

n	m	$g_n^m(t_0)$	$h_n^m(t_0)$	$\dot{g}_n^m(t_0)$	$\dot{h}_n^m(t_0)$
12	3	1.3	1.8	0.1	0.0
12	4	−0.9	−2.2	−0.1	0.0
12	5	0.9	0.3	0.0	0.0
12	6	0.1	0.7	0.1	0.0
12	7	0.5	−0.1	0.0	0.0
12	8	−0.4	0.3	0.0	0.0
12	9	0.4	0.2	0.0	0.0
12	10	0.2	−0.9	0.0	0.0
12	11	−0.9	−0.2	0.0	0.0
12	12	0.0	0.7	0.0	0.0

由表 5-4-1 可以看出，IGRF13 模型由两组 12 阶高斯系数构成。一组提供 2015 年主磁场的球谐阶数系数，单位为 nT；另一组提供从 2020—2025 年的年变率，单位为 nT/年。长期变化的数据从 2020 年前的数据获得。特殊地，其从两个模型获取，一个代表主磁场从 2018 年 5 月开始的年变化的平均值，另一个代表从 2020 年模型外推的年变化。然而，从 WMM 模型发布以来，最好地体现了主磁场模型的演变，并且期望在模型的有限期内产生的地磁场值在规定的不确定度内。

下面给出了给定地点和时间 $(\lambda, \varphi, h_{MSL}, t)$ 计算主磁场分量的逐步计算过程，其中 λ 为地理经度，φ 为地理纬度，h_{MSL} 为从平均海面（Mean Sea Level，MSL）起算的高度，t 为给定时间，单位为小数年。

第一步，用户需要提供计算磁场分量的时间、地点和高度。利用 EGM96 重力模型将平均海面高度转换为 WGS-84 参考椭球的高程。通过在空间分辨率为 15′内插网格点获取大地高。这个步骤将平均海面高转换为 WGS-84 高程，但是对地磁场值的影响非常小（小于 1nT）。在大多数的执行中并不是必要的。需要注意的是，用户可以在软件中直接将数据转换为 WGS-84 椭球面高度。

将大地坐标 (λ, φ, h) 转换为大地经纬度坐标(λ, φ', r)。在两个坐标系统中，λ 是一样的。而(φ', r)则通过以下公式由(φ, h)转换得到：

$$\begin{cases} p = (R_c + h)\cos\varphi \\ z = (R_c(1 - e^2) + h)\sin\varphi \\ r = \sqrt{p^2 + z^2} \\ \varphi' = \arcsin\dfrac{z}{r} \end{cases} \tag{5-4-1}$$

这里，$p=\sqrt{x^2+y^2}$，(x,y,z) 为笛卡儿坐标，x 轴的正向为本初子午线的方向($\lambda=0$)，z 轴的正向为地球的自转轴方向；A 为椭球长半径；$1/f$ 为相对扁率；e^2 为偏心率的平方；东西向曲率半径在给定的纬度 φ 相对 WGS-84 椭球为

$$\begin{cases} A=6378137 \\ \dfrac{1}{f}=298.257223563 \\ e^2=f(2-f) \\ R_e=\dfrac{A}{\sqrt{1-e^2\sin^2\varphi}} \end{cases} \tag{5-4-2}$$

第二步，高斯系数 $g_n^m(t)$ 和 $h_n^m(t)$ 由模型系数 $g_n^m(t_0)$、$h_n^m(t_0)$、$\dot{g}_n^m(t_0)$、$\dot{h}_n^m(t_0)$以及给定的时间 t 确定。

$$\begin{cases} g_n^m(t)=g_n^m(t_0)+(t-t_0)\dot{g}_n^m(t_0) \\ h_n^m(t)=h_n^m(t_0)+(t-t_0)\dot{h}_n^m(t_0) \end{cases} \tag{5-4-3}$$

式中:时间为小数年，$t_0=2020.0$ 为模型的起始日期；$g_n^m(t_0)$、$h_n^m(t_0)$称为主磁场系数；$\dot{g}_n^m(t_0)$、$\dot{h}_n^m(t_0)$称为长期变化系数。

第三步，磁场分量 X'，Y'和 Z'在地心坐标中可表示为

$$\begin{aligned} X'(\lambda,\varphi',r) &= -\frac{1}{r}\frac{\partial V}{\partial \varphi'} \\ &= -\sum_{n=1}^{12}\left(\frac{a}{r}\right)^{n+2}\sum_{m=0}^{n}\left(g_n^m(t)\cos(m\lambda)+h_n^m(t)\sin(m\lambda)\right)\frac{\mathrm{d}\breve{P}_n^m(\sin\varphi')}{\mathrm{d}\varphi'} \end{aligned} \tag{5-4-4}$$

$$\begin{aligned} Y'(\lambda,\varphi',r) &= -\frac{1}{r\cos\varphi'}\frac{\partial V}{\partial \lambda} \\ &= \frac{1}{\cos\varphi'}\sum_{n=1}^{12}\left(\frac{a}{r}\right)^{n+2}\sum_{m=0}^{n}m\left(g_n^m(t)\sin(m\lambda)-h_n^m(t)\cos(m\lambda)\right)\breve{P}_n^m(\sin\varphi') \end{aligned} \tag{5-4-5}$$

$$\begin{aligned} Z'(\lambda,\varphi',r) &= \frac{\partial V}{\partial r} \\ &= -\sum_{n=1}^{12}(n+1)\left(\frac{a}{r}\right)^{n+2}\sum_{m=0}^{n}\left(g_n^m(t)\cos(m\lambda)+h_n^m(t)\sin(m\lambda)\right)\breve{P}_n^m(\sin\varphi') \end{aligned} \tag{5-4-6}$$

这里，地磁场分量的长期变化也由下式计算。

$$\dot{X}'(\lambda,\varphi',r) = -\frac{1}{r}\frac{\partial \dot{V}}{\partial \varphi'}$$
$$= -\sum_{n=1}^{12}\left(\frac{a}{r}\right)^{n+2}\sum_{m=0}^{n}(\dot{g}_n^m(t)\cos(m\lambda) + \dot{h}_n^m(t)\sin(m\lambda))\frac{\mathrm{d}\breve{P}_n^m(\sin\varphi')}{\mathrm{d}\varphi'}$$
(5-4-7)

$$\dot{Y}'(\lambda,\varphi',r) = -\frac{1}{r\cos\varphi'}\frac{\partial \dot{V}}{\partial \lambda}$$
$$= \frac{1}{\cos\varphi'}\sum_{n=1}^{12}\left(\frac{a}{r}\right)^{n+2}\sum_{m=0}^{n}m(\dot{g}_n^m(t)\sin(m\lambda) - \dot{h}_n^m(t)\cos(m\lambda))\breve{P}_n^m(\sin\varphi')$$
(5-4-8)

$$\dot{Z}'(\lambda,\varphi',r) = \frac{\partial \dot{V}}{\partial r}$$
$$= -\sum_{n=1}^{12}(n+1)\left(\frac{a}{r}\right)^{n+2}\sum_{m=0}^{n}(\dot{g}_n^m(t)\cos(m\lambda) + \dot{h}_n^m(t)\sin(m\lambda))\breve{P}_n^m(\sin\varphi')$$
(5-4-9)

$$\frac{\mathrm{d}\breve{P}_n^m(\sin\varphi')}{\mathrm{d}\varphi'} = (n+1)(\tan\varphi')\mathrm{d}\breve{P}_n^m(\sin\varphi') - \sqrt{(n+1)^2 - m^2}(\sec\varphi')\mathrm{d}\breve{P}_n^m(\sin\varphi')$$
(5-4-10)

第四步,利用下式可以将地磁场分量 X',Y'和 Z'旋转至椭球参考框架的值:

$$\begin{cases} X = X'\cos(\varphi' - \varphi) - Z'\sin(\varphi' - \varphi) \\ Y = Y' \\ Z = X'\sin(\varphi' - \varphi) + Z'\cos(\varphi' - \varphi) \end{cases} \tag{5-4-11}$$

同理,时变磁场分量 $\dot{X}'$,$\dot{Y}'$和 $\dot{Z}'$也可以按下式进行转换:

$$\begin{cases} \dot{X} = \dot{X}'\cos(\varphi' - \varphi) - \dot{Z}'\sin(\varphi' - \varphi) \\ \dot{Y} = \dot{Y}' \\ \dot{Z} = \dot{X}'\sin(\varphi' - \varphi) + \dot{Z}'\cos(\varphi' - \varphi) \end{cases} \tag{5-4-12}$$

最后,磁场分量 H , F , I 和 D 可以由直角坐标系得到:

$$H = \sqrt{X^2 + Y^2}, F = \sqrt{H^2 + Z^2}, I = \arctan(Z,H), D = \arctan(Y,X)$$
(5-4-13)

考虑角度象限,为避免被除数为零,导致磁偏角范围为$-\pi \sim \pi$,倾角范围为$-\pi/2 \sim \pi/2$,这些角度可通过 IGRF 软件以度为单位输出。

这些分量的长期变化可由下式得到:

$$\begin{cases}\dot{H}=\dfrac{X\cdot\dot{X}+Y\cdot\dot{Y}}{H}\\ \dot{F}=\dfrac{X\cdot\dot{X}+Y\cdot\dot{Y}+Z\cdot\dot{Z}}{F}\\ \dot{I}=\dfrac{H\cdot\dot{Z}-Z\cdot\dot{H}}{F^2}\\ \dot{D}=\dfrac{X\cdot\dot{Y}-Y\cdot\dot{X}}{H^2}\end{cases} \tag{5-4-14}$$

其中：$\dot{I}$，$\dot{D}$ 单位为 rad/年。

计算得到海上任意一点 $P(x,y)$、在任一时间 t、任意高度 h 的地磁正常场值 $T_0(x,y,h,t)$，最终计算得到任意一点在某一时刻的磁异常值 $\Delta T(x,y,h,t)$。

$$\Delta T(x,y,h,t)=T(x,y,h,t)-T_0(x,y,h,t) \tag{5-4-15}$$

式中：$T(x,y,h,t)$ 为海上 $P(x,y)$ 点的磁测值。需要指出的是，在全球地磁场模型中，通常用 F 表示总场强度值，而在海洋磁力测量中，通常采用 T 来代表总场强度值。

第五节　海洋磁力测量地磁日变改正

本书第二章第五节介绍了地球变化磁场，其中地磁日变化是影响海洋磁力测量的主要因素，通常根据地磁将日变化分为静日变化和扰日变化两种。磁扰变化幅度低于 100nT 的变化为静日变化，相应日期称为磁静日，一般磁静日变化范围在 10～40nT，而磁扰日变化可达 1000nT，远高于目前的磁测仪器测量误差，必须进行有效改正。在测区或附近设立日变监测站获取测区地磁日变化信息并进行改正是消除地磁日变的基本途径。

地磁日变的有效改正涉及以下问题：地磁日变化的时、空规律如何？日变监测站（以下简称日变站）应如何布设才能对测区实施有效控制？日变改正应采用怎样的模型和算法？而这些问题正是日变改正的关键，同时在目前的相关规范或作业规定中尚不明确或做法缺乏充分的理论依据，因此本节将针对这些问题展开研究，以期使日变改正满足测量成果的精度要求。

一、地磁日变改正的理论和模式研究

地磁日变站的地磁场总强度观测结果表现为时间序列，不妨记为关于时间的连续函数：

$$T(t) = \bar{T} + S(t) = \bar{T} + S_Q(t) + D(t) + \Delta \tag{5-5-1}$$

式中：$T(t)$为t时刻的观测总强度；$\bar{T}$为日变站点地磁场总强度的(似)稳态成分，称为日变基值；$S_Q(t)$为规则变化或称静日变化量；$D(t)$为非规则变化量，即各种扰动变化的总和，Δ为观测噪声。

目前，地磁日变观测采用的日变仪器精度可达0.01nT量级，远高于一般的磁测精度要求，因此观测噪声可以忽略不计，或通过数据的平滑与滤波予以消除或削弱。

太阳和日变站地点相对变化的日周期决定了规则变化的日周期特性，当然由于太阳对电离层的电离作用与太阳的照射角度有关，这种周期变化一般并不呈现规则的波动形式。

根据本书第二章第六节的分析，地磁扰动具有极强的不规则性，难以在较长的时间尺度内描述为确定的函数关系。以我国海域的磁力测量为研究对象，所涉及的扰动主要包括磁暴、干扰和地磁脉动。而且，在海洋磁力测量中通常要求：磁暴发生期间，必须准确记录初动、持续、消失的时间，并及时通知测船重测该时段数据。所以，磁暴期间的日变站监测数据主要用于标定这种强烈干扰的过程，不用于地磁改正。

由于地磁扰动难以由理论给出其变化的描述，作为应用研究，本书将所有扰动变化视为一个综合过程$S(t)$看待。

二、地磁日变的改正机理

地磁日变的改正机理是将地磁变化视为时空分布的函数，属于地磁观测量中的系统误差，通过观测的方法对系统误差实施固定点监测，并推算该系统差的时空分布规律，修正于所有测点的地磁观测值。在不顾及地磁日变观测噪声的前提下，将日变改正的过程描述为以下几点：

(1)在日变观测数据中扣除日变基值，提取地磁变化量：

$$S_0(t) = T(t) - \bar{T} \tag{5-5-2}$$

(2)根据变化量随时间和空间的变化，由单一或多个地磁日变站的监测数据经过映射或数学变换得到海上动态磁测点X的变化量：

$$S(X,t) = f\left[\ \| X - X_{i0} \|, t, S_{i0}(t)\ \right] \tag{5-5-3}$$

式中：下标i为日变站的序号，下标0用以标识日变站；X为位置；$\| \ \|$表示距离。

(3)在海上动态测点的观测数据中扣除瞬时变化成分，即可得到稳态地磁信息(总强度)：

$$\bar{T}_X = T_X(t) - S_X(t) \tag{5-5-4}$$

事实上,地磁日变改正的基本思想在海道测量的多种作业项目中均有所应用,如无线电定位中的相位漂移监测与修正、水深测量中的水位改正等。但对海洋磁力测量而言,地磁日变相对测量精度要求往往有更大的量级,以及变化过程的规律更为复杂,而且存在其特殊性。

三、地磁日变改正的关键技术研究

由日变改正的机理与过程可见,高精度日变改正的实现依赖于地磁日变基值的确定以及地磁日变改正量的时空推算。

(一)地磁日变基值的确定

地磁日变基值起着磁测数据表示基准的作用,该基值的确定包括长期日变基值的确定、短期日变基值的确定和地磁日变基值的站间传算。

1.长期日变基值的确定

长期日变站日变基准的确定可通过对所有时段或多个分时段的地磁观测序列,采用时序叠加法取平均实现,取平均的计算具有滤波的性质,即将平均算子对观测时间序列作用,通过低通滤波以获得似稳态基值,即对于给定的观测序列 $T_n(n = 1,2,\cdots,N)$,有

$$\bar{T} = \frac{\sum_{n=1}^{N} T_n}{N} \tag{5-5-5}$$

日变数据通常以等间隔高密度序列构成。关于求平均所用的数据长度,分别可形成一项测量任务整个观测期间的平均值和各子序列的平均值,分别称为全局平均值和短期平均值。

如获得若干个短期平均值,分别记为 $\bar{T}_k(k=1,2,\cdots,K)$,每一序列包括的数据个数分别为 N_k ,由式(5-5-5)计算得

$$\bar{T}_k = \frac{\sum_{i=1}^{N_k} T_i}{N_k} \tag{5-5-6}$$

则可根据 K 个短期平均值构成的序列 $\bar{T}_k$ 由加权平均法计算全局平均值:

$$\bar{T} = \frac{\sum_{k=1}^{K} p_k \bar{T}_k}{\sum_{k=1}^{K} p_k} \tag{5-5-7}$$

式中：p_k 为对第 k 个子序列平均值所加的权。

当认为各子序列的精度与时间长度成正比时，则子序列平均的权可取为 N_k 。

由子序列平均值计算全局平均值，时段的划分可基于以下三种考虑：

(1)顾及平稳变化的日周期基本规律，子序列的长度取为 1 天。

(2)由日变曲线，截取规则变化部分，每一部分形成一个子序列。

(3)取无扰动变化的周日观测构成子序列，即在计算总体基值时扣除扰动变化日期的观测值。

下面对基值确定方法做如下分析。

稳态地磁场参数由地球的内源场决定，不包括外源作用产生的强烈扰动，因此，由无扰动的，即磁静日观测的地磁日变数据取各子序列的总体平均更为合理。这要求子序列按前述第(2)和第(3)种方式划分。进一步考虑静日变化的周期性，根据滤波的原理，第(3)种子序列构造方法更为可取。当然，若观测的总时间足够长，所有平均方法的计算结果将趋于一致。

对基值的精度分析思路：认为各子序列的平均值基本消除了规则的静日变化，各观测序列的均值假定服从正态分布，则单位权中误差估计公式为

$$\hat{\sigma}_0 = \sqrt{\frac{[pvv]}{K-1}} \tag{5-5-8}$$

而总体平均值的中误差为

$$\hat{\sigma}_0 = \sqrt{\frac{[pvv]}{[p](K-1)}} \tag{5-5-9}$$

其结果可由适当长的多个序列的差异统计检核。

2.短期日变基值的确定

短期日变基值的确定方法有平均值法、基时刻法、基时段法和加权平均法等。

1)平均值法

在传统的地磁日变改正中，采取求地磁日变平静日的日变数据平均值作为地磁日变基值。对于短期测量，可取地磁平静日连续 24h 或 48h 的观测值作为整个测量时段测量值，也可取整个测量时段求平均值来确定。

若将地磁日变站磁力测量值视为时间的单值连续函数，则地磁日变基值的数学模型为

$$T_0 = \frac{1}{a-b}\int_a^b T(t)\,\mathrm{d}t \tag{5-5-10}$$

将地磁日变站磁测值视为等时间间隔的观测序列,离散化的地磁日变基值数学模型可表示为

$$T_0 = \frac{1}{n}\sum_{1}^{n} T_i \quad ,i = 1,2,\cdots,n \tag{5-5-11}$$

2)基时刻法

取每个磁静日开始时刻零时观测值作为早基值;取该日结束时刻 24 时的观测值作为晚基值。然后取当日的早基值和晚基值平均值作为当日的地磁日变基值。取所有磁平静日地磁日变基值的算术平均值作为该地磁日变站基值,数学模型为

$$T_0 = \frac{1}{2}(T_z + T_w) \tag{5-5-12}$$

式中:T_z 为起始时刻磁测值;T_w 为结束时刻磁测值。

3)基时段法

根据地磁日变化特征,地磁日变化在夜间比白天小,每日的零时到 2 时左右和 22 时到 24 时左右的地磁日变化相对稳定,期间对海洋磁力测量的影响也最小。将地磁日变曲线早、晚比较平滑的两段磁测值平均值作为地磁日变基值,数学模型为

$$T_0 = \frac{1}{2}(\tilde{T}_z + \tilde{T}_w) \tag{5-5-13}$$

式中:$\tilde{T}_z$ 为早时段平滑的磁测平均值;$\tilde{T}_w$ 为晚时段平滑的磁测平均值。

4)加权平均法

将一天分成几个时区,每几个小时为一个区,对每个时区选取一个权重。选取原则是:在地磁日变化大的时区,取权系数小;在地磁日变化小的时区,取权系数大;最后,将每个时区进行加权平均,即可得到用一个地磁平静日的地磁日变数据求地磁日变改正基值 T_0 的加权平均公式为

$$T_0 = \sum_{j=1}^{m}\left[L_j \times \left(\sum_{i=1}^{n} T_i\right)/n\right]/m \tag{5-5-14}$$

式中:m 为时区个数;n 为各时区日变数据个数;j 为权序号;L 为权重。

用不同时间域的日变数据极差(最大值和最小值之差)作权倒数,分别求出在不同时区的极差 $\Delta_j(j = 1,2,3,\cdots,m)$,则第 j 个时间域的权为

$$L_j = \left[\sum_{j=1}^{m}\Delta_j\right]/\Delta_j \tag{5-5-15}$$

求出第 j 个时间域的地磁日变观测值的和,即可得到加权和值为

$$Q = \sum_{j=1}^{m}\left[A_j\left(\sum_{j=1}^{m}\Delta_j\right)/\Delta_j\right] \tag{5-5-16}$$

利用加权平均公式得

$$T_0 = \sum_{j=1}^{m}\left[A_j\left(\sum_{j=1}^{m}\Delta_j\right)/\Delta_j\right]/\left[6n\left(\sum_{j=1}^{m}\Delta_j\right)/\Delta_j\right] \tag{5-5-17}$$

3.地磁日变基值的站间传算

为了使整个测区磁场测量数据传算基准统一,必须对各站日变基值进行传算。海洋调查中要求,同一测区使用两个以上日变站资料时,应选取靠近测区的日变站作为主站,其他日变站的日变基值由主站传算得到,但是并没有给出具体的传算方法,国内外也未见相关的公开研究成果。本书借鉴海洋测深水位改正中平均海面的传递思想,给出日变基值的站间推算方法。

1)同步改正法

同步改正法假设在同步观测期间,不同地磁日变站地磁日变观测值的平均值与日变基值的差值相等,即距平值相等。

设主站和分站日变基值分别为 $\bar{T}_{0L}$ 与 $\bar{T}_{iL}$,且同步观测期间内日变数据的平均值分别为 $\bar{T}_{0S}$ 与 $\bar{T}_{iS}$,所采用的假设为

$$\bar{T}_{0S} - \bar{T}_{0L} = \bar{T}_{iS} - \bar{T}_{iL} \tag{5-5-18}$$

当主站的地磁日变基值规定不变时,就可得到分站的地磁日变基值:

$$\bar{T}_{iL} = \bar{T}_{iS} - (\bar{T}_{0S} - \bar{T}_{0L}) \tag{5-5-19}$$

同步改正法要求影响日变的因素对各站平均效应相同,为了获得较为稳定的日变基值,往往需要较长时间的同步观测数据。

2)线性回归法

同步改正法假设主站与分站短期距平值相等,线性回归法则放宽其假设,认为主站与分站短期距平值具有如下比例关系:

$$\bar{T}_{iS} - \bar{T}_{iL} = k(\bar{T}_{0S} - \bar{T}_{0L}) \text{ 或 } \bar{T}_{iS} - k\bar{T}_{0S} = \bar{T}_{iL} - k\bar{T}_{0L} = b \tag{5-5-20}$$

将式(5-5-20)展开得

$$\bar{T}_{iS} = (k\bar{T}_{0S} + T_{iL}) - kT_{0L} \tag{5-5-21}$$

若令主站与分站长期均值与短期均值有相同的线性关系,则可得

$$\bar{T}_{iL} = k\bar{T}_{0L} + b \tag{5-5-22}$$

由式(5-5-20)计算得到相关系数 k 和 b ,代入式(5-5-19)可计算分站的基值。

线性回归法考虑了不同因素作用下基值变化量值不同这一情况,理论上比同步改正法更接近实际,该法同样需要较长时段的同步观测数据,并将观测数

据划分为若干同步的子序列，通过参数估计实现。

3）最小二乘曲线比较法

最小二乘曲线比较法是建立在区域内站间日变化随时间和距离呈线性变化的基础上，将主站日变曲线幅值进行伸缩，时间（相位）上进行平移，使得伸缩平移后主站与分站的日变曲线最为接近，该接近条件由最小二乘方法实现，以此为依据进行基值传算。

假设主站和分站的日变改正序列分别为 $T_0(t_0+n\Delta t)$ 与 $T_i(t_i+n\Delta t)$，其中，分站改正序列的基值取近似基值 $\bar{T}_{iS}$，可由某段时间的平均值提供。而序列的数学模型为

$$T_i(t_0+n\Delta t)=\gamma_i T_0(t_0+n\Delta t+\tau_i)+\delta_i \quad ,n=0,1,\cdots,N \tag{5-5-23}$$

式中：γ_i,τ_i,δ_i 为主站与分站幅值比、站间时差（相位差）和基值偏差；t_0 为初始时刻；Δt 为数据采样间隔；N 为同步采样点个数。

利用最小二乘法求得 γ_i,τ_i,δ_i，就可以传算得到分站日变基值：

$$\bar{T}_{iL}=\bar{T}_{iS}+\delta_i \tag{5-5-24}$$

选择日变基值传算参数时，需要将离散数据连续化，并采用函数插值技术，本书采用常用的三次样条插值。

最小二乘曲线比较法通过幅值伸缩和相位平移，更加逼真地反映了站间日变化的关系，其对于同步时间的要求较低。如果两站日变性质差异较大，一般不宜采用最小二乘曲线比较法。

（二）时差的计算方法

如前所述，地磁日变化主要取决于纬度和地方时，纬度决定地磁日变化的幅值，地方时决定地磁日变化的相位。假设在地磁日变站有效作用距离内，地磁日变化的幅值和相位是一致的。

1. 经度差计算时差

设 t 时刻为日变站点的地方时，t_1 为海上某磁测点 P 的地方时。由地方时和世界时及经度的关系可知

$$\begin{cases} t=\lambda_0+t' \\ t_1=\lambda+t' \end{cases} \tag{5-5-25}$$

式中：t' 为世界时。

因此，日变站点与磁测点的地方时差异即时差可表示为

$$\Delta t=t_1-t=\lambda-\lambda_0 \tag{5-5-26}$$

因此，磁测点 P 经时差改正后的地磁日变化可表示为

$$T(t_1,\theta) = T(t + \Delta t,\theta_0) \tag{5-5-27}$$

2. 同步比对法

同步比对法是建立在对站间同步观测资料的分析比对基础上，以此来掌握站间地磁日变曲线的规律和特征。大量地磁日变观测资料分析表明，站间地磁日变化的相位移动，最直接地反映在地磁日变相关特征点（如极值）出现的时刻（这一特点与海洋潮汐相同）。这样，就可以通过两站日变曲线特征点（如极大值和极小值）出现时刻的差异，来刻画站间地磁日变的时差。

如图 5-5-1 所示，假设 A、B 两站同步地磁日变曲线分别为 $T_A(t)$ 和 $T_B(t)$，那么两站间的时差 Δt 就可以由两站同步日变曲线最大值和最小值出现时刻差异的平均值得到。

$$\Delta t_{\max} = t_{\Delta T_{A\max}} - t_{\Delta T_{B\max}},\Delta t_{\min} = t_{\Delta T_{A\min}} - t_{\Delta T_{B\min}} \tag{5-5-28}$$

那么两站的时差即为 $\Delta t = (\Delta t_{\max} + \Delta t_{\min})/2$。

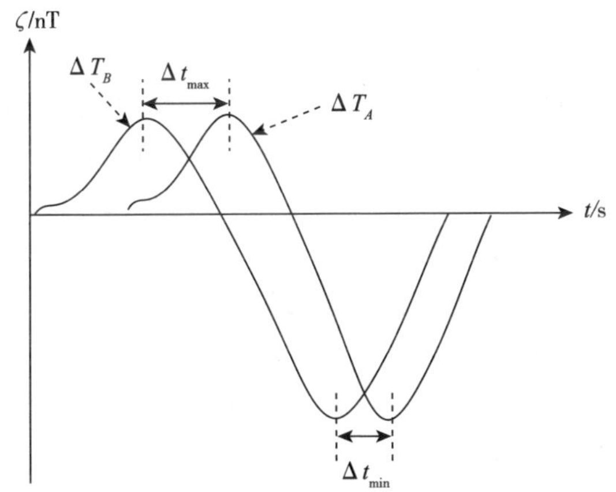

图 5-5-1　两站同步地磁日变曲线

同步比对法认为影响地磁日变的因素对各站的平均效应相同，为了获得较为稳定的时差，往往需要较长时间的同步观测数据。Marcotte 等比较了设立在英吉利海峡的浮标式日变站和相距 440km 以外的同步地磁日变曲线时发现，海上观测到的地磁日变幅度大约是岸上的两倍，并且在极值出现时刻有明显的相位移动。

3. 相关分析法

相关分析法采用滑动方法求取两站同步日变曲线各种时差情况下的相关系数和差值的标准误差，当相关系数最大并且差值的标准误差最小时，所得时差即为两站的时差。相关分析法在海洋潮汐求取潮时差得到了很好的应用，并且广泛应用于地球物理数据的处理。不难看出，其为求取两站真实时差提供了另一种方法，具体原理如下：

假设 A、B 两站日变曲线分别为 ΔT_A 和 ΔT_B，并且线性相关，即

$$\Delta T_B = b \cdot \Delta T_A + a \tag{5-5-29}$$

用最小二乘法可确定回归参数 a,b，其中

$$a = \Delta\bar{T}_B - b\Delta\bar{T}_A \tag{5-5-30}$$

$$b = \frac{\sum_{i=1}^{n} \Delta T_{Ai} \cdot \Delta T_{Bi} - \frac{1}{n}\left[\sum_{i=1}^{n} \Delta T_{Ai}\right] \cdot \left[\sum_{i=1}^{n} \Delta T_{Bi}\right]}{\sum_{i=1}^{n} \Delta T_{Ai}{}^2 - \frac{1}{n}\left[\sum_{i=1}^{n} \Delta T_{Ai}\right]^2} \tag{5-5-31}$$

定义相关系数为 $r = l_{xy}/\sqrt{l_{xx} \cdot l_{yy}}$。它是衡量两同步日变改正曲线的相关程度。其中 $l_{xx} = \sum_{i=1}^{n} \Delta T_{Ai}^2 - \frac{1}{n}\left[\sum_{i=1}^{n} \Delta T_{Ai}\right]^2$，$l_{yy} = \sum_{i=1}^{n} \Delta T_{Ai}^2 - \frac{1}{n}\left[\sum_{i=1}^{n} \Delta T_{Bi}\right]^2$，$l_{xy} = \sum_{i=1}^{n} \Delta T_{Ai}\Delta T_{Bi} - \frac{1}{n}\sum_{i=1}^{n} \Delta T_{Ai}\Delta T_{Bi}$。

对于距离较远的两日变站（经度差和纬度差较大）的情况，同步比对法和相关分析法计算的时差可以真实地反映两日变站间地磁日变曲线真实的时差，并以此来消除时差对地磁日变改正的影响，从而提高地磁日变改正的精度。

（三）地磁日变改正值的确定方法

海洋磁力测量中，地球变化磁场在磁静日变化量级为 40~60nT，而磁扰日可达 100~1000nT。由于地磁日变化的影响，即使是同一测点不同时刻测得的海洋磁力测量值也不一样。可以说，海洋磁力测量成果质量主要取决于地磁日变观测和改正精度。

仅考虑地磁日变，忽略长周期变化等影响，如图 5-5-2 所示，整个测区 C 稳态磁场值 $T(x,y)$ 数学模型为

$$T(x,y) = T(x,y,t) + \Delta T(x,y,t)\ ,(x,y) \in C,\quad t>0 \tag{5-5-32}$$

式中：(x,y) 为平面坐标；$T(x,y)$ 为测场值，与时间无关，具有稳态性；$T(x,y,t)$ 和 $\Delta T(x,y,t)$ 为测点观测值与地磁日变改正值，具有时变性。

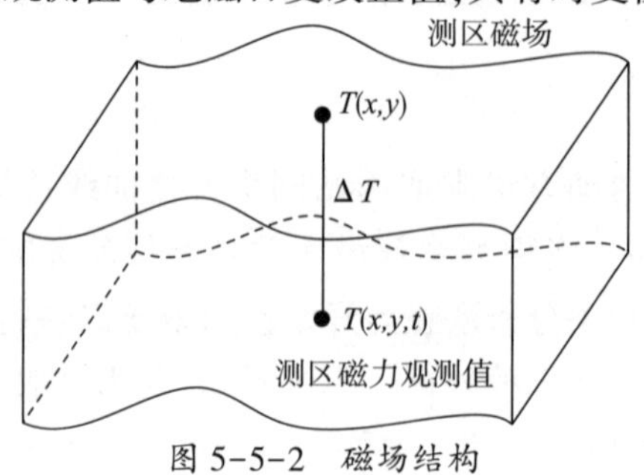

图 5-5-2　磁场结构

在实际海洋磁场测量中，需要确定海区内任一点(x,y)处的地磁日变基值以确定地磁日变改正值，但在海区中任一点建立地磁日变站几乎是不可能的。因此，为了获得测区内任一点地磁日变改正值，只能在测区附近建立地磁日变站，与测区的磁力测量进行同步观测。当测区范围不大，且在某一地磁日变站有效作用距离内时，在测区附近设立单个地磁日变站，用该站地磁日变数据直接对测区磁力测量值进行地磁日变改正。测区地磁日变改正值$\Delta T(x,y,t)$数学模型为

$$\Delta T_0(x,y,t) = \Delta T(x_0,y_0,t) = T(x_0,y_0,t) - T_0 \quad (5-5-33)$$

式中：$\Delta T(x,y,t)$为测区磁力测量值地磁日变改正值；$\Delta T(x_0,y_0,t)$为地磁日变站日变改正值；$T(x_0,y_0,t)$为地磁日变站t时刻磁力观测值；T_0为地磁日变站日变基值。

《要求》中规定：变化幅度小于100nT磁扰日变记录，可直接用于地磁日变改正。磁扰日的日变改正分为两个步骤：首先进行平静日（磁扰日发生前、后3天的日变曲线平均值）变化值改正，用地方时；然后再进行磁扰改正，用世界时；磁扰改正值为实测地磁日变值减去平均磁平静日变化。

多站日变改正值计算方法如下。

根据日变改正机理与过程，日变改正的核心在于对日变改正数的时空内插与推估。经测量精度要求和日变站实测数据验证，当测区位于某日变站控制范围时，可简单用一站的日变数据对测区磁测值进行改正，否则，需要综合利用双站或多站日变观测信息，实现日变改正量的时空延拓。本节将探讨多站日变改正值的计算方法。在航空磁力测量多站日变改正值的计算方法中，郭建华等提出了函数拟合法和加权平均法，单汝俭等则利用二维多项式内插法和线性内插法来内插局部地区的地磁日变，都取得了较好的效果。

1. 加权平均法

加权平均法将任一点P的地磁日变改正值由周边多个的同步日变站监测数据按距离加权平均法求得，数学模型如下：

$$\Delta T = \left(\sum_{i=1}^{m} f(d_i)\Delta T_i\right) / \sum_{i=1}^{m} f(d_i) \quad (5-5-34)$$

式中：ΔT为待求各点的磁日变改正值（注：地磁学中，通常采用Sq表示规则静日变化量，在海洋磁力测量中，日变改正量通常用ΔT表示，事实上，它们代表的意义是相同的）；d_i为待求点与第i个台站之间的距离；T_i为台站的磁日变改正值；$f(d_i)$为待求点与第i个台站的距离权函数，一般的选取原则是与磁测点和日变站点之间距离的u次幂成反比。以保证随距离增加，权重迅速减小。

通常采用一个指标参数(I_{OP})来表示不同的距离权函数,即

$$\begin{cases} I_{OP}=1, f(d_i)=1/(d_i+\varepsilon)^{1/2} \\ I_{OP}=2, f(d_i)=1/(d_i+\varepsilon) \\ I_{OP}=3, f(d_i)=1/(d_i+\varepsilon)^2 \\ I_{OP}=4, f(d_i)=1/(d_i+\varepsilon)^3 \\ I_{OP}=5, f(d_i)=1/(d_i+\varepsilon)^4 \end{cases} \tag{5-5-35}$$

式中:ε 为平滑因子。

采用加权平均法计算多站日变改正值时,选择不同的指标参数,可得到不同的地磁日变改正值。特殊地,当 $I_{OP}=2$ 时,即 $f(d_i)=1/(d_i+\varepsilon)$,则认为站间地磁日变化随距离呈线性变化。实际工作可以根据需要选择最优的指标参数,对海上测点的地磁日变化进行改正。

首先,以两个地磁日变站为例,对距离加权法的实质进行分析。

如图 5-5-3 所示,建立以 A 站为原点的二维坐标系,地磁日变改正值为 $\Delta T_1(t)$,B 站坐标为(x_0,y_0),地磁日变改正值为 $\Delta T_2(t)$,测点 M 坐标为(x,y),地磁日变改正值为 $\Delta T(t)$。采用距离倒数加权法,测点 M 的地磁日变改正值可表示为

$$\Delta T(t)=\frac{\dfrac{\Delta T_1(t)}{\sqrt{x^2+y^2}}+\dfrac{\Delta T_2(t)}{\sqrt{(x-x_0)^2+(y-y_0)^2}}}{\dfrac{1}{\sqrt{x^2+y^2}}+\dfrac{1}{\sqrt{(x-x_0)^2+(y-y_0)^2}}}=\frac{\dfrac{\Delta T_1(t)}{r_1}+\dfrac{\Delta T_2(t)}{r_2}}{\dfrac{1}{r_1}+\dfrac{1}{r_2}} \tag{5-5-36}$$

令 $r_1=kr_2$,k 为大于零的常数。则

$$\Delta T(t)=\frac{k\Delta T_2(t)+\Delta T_1(t)}{k+1} \tag{5-5-37}$$

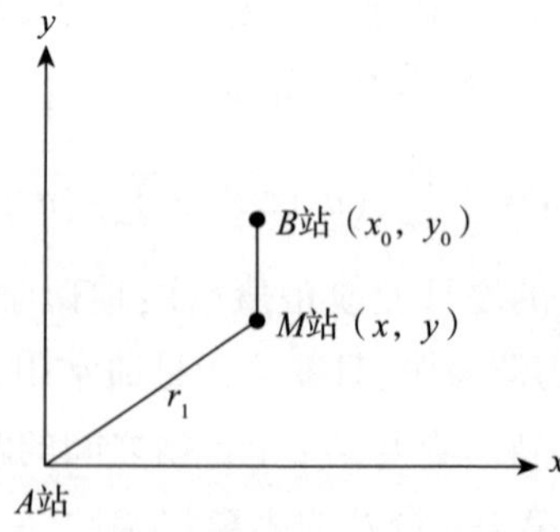

图 5-5-3 地磁日变站分布示意图

显然,满足 $r_1 = kr_2$ 的测点地磁日变改正值相同,下面分析讨论日变改正值等值线的形状。$r_1 = kr_2$ 等价于 $\sqrt{x^2 + y^2} = k\sqrt{(x - x_0)^2 + (y - y_0)^2}$,即

$$(k^2 - 1)x^2 + (k^2 - 1)y^2 - 2k^2x_0x - 2k^2y_0y + k^2x_0^2 + k^2y_0^2 = 0 \tag{5-5-38}$$

(1)当 $k=1$ 时,日变改正值等值线(图 5-5-4)的数学表达式为

$$y = -\frac{x_0}{y_0}x + \frac{x_0^2 + y_0^2}{2y_0} \tag{5-5-39}$$

显然,当 $k=1$ 时,日变改正值等值线是 AB 连线的垂直平分线。

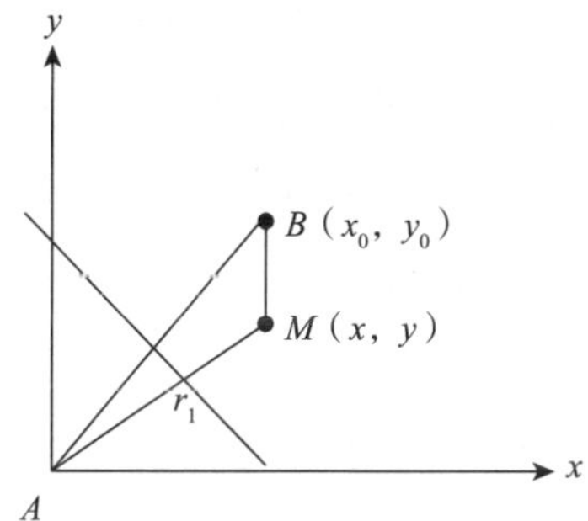

图 5-5-4　$k=1$ 时日变改正值等值线示意图

(2)当 $k\neq1$ 时,日变改正值等值线的数学表达式为

$$\left(x - \frac{k^2x_0}{k^2 - 1}\right)^2 + \left(y - \frac{k^2y_0}{k^2 - 1}\right)^2 = \frac{k^2(3k^2 - k^4 - 1)(x_0^2 + y_0^2)}{(k^2 - 1)^2} \tag{5-5-40}$$

可见,当 $k\neq1$ 时,日变改正值等值线是二次曲线。当 $3k^2-k^4-1>0$ 时,日变改正值等值线是以 $\left(\frac{k^2x_0}{k^2 - 1},\frac{k^2y_0}{k^2 - 1}\right)$ 为圆心,$\frac{k}{(k^2-1)}\sqrt{(3k^2-k^4-1)(x_0^2+y_0^2)}$ 为半径的圆。

实践表明,地磁日变随经度变化很小,采用加权平均法计算多站日变改正时,在一定范围内(至少在本书采用的同步日变站范围内),可以忽略经度效应的影响,直接采用磁测点与各地磁日变站点纬度方向上的距离(即纬距)计算待定点地磁日变改正值。采用纬距加权法时,测点 M 的地磁日变改正值可表示为

$$\Delta T(t) = \frac{\dfrac{\Delta T_1(t)}{y} + \dfrac{\Delta T_2(t)}{y_0 - y}}{\dfrac{1}{y} + \dfrac{1}{y_0 - y}} \tag{5-5-41}$$

显然采用纬距加权,测点的地磁日变改正值与 x 无关,改正数的等值线是一定范围的纬线,在两日变站的连线上,采用纬距加权法和距离加权法计算得

到的地磁日变改正值相同。

2. 函数拟合法

函数拟合法即假设测区范围内任何一点 P 的地磁日变改正值(ΔT)与该点的地理经纬度(φ,λ)满足一定的函数关系,建立数学模型如下:

$$\Delta T(\varphi,\lambda)=a_1+a_2f(\varphi)+a_3f(\lambda) \tag{5-5-42}$$

式中:$f(\varphi)$ 和 $f(\lambda)$ 为地理经度和地理纬度函数;a_1,a_2,a_3 为待定系数。

$f(\varphi)$ 与 $f(\lambda)$ 是关于经度和纬度的函数,并采用一个指标参数(Index Option)来代表所选的不同函数,即

$$\begin{cases} I_{OP}=1,\ f(\varphi)=\varphi,\ f(\lambda)=\lambda \\ I_{OP}=2,\ f(\varphi)=\varphi,\ f(\lambda)=\ln\lambda \\ I_{OP}=3,\ f(\varphi)=\varphi,\ f(\lambda)=\sqrt{\lambda} \\ I_{OP}=4,\ f(\varphi)=\ln\varphi,\ f(\lambda)=\lambda \\ I_{OP}=5,\ f(\varphi)=\sqrt{\varphi},\ f(\lambda)=\lambda \\ I_{OP}=6,\ f(\varphi)=\ln\varphi,\ f(\lambda)=\ln\lambda \\ I_{OP}=7,\ f(\varphi)=\sqrt{\varphi},\ f(\lambda)=\sqrt{\lambda} \end{cases} \tag{5-5-43}$$

设 m 为已知磁日变站个数,对某一时刻,将各站的坐标(φ,λ)和日变改正数 T 代入数学模型中,可以得到具有 n 个未知数 $a_1,a_2,\cdots,a_n$,m 个方程的线性方程组。

假设 $m=4,n=3$,则内插函数为

$$\Delta T(\varphi,\lambda)=a_1+a_2f(\varphi)+a_3f(\lambda) \tag{5-5-44}$$

将各站位置坐标(φ_i,λ_i)$i=1,2,3,4$ 代入式(5-5-44)得

$$\Delta T_i(\varphi_i,\lambda_i)=a_1+a_2f(\varphi_i)+a_3f(\lambda_i) \tag{5-5-45}$$

这就形成了一个有 3 个未知数 4 个方程的方程组,设

$$\boldsymbol{Y}=(a_1,a_2,a_3)^{\mathrm{T}},\boldsymbol{B}=(T_1,T_2,T_3,T_4)^{\mathrm{T}} \tag{5-5-46}$$

则方程组可写成

$$\boldsymbol{AY}=\boldsymbol{B}$$

$$\boldsymbol{A}=\begin{vmatrix} 1 & f(\varphi_1) & f(\lambda_1) \\ 1 & f(\varphi_2) & f(\lambda_2) \\ 1 & f(\varphi_3) & f(\lambda_3) \\ 1 & f(\varphi_4) & f(\lambda_4) \end{vmatrix} \tag{5-5-47}$$

式中:$\boldsymbol{A}$ 为已知系数矩阵;$\boldsymbol{B}$ 为已知日变改正数向量;$\boldsymbol{Y}$ 为未知向量。

由最小二乘法计算得到方程组的最小二乘解。

$$Y=(A^{T}A)^{-1}A^{T}B \tag{5-5-48}$$

函数拟合法通过求取内插系数得到测区任一点的地磁日变化。而且,选择不同的指标参数 I_{OP} 得到不同的日变改正值,实践中可以根据实际需要选择最优的指标参数,对海上测点的地磁日变化进行改正。

和加权平均法类似,在采用函数拟合法时,考虑海区地磁日变化的时空差异主要取决于纬度效应,在一定范围内,可以忽略经度效应引起的变化,在选择指标参数时,可以选择日变改正值随经度变化较小的函数,如 $f(y)=\ln y$ 或 $f(y)=\sqrt{y}$ 。而郭建华等在实际计算中选择 $f(y)=\ln y$,即认为地磁日变化随经度方向变化较小。而单汝俭提出的二维多项式拟合法是当指标参数 $I_{OP}=1$ 时的情况。

3. 多站地磁日变改正的精度评估

对多站地磁日变改正值的计算方法进行评价,可以采用验证站的观测值与计算值(由其他日变站的日变改正值计算)差值的中误差(Root Mean Square Error,RMSE)来衡量,计算公式为

$$\delta=\sqrt{\sum_{i=1}^{m}\Delta_i^2/n} \tag{5-5-49}$$

式中:Δ_i 为 i 点处观测值与计算值的差;n 为参加统计数据的个数。

第六节　海洋磁力测量船磁改正

一、船磁影响理论分析

海洋磁力测量船大都由强磁性材料建造,强磁材料磁性一旦形成很难消失,这就是船磁的固有磁部分。同时,随着测量船所处的地磁场变化以及测量船相对地磁场的空间方位的变化,船磁也在不断变化,这部分瞬时而变的附加磁场称为船磁的感应磁部分。因此,测船的磁化磁场包括固有磁与感应磁两部分。

(一)测量船磁偶极子模型

尽管测量船本身的磁性非常复杂,但在足够远处的磁场可以用一个磁偶极子等效。一般情况下,磁偶极子产生的磁感应强度为

$$B(\boldsymbol{r})=\frac{\mu_0}{4\pi}\left(\frac{3(\boldsymbol{r}\cdot M)\boldsymbol{r}}{\boldsymbol{r}^5}-\frac{M}{\boldsymbol{r}^3}\right) \tag{5-6-1}$$

式中:μ_0 为真空中的磁导率;M 为测量船的磁偶极子磁矩;$\boldsymbol{r}$ 为磁偶极子到场点

的位置矢量。

由于海洋磁力测量测得的是地磁场总强度,测量到的船磁影响 $B(\boldsymbol{r})$ 是测量船磁场在地磁场方向的投影,所以船磁影响可表示为

$$\Delta T = \frac{\boldsymbol{T}}{T} \cdot B(r) = \boldsymbol{n} \cdot B(\boldsymbol{r}) \tag{5-6-2}$$

进一步地,有

$$\Delta T = \frac{\mu_0}{4\pi}\left(\frac{3(\boldsymbol{r} \cdot M)(\boldsymbol{r} \cdot \boldsymbol{n})}{\boldsymbol{r}^5} - \frac{M \cdot \boldsymbol{n}}{\boldsymbol{r}^3}\right)$$

式中:$\boldsymbol{T}$ 为地磁场矢量;T 为地磁场总量;$\boldsymbol{n}$ 为地磁场方向矢量。

根据铁磁性物质磁化特点,测量船的磁性可分为固有磁性和感应磁性两种,对应的固有磁矩和感应磁矩可分别用 M_p 和 M_i 表示,即 $M = M_p + M_i$,则测量船的船磁影响也可分为固有磁影响和感应磁影响。

$$\Delta T = \Delta T_p + \Delta T_i \tag{5-6-3}$$

$$\Delta T_p = \frac{\mu_0}{4\pi}\left(\frac{3(\boldsymbol{r} \cdot M_p)(\boldsymbol{r} \cdot \boldsymbol{n})}{r^5} - \frac{M_p \cdot \boldsymbol{n}}{r^3}\right) \tag{5-6-4}$$

$$\Delta T_i = \frac{\mu_0}{4\pi}\left(\frac{3(\boldsymbol{r} \cdot M_i)(\boldsymbol{r} \cdot \boldsymbol{n})}{r^5} - \frac{M_i \cdot \boldsymbol{n}}{r^3}\right) \tag{5-6-5}$$

其中,测量船的固有磁矩 M_p 不随航向改变,一般在建造、修理或经过较大风浪打击后才发生变化;感应磁矩 M_i 是测量船在地磁场作用下产生的,当测量船处于不同地点、不同航向时,都会发生变化。设感应磁矩与地磁场的分量分别表示为(M_{ix},M_{iy},M_{iz})和(T_x,T_y,T_z),并且认为测量船在地磁场的作用下线性磁化,则各感应磁矩分量与地磁场分量的关系为

$$\begin{cases} M_{ix} = k_x T_x = k_x T n_x \\ M_{iy} = k_y T_y = k_y T n_y \\ M_{iz} = k_z T_z = k_z T n_z \end{cases} \tag{5-6-6}$$

式中:(k_x,k_y,k_z)为船体磁化比例常数。一般与船体材料的磁性特征和船体的形状有关,对于同一条船,可以将它看成常量。(n_x,n_y,n_z)为地磁场方向矢量的分量表示。

建立图 5-6-1 地磁坐标系 $OXYZ$ 和测量坐标系 $oxyz$。其中,地磁坐标系中,X 轴指向北,Y 轴指向东,Z 轴指向垂直向下。测量坐标系中,x 轴指向测量船船艏、y 轴指船的右舷,z 轴指向垂直向下。

当测量船的航向角为 φ,地磁倾角为 θ 时,在测量坐标系下的 r 和 n 可表示为

$$r = (x,y,z) \tag{5-6-7}$$

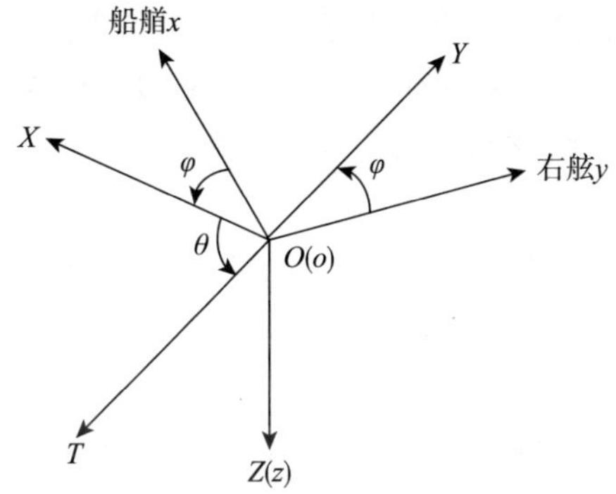

图 5-6-1　地磁坐标系和测量坐标系的关系

$$n = (\cos\theta\cos\varphi, -\cos\theta\sin\varphi, \sin\theta) \tag{5-6-8}$$

设拖缆的长度为 L，可以认为：

$$r = (-L, 0, 0) \tag{5-6-9}$$

最后得固有磁影响和感应磁影响分别为

$$\Delta T_p = \frac{\mu_0}{4\pi L^3}(2M_{px}\cos\theta\cos\varphi - M_{py}\cos\theta\sin\varphi + M_{pz}\sin\theta) \tag{5-6-10}$$

$$\Delta T_i = \frac{\mu_0 T}{4\pi L^3}(2k_x\cos^2\theta\cos^2\varphi - k_y\cos^2\theta\sin^2\varphi - k_z\sin^2\theta) \tag{5-6-11}$$

（二）船磁影响规律分析

1.固有磁影响

如图 5-6-2 所示，已知，测量船上某一点的固有磁磁矩为 $\boldsymbol{M}_p$，感应磁磁矩为 $\boldsymbol{M}_i$。以船磁试验的基点为中心，考虑周围船磁对它的影响。基点 O 处存在的地磁背景场为 $\boldsymbol{T}_0$，测量船与测点 O 的距离为拖缆长度 r。首先讨论感应磁影响。

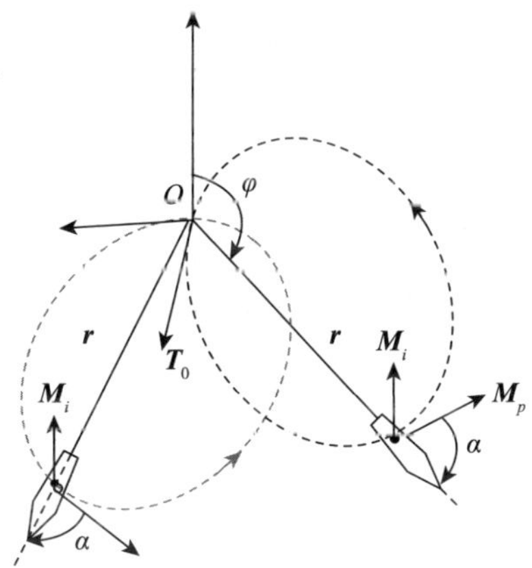

图 5-6-2　固有磁影响示意图

如图 5-6-2 所示，固有磁磁矩 $\boldsymbol{M}_p$ 与其矢径 $\boldsymbol{r}$ 的夹角为 α。当测量船以航

向 φ 拖曳探头通过基点 O 时，图中虚线为固有磁矩 $\boldsymbol{M}_p$ 在 O 点产生的磁力线。显然，不同方位条件下，固有磁矩 $\boldsymbol{M}_p$ 在 O 点产生的磁场 $\Delta\boldsymbol{T}_p$ 大小相同但方向不同，且随着航向 φ 的变化而线性变化，周期为 2π。

2. 感应磁影响

感应磁矩 $\boldsymbol{M}_i$ 与地磁背景场 $\boldsymbol{T}_0$ 方向一致，大致为磁南北向，且因测量船在地磁场中方位的不同，其大小也不同。下面分别以测量船沿磁南北向航行和沿磁东西向航行来分析感应磁影响。

如图 5-6-3 所示，当测量船沿磁南北航行时，感应磁矩 $\boldsymbol{M}_i$ 在基点处产生的影响为 $\Delta\boldsymbol{T}_i$。向北航行时，测量船感应磁影响 $\Delta\boldsymbol{T}_i$ 与矢径为 $\boldsymbol{r}$ 的夹角为 α'；向南航行时，测量船感应磁影响 $\Delta\boldsymbol{T}_i$ 与矢径为 $\boldsymbol{r}$ 的夹角为 α''，并且有 $\alpha'+\alpha''=\pi$。由此可见，测量船沿磁南北向航行时，不论从北向南还是从南向北，测量船感应磁对基点影响的大小和方向是相同的。并且在磁赤道附近，地磁倾角为 0°，地磁场近似水平，感应磁在基点处产生的磁场方向与地磁场方向相同，感应磁使背景场得到加强；在磁极附近，地磁倾角为 90°。地磁场垂直向下，感应磁在基点处产生的磁场方向与地磁场方向相反，感应磁使背景场得到削弱。

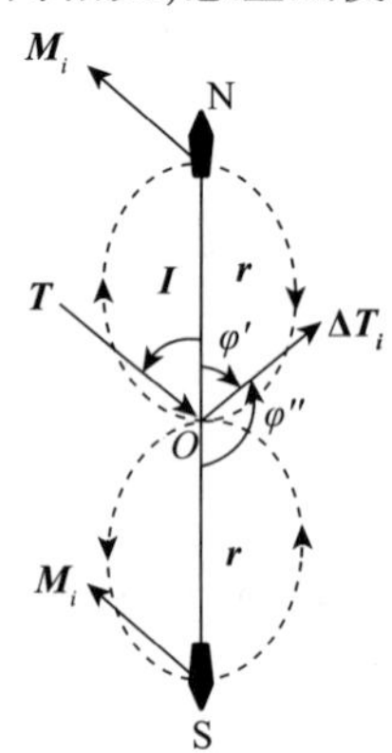

图 5-6-3　磁力仪沿磁南北向经过基点时感应磁影响

如图 5-6-4 所示，当测量船沿磁东西向拖曳传感器通过基点时，无论从东向西航行还是从西向东航行，也不论地磁倾角多大，感应磁在基点产生的磁场方向与地磁背景场方向相反，背景场得到削弱。

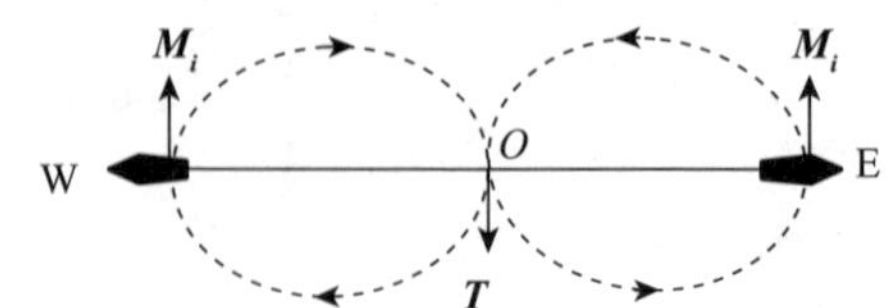

图 5-6-4　磁力仪沿磁东西向经过基点时感应磁影响

通过以上两种特殊情况分析可知，测量船感应磁对基点的影响随航向 φ 的变化而变化，周期为 π。

二、船磁校正值计算

(一)通用方法

如前所述,船磁影响属于系统误差,可以通过船磁八方位试验来测定并加以校正。当测船以航向角 φ_i ,通过基点 O 时磁测值为 $T_b(\varphi_i)$,该时刻地磁日变改正值为 $\Delta T(\varphi_i)$,并且基点处的地磁正常场值为 T_0,并假设船磁校正基值为 T_{b0} ,则测船沿航向 φ 时的船磁改正值为

$$\Delta T_b(\varphi) = T_b(\varphi) + \Delta T(\varphi) + T_0 - T_{b0} \tag{5-6-12}$$

船磁校正基值可由不同航向时磁测值平均值得到,即

$$T_{b0} = \sum_{i=1}^{8} [T_b(\varphi_i) + \Delta T(\varphi_i) - T_0] \tag{5-6-13}$$

其中,$i=1,2,\cdots,8$,φ_i 分别为 0°,45°,90°,135°,180°,225°,270°和 315°。

采用式(5-6-4),就可以通过测船的航向对海上磁测数据进行船磁方位校正,通常测船的航向即是测点与测船连线的瞬时方位。

(二)傅里叶级数法

如前所述,船磁影响可分为固有磁影响和感应磁影响两种,可以将其展开成傅里叶级数的标准形式:

$$\Delta T = a_0 + a_1\cos\varphi + b_1\sin\varphi + a_2\cos2\varphi + b_2\sin2\varphi \tag{5-6-14}$$

式中: a_0 为船磁校正基值;a_1,b_1,a_2,b_2 为船磁影响系数。

船磁系数有以下物理特性:

(1)常数项 a_0 为船磁校正基值,既来源于测量船的固定磁性,也来源于测量船的感应磁性,产生的干扰磁场不随航向变化,通过同一地点航向变化测量是无法分离的。

(2)一次项系数 a_1 和 b_1 来源于测量船的固定磁性,产生的干扰磁场随航向的变化周期为 2π。

(3)二次项系数 a_2 和 b_2 来源于测量船的感应磁性,产生的干扰磁场随航向的变化周期为 π。

因此,可以将固有磁影响和感应磁影响分别表示为

$$\Delta T_p = a_1\cos\varphi + b_1\sin\varphi \ , \ \Delta T_i = a_2\cos2\varphi + b_2\sin2\varphi \tag{5-6-15}$$

船磁方位校正值为固有磁影响和感应磁影响之和,即

$$\Delta T_b = -(\Delta T_p + \Delta T_i) \tag{5-6-16}$$

已知船磁沿 8 个航向通过基点时的测量值,就可以组成方程:

$$\boldsymbol{Y}_{8\times1} = \boldsymbol{A}_{8\times5} \cdot \boldsymbol{K}_{5\times1} \tag{5-6-17}$$

式中:$\boldsymbol{Y}$ 为 8 个航向测量时通过基点的磁测值组成的矩阵;$\boldsymbol{A}$ 为系数矩阵;$\boldsymbol{K}$ 为待定系数,$\boldsymbol{K} = [a_0,a_1,b_1,a_2,b_2]^{\mathrm{T}}$。

方程中有 5 个未知数,8 个方程,利用最小二乘法可求得待定系数(即船磁影响系数)。

求得船磁影响系数后就可以拟合得到不同航向时的船磁影响,然后根据测船的航向对海上磁测数据进行船磁方位校正。

(三)四航向法

肖昌汉在计算船磁系数时提出采用四航向法,即将式(5-6-12)和式(5-6-13)合并,并展开成式(5-6-14)的傅里叶级数,其对应的船磁系数分别为

$$\begin{cases} a_0 = -\dfrac{\mu_0}{4\pi L^3}\left(M_{pz}\sin\theta + Tk_z\sin^2\theta - Tk_x\cos^2\theta + \dfrac{1}{2}Tk_x\cos^2\theta\right) \\ a_1 = -\dfrac{\mu_0 M_{px}\cos\theta}{2\pi L^3} \\ b_1 = -\dfrac{\mu_0 M_{py}\cos\theta}{4\pi L^3} \\ a_2 = -\dfrac{\mu_0 T}{4\pi L^3}\left(k_x + \dfrac{1}{2}k_y\right)\cos^2\theta \\ b_2 = 0 \end{cases} \tag{5-6-18}$$

不难发现,当假设测量船磁偶极子模型和磁力仪传感器处于 x 轴上时,上述船磁系数中的正弦二次项系数 $b_2=0$。因此,可以将八航向计算船磁系数简化为四航向计算船磁系数。

当采用测量船沿东、西、南、北 4 个航向测量值计算时,船磁影响值 $\Delta T_b(\varphi)$ 和船磁系数存在的关系式为

$$\begin{cases} \Delta T_b(0°) = a_0 + a_1 + a_2 \\ \Delta T_b(180°) = a_0 - a_1 + a_2 \\ \Delta T_b(90°) = a_0 - a_2 + b_2 \\ \Delta T_b(270°) = a_0 - a_2 - b_1 \end{cases} \tag{5-6-19}$$

进而可以得到船磁系数和船磁改正各项系数为

$$\begin{cases} a_0 = \dfrac{1}{4}(\Delta T_b(0°) + \Delta T_b(180°) + \Delta T_b(90°) + \Delta T_b(270°)) \\ a_1 = \dfrac{1}{4}(\Delta T_b(0°) - \Delta T_b(180°)) \\ a_2 = \dfrac{1}{4}(\Delta T_b(0°) + \Delta T_b(180°)) - \dfrac{1}{4}(\Delta T_b(90°) + \Delta T_b(270°)) \\ b_1 = \dfrac{1}{4}(\Delta T_b(90°) - \Delta T_b(270°)) \end{cases} \tag{5-6-20}$$

根据式(5-6-20)求得船磁系数后,可以拟合得到不同航向时的船磁影响,然后根据测船的航向对海上磁测数据进行船磁方位校正。

三、实例计算与分析

为了对船磁校正值计算的以上方法进行验证,本书采用实例数据加以分析说明。

某次船磁方位试验,基点坐标:××°45′09. 39″, ××°59′54. 60″,该点所在测区海底较平坦,磁力异常平静。×××船于 2006 年 8 月 25 日夜间沿八方位通过测试点,测定磁场总强度值,每条测线为 4km。仪器及环境参数如表 5-6-1 所列,测量数据经地磁正常场校正和日变改正后计算得到不同航向通过基点时磁异常值,然后分别采用傅里叶级数法和四航向法计算船磁校正值,计算结果如表 5-6-1所列。不同方法计算船磁校正系数如表 5-6-2 所列。不同方法船磁校正曲线如图 5-6-5 和图 5-6-6 所示,而不同方法拟合差如图 5-6-7 所示。

表 5-6-1　船磁试验及计算结果

仪器及环境参数	船磁方位试验				船磁校正值/nT			
	计划航向/(°)	时间	偏航距/m	磁异常/nT	傅里叶级数法		四航向法	
					拟合值	差值	拟合值	差值
测量项目:××××	225	09:14:43	8.1	-164.45	-164.16	0.29	-165.15	-0.70
仪器型号:G-882 序列号:XXXXX	90	09:29:37	0	-165.85	-165.02	0.83	-162.17	3.68
测点坐标: B:××°45′09″ L:××°59′54″	315	09:41:20	6.3	-163.00	-163.35	-0.35	-164.76	-1.76
测点磁倾角:××°	180	09:54:06	0	-162.95	-163.01	-0.06	-164.78	-1.83
采样周期: 1 次/s	45	10:05:31	3	-162.50	-163.21	-0.71	-162.87	-0.37
测量船:××	270	08:23:05	0	-164.85	-163.11	0.26	-164.85	0.00
室温:19°	135	08:42:20	3	-163.80	-164.17	-0.37	-163.26	0.54
拖缆长度:210m	360	09:03:31	12.3	-162.40	-161.76	0.64	-164.23	-1.83
拟合差					0.50		1.74	

表 5-6-2　船磁影响校正系数

方法	a_0	a_1	b_1	a_2	b_2
傅里叶级数法	-163.72	0.62	0.05	1.34	0.04
四航向法	-164.01	0.27	1.34	-0.5	0

由傅里叶级数法确定船磁方位曲线图 5-6-5 可以看出,感应磁影响要大于

固有磁影响。固有磁影响曲线是一条典型的余弦曲线,变化周期为 2π。感应磁影响是一条典型的余弦曲线,变化周期为 π。

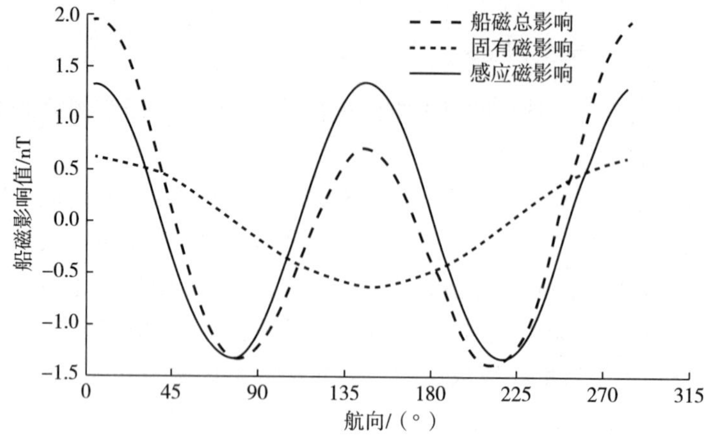

图 5-6-5 傅里叶级数法确定船磁方位影响曲线

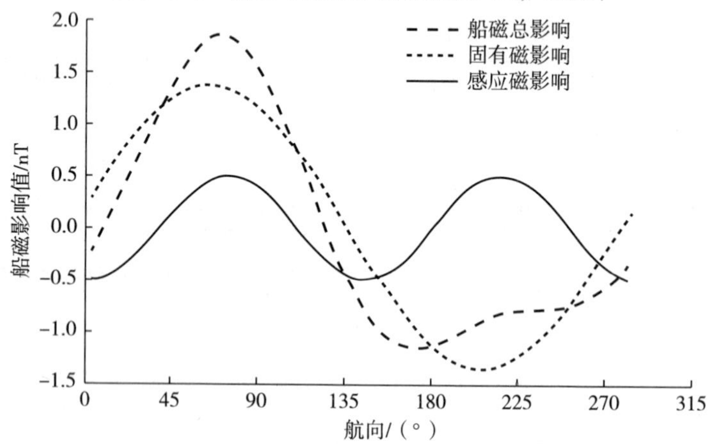

图 5-6-6 四航向法计算船磁校正曲线

而由四航向法计算船磁校正曲线可以看出,固有磁影响要大于感应磁影响。

比较不同方法船磁校正值拟合误差,优于四航向法只采用测船沿东、西、南、北 4 个航向的试验数据进行计算,在这 4 个航向拟合的船磁校正值误差较小,而其他 4 个航向拟合的船磁校正值误差则较大。而傅里叶级数法充分利用了 8 个方向上的船磁试验数据,其在 8 个方向上的拟合效果都比较好。因此,傅里叶级数法要优于四航向法。

综合以上分析,可以得到以下结论:

(1)船磁影响可分为固有磁影响和感应磁影响,当采用傅里叶级数法时,船磁影响以感应磁影响为主。而采用四航向法时,船磁影响以固有磁影响为主。

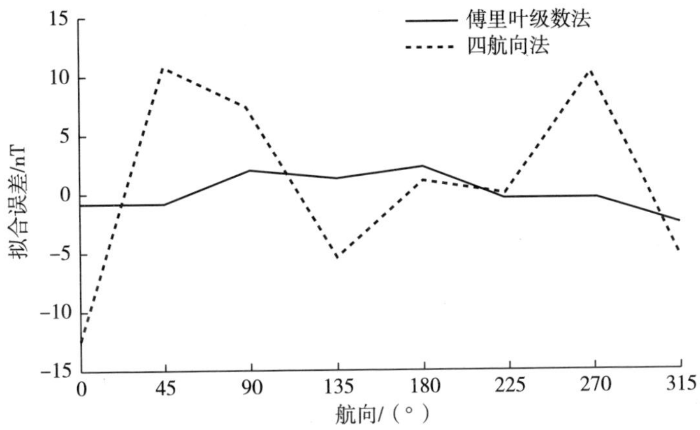

图 5-6-7　不同方法船磁校正值拟合差

并且,固有磁影响曲线的周期为 2π。感应磁影响是一条典型的余弦曲线,变化周期为 π。

(2)傅里叶级数法和四航向法利用海上测量前后所进行的船磁试验结果将船磁影响分为固有磁影响和感应磁影响,其较通用方法有一定的优越性。四航向法虽然只用 4 个航向的试验数据,大大减少了船磁试验时间,提高了工作效率,但比较而言,傅里叶级数法的拟合效果要优于四航向法,建议在海洋磁力测量中使用。

第七节　海洋磁力测量精度评定

和其他海道测量一样,海洋磁力测量属于网状测量模式,即其由主测线和少量的检查线组成,主测线和检查线交点差值是海洋磁力测量精度评定的重要信息。

一、交叉点的计算

如图 5-7-1 所示,设 P 点为主测线、检查线的交叉点, P_i 和 P_{i+1} 为主测线在交叉点处的相邻两点,对应的磁测值分别为 T_i 和 T_{i+1} , P_j 和 P_{j+1} 为检查线在交叉点处的相邻两点,对应的磁测值分别为 T_j 和 T_{j+1} 。P_i 、P_{i+1} 和 P_j 、P_{j+1} 连成简单的直线方程组,可求得交叉点坐标为

$$\begin{cases} x_p = (R_1 x_i - R_2 x_j + y_j - y_i)/(R_1 - R_2) \\ y_p = R_1(x_p - x_i) + y_i \end{cases} \tag{5-7-1}$$

式中:$R_1 = (y_i - y_{i+1})/(x_i - x_{i+1})$,$R_2 = (y_j - y_{j+1})/(x_j - x_{j+1})$ 。

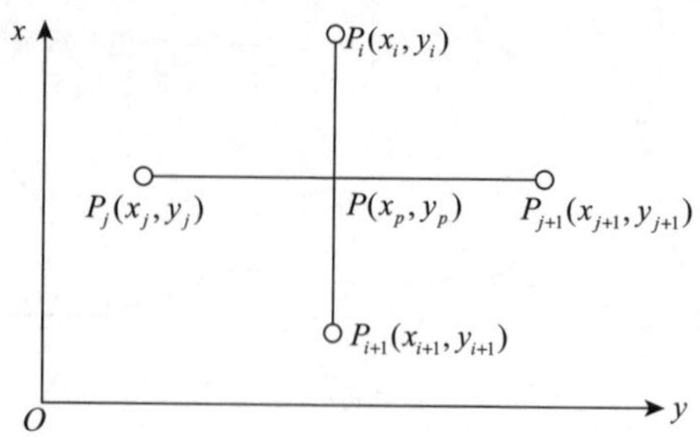

图 5-7-1　交叉点计算示意图

设主测线、检查线在交叉点处的磁测值分别为 $T_{主}$ 和 $T_{检}$，则有

$$\begin{cases} T_{主} = T_i + (T_{i+1} - T_i)(x_p - x_i)/(x_{i+1} - x_i) \\ T_{检} = T_j + (T_{j+1} - T_j)(y_p - y_j)/(y_{j+1} - y_j) \end{cases} \tag{5-7-2}$$

那么主测线、检测线上交叉点的磁测不符值表示为

$$\Delta T_p = T_{主} - T_{检} \tag{5-7-3}$$

计算程序设计思想如下：

设共有 n 条主测线 $L_i(i=1,2,\cdots,n)$ 和 m 条检查线 $L_j(j=1,2,\cdots,m)$ 。首先判断任意两条主测线、检查线有没有交叉点。设 L_i 首尾两端点的坐标分别为 $P_{i,1}(x_{i,1},y_{i,1})$ 和 $P_{i,n_i}(x_{i,n_i},y_{i,n_i})$，$n_i$ 为第 i 条主测线的测点总数；L_j 首尾两端点的坐标分别为 $P_{j,1}(x_{j,1},y_{j,1})$ 和 $P_{j,mj}(x_{j,m_j},y_{j,m_j})$，$m_j$ 为第 j 条检查线的测点总数。

由 $P_{i,1}$ 和 P_{i,n_i} 及 $P_{j,1}$ 和 P_{j,m_j} 分别组成直线方程，然后按式(5.77)求得两直线交叉点坐标 $P'(x_{p'},y_{p'})$ 。判断以下各式

$$x_{i,1}<x_{p'}<x_{i,n_i} \text{或} x_{i,1}>x_{p'}>x_{i,n_i} \tag{5-7-4}$$

$$y_{i,1}<y_{p'}<y_{i,n_i} \text{或} y_{i,1}>y_{p'}>y_{i,n_i} \tag{5-7-5}$$

$$x_{j,1}<x_{p'}<x_{j,n_i} \text{或} x_{j,1}>x_{p'}>x_{j,n_i} \tag{5-7-6}$$

$$y_{j,1}<y_{p'}<y_{j,n_i} \text{或} y_{j,1}>y_{p'}>y_{j,n_i} \tag{5-7-7}$$

若以上四式同时成立，那么就说明 L_i 和 L_j 有相交点；四式中只要有一个不成立，则无相交点。

海洋磁力测量的实际航迹线一般不会是简单的直线，因此用主测线、检查线端点坐标求得的交叉点 P'，也就不会是真正的交叉点 P。为求得 P 点，通常作法是按顺序选取 L_i 上的两点 $P_{i,k}$，$P_{i,k+1}$ 和 L_j 上的两点 $P_{j,\bar{k}}$，$P_{j,\bar{k}+1}$（$k=1,2,\cdots,n_{i-1}$；$\bar{k}=1,2,\cdots,m_{j-1}$），直接由 $P_{i,k}$，$P_{i,k+1}$，$P_{j,\bar{k}}$，$P_{j,\bar{k}+1}$ 四点坐标组成直线方程并求出两直线交叉点 P_k，然后将以上四点和 P_k 点的坐标相应地代入式(5-7-4)~式(5-7-7)。经判断，若四个式子同时成立，P_k 即为真正的交叉点 P；四式中只要有一式不成立，则重新选点比较。考虑测线上磁力测点很多，像这样判断一次，都要解一次直线方程组，计算机运算量很大，所以此法一般行不通。

依据由主测线、检查线端点坐标求得的交叉点 P'，很接近于真正的交叉点 P 这一事实，可以先选取 P' 点附近的 4 个点作为过渡点，以减轻计算工作量。作判断（以主测线为南北方向布设为例）

$$x_{i,k}<x_{p'}<x_{i,k+1} \text{或} x_{i,k}<x_{p'}<x_{i,k+1} \tag{5-7-8}$$

$$y_{i,\bar{k}}<y_{p'}<y_{i,\bar{k}+1} \text{或} y_{i,\bar{k}}<y_{p'}<y_{i,\bar{k}+1} \tag{5-7-9}$$

若式（5-7-8）和式（5-7-9）不能同时成立，则重新选点比较；若两式能同时成立，则进入下一步计算。

确定了 P 点附近的 4 个点以后，在它们的基础上向前和向后各扩充 5～10 个测点，即在主测线 L_i 上选一组测点 $P_{i,\alpha}(\alpha=k-5,k-4,\cdots,k,k+1,\cdots,k+4,k+5)$，在检查线上选另一组测点 $P_{j,\beta}(\beta=k-5,\bar{k}-4,\cdots,\bar{k},\bar{k}+1,\cdots,\bar{k}+4,\bar{k}+5)$。由于 P' 点和 P 点很接近，故由 $P_{i,\alpha}$ 和 $P_{j,\beta}$ 两组测点联合解算得到的交叉点必然包含了 P 点。P 点的具体位置由式（5-7-4）～式（5-7-9）判断后确定。

实践证明，以上求解测线交叉点位置的方法既实用又方便。

二、精度评定

（一）内符合精度计算

求得主测线、检查线上交叉点的磁测不符值，就可以对海洋磁力测量精度进行评定，公式如下：

$$M_{内} = \pm\sqrt{\frac{\sum \Delta T_{ij}}{2nm}} \tag{5-7-10}$$

式中：ΔT_{ij} 为交叉点磁测不符值；n 和 m 分别为主测线、检查线数的总数。考虑主测线、检查线可能不存在交叉点，所以精度评估公式的实用形式为

$$M_{内} = \pm\sqrt{\frac{\sum \Delta T_{ij}}{2N}} \tag{5-7-11}$$

式中：N 为主测线、检查线实际交叉点的总数。

海洋磁力测量精度评估中，大部分较大的强磁异常区的交叉点不符值大，可以不参加精度的评估，但弃点数不能超过总交点数的 3%。

（二）外符合精度计算

海洋磁力测量成果的外符合精度以同一点处不同磁力仪测量成果的符合程度作为评价依据，计算公式如下：

$$M_{外} = \pm\sqrt{\frac{[\Delta\Delta]}{n}} \tag{5-7-12}$$

式中:$M_{外}$为外符合中误差(nT);Δ 为同一点处不同磁力仪测量成果值的差(nT);n 为比对点数。

第八节　海洋磁力测量系统误差的平差方法

一、海洋磁力测量误差源分析

与陆地测量相比,影响海洋磁力测量的误差来源较多,是各种因素综合的影响。但是,从测量过程看,海洋磁力测量误差包括实时测量误差和非实时测量误差,前者是指实时定位和磁测所需的有关参数的测量误差。而后者则是指数据后处理所需数据的测量误差或算法等因素所产生的误差。

(一)实时测量误差

海洋磁力测量中,实时测量误差主要是指由仪器系统产生的误差,包括GPS 定位系统、磁力仪系统产生的测量误差,这类误差一般呈现系统性。海洋磁力测量中,GPS 定位系统的选择应该尽量满足海洋磁力测量的精度要求,并应该充分考虑测区的地理条件(近海、沿海、远海)和经济合理性。对于海洋磁力仪而言,目前先进的海洋磁力仪及日变站磁力仪,测量绝对精度达到了0.01nT,灵敏度达到了 0.001nT(采样率为 1Hz 时)。由此可见,海洋磁力仪的理论精度足以满足任何任务要求的海洋磁力测量。但是海洋磁力测量的动态性,使得仪器系统的各项技术性能远低于理论给出的要求,因而会产生仪器系统误差。

(二)非实时测量误差

海洋磁力测量数据处理时,为了得到测点的磁异常,还应该对数据进行位置归算、正常场校正、日变改正、船磁改正。因此,位置及归算误差、正常场模型及校正误差、地磁日变及校正误差、船磁影响及校正误差都属于非实时测量误差。

1.位置及归算误差

海洋磁力测量中,为了消除船磁的影响,磁力仪传感器(拖鱼)通常采取拖曳式工作,使得 GPS 定位中心和磁测中心不一致,这样就会引起位置误差。因此,为了得到测点的空间位置信息,还必须对测点位置进行归算,不同的归算方法会带来不同的误差。该误差既有系统性的影响也有随机性的影响。

2.正常场模型及校正误差

海洋磁力测量中,正常场校正值是由模拟地磁场时空分布与时间变化的正常场模型提供的。每一种正常场模型均有其优缺点，选取不同的正常场模型会带来不同的校正误差，该误差属于系统误差。但是选用统一合适的正常场模型就可以最大限度地消除该误差的影响。目前，DZ/T 0357—2020《海洋磁力测量技术规范》(以下简称《规范》)中规定：现阶段的海洋磁力测量，正常场计算采用最新的国际参考场模型 IGRF2020.0。

3.地磁日变及校正误差

海洋磁力测量中，地磁日变化有时甚至可达 40~100nT，另外磁暴、磁扰的影响也不容忽视。为了消除地磁日变化的影响，通常在测区附近设立日变站，对测区地磁日变化进行监测，获得海上磁测点的日变改正值。选取不同的日变改正方法，会产生不同的日变改正误差。当测区范围较大或在远海区进行测量时，限于日变站的有效作用距离，地磁日变改正也会存在很大的误差。该类误差包含系统误差和随机误差。

4.船磁影响及其校正误差

测量船由强磁材料建造，测船的磁场对海洋磁力测量存在一定的影响。海上磁力测量时，为了有效地减小船磁效应，海洋磁力仪采取拖曳式工作(一般拖缆长度不得小于 3 倍船长)。船磁对海洋磁力测量的影响是随着测船的航向、测船与拖鱼的距离和所处的磁场而变化的，并且不同的测量船，船磁影响是不一致的。船磁影响属于系统误差，可以通过实验(船磁方位试验)进行测定。对于某一条测线而言，当测船的航向稳定时，可以认为船磁对整条测线的影响相对变化不大。

在影响海洋磁力测量的误差中，非实时测量误差的影响占主要地位，而船磁和地磁日变是主要的误差来源，但是，对于其他各个因素也应该综合考虑，并选择相应的方法将以控制和消除。

二、海洋磁力测量系统误差的补偿技术

黄谟涛等在分析了海洋磁力测量的误差时，给出了几种误差补偿模型(黄谟涛等，2006)。

(一)简单补偿模型

由于测量平台受海浪起伏、风、流等扰动因素的干扰，海洋磁力测量从出测前的仪器校准到海上的观测作业，再到测量结束后的数据处理各个环节，都不可避免地会受到各种误差源的干扰和影响，它们或表现为系统性，或表现为随机性。把在单一测线方向呈系统性变化的误差称为测线系统差(又称半系统差)。主测线、检查线系统差的简单计算公式如下。

(1)第 i 条主测线半系统差的补偿计算公式为

$$T'_{ij} = T_{ij} - a_i = T_{ij} - (\sum_{j=1}^{m} \Delta_{ij})/m \tag{5-8-1}$$

经第一次误差补偿后的交叉点不符值变为

$$\Delta'_{ij} = T'_{ij} - \tilde{T}_{ij} \tag{5-8-2}$$

(2)第 j 条检查测线半系统差的补偿计算公式为

$$\tilde{T}'_{ij} = \tilde{T}_{ij} - b_j = \tilde{T}_{ij} - (\sum_{i=1}^{n} \Delta'_{ij})/n \tag{5-8-3}$$

经第二次误差补偿后的交叉点不符值变为

$$\Delta''_{ij} = T'_{ij} - \tilde{T}'_{ij} = \Delta'_{ij} - (\sum_{i=1}^{n} \Delta'_{ij})/n \tag{5-8-4}$$

必须指出的是,做系统差补偿应该是有前提的,不管系统差显著与否,都一律做补偿或一律不做补偿都是不妥当的。因为如果系统差不显著,相当于把偶然误差也当成系统误差处理,这样做不但起不到消除矛盾的作用,而且有可能使原始数据发生畸变,引起更大的误差。针对这种情况,本书提出通过方差分析方法建立海洋磁力测量系统误差显著性检验标准。因为在海面上进行参量测量可以看作一次抽样试验,测线位置以及测线方向的变化可看作试验条件的差异,故测量中的系统误差就对应于方差分析中的条件误差,偶然误差成为试验误差。依此导出的显著性检验统计量为

$$F_1 = \frac{Q_1/(m-1)}{Q_3/[(n-1)(m-1)]} F_2 = \frac{Q_2/(N-1)}{Q_3/[(n-1)(m-1)]} \tag{5-8-5}$$

式中:$Q = \sum_{i=1}^{n} \sum_{j=1}^{m} (\Delta_{ij} - D)^2$, $Q_1 = n\sum_{j=1}^{m} (D_j - D)^2$, $Q_2 = m\sum_{i=1}^{n} (D_i - D)^2$, $Q_3 = \sum_{i=1}^{n} \sum_{j=1}^{m} (\Delta_{ij} - D_i - D_j + D)^2$, $D = \frac{1}{nm}\sum_{i=1}^{n} \sum_{j=1}^{m} \Delta_{ij}$, $D_i = \frac{1}{m}\sum_{j=1}^{m} \Delta_{ij}$, $D_j = \frac{1}{n}\sum_{i=1}^{n} \Delta_{ij}$。

F_1 和 F_2 分别服从自由度为 $[(m-1),(n-1)(m-1)]$ 和 $[(n-1),(n-1)(m-1)]$ 的 F 分布。

根据方差分析理论,可导出经系统差补偿后的精度估算公式:

$$\bar{M} = \pm\sqrt{\frac{\sum \Delta''^2_{ij}}{2r}} = \pm\sqrt{\frac{\sum \Delta''^2_{ij}}{2(n-1)(m-1)}} \tag{5-8-6}$$

式(5-8-6)比原来普遍采用的计算公式更加合理。

(二)严密补偿模型

实际上可以认为,当前海洋磁力测量成果受到的影响主要是来自各个环节的动态系统误差的干扰,这些干扰的综合影响的变化规律相当复杂,有定值和

线性变化的部分，也有周期性变化的部分，但更多的是变化规律表现复杂的部分。针对这种情况，笔者认为，海洋磁力测量系统差补偿实质上是一个要求从观测值误差（假设已排除粗差）中排除噪声（即偶然误差）干扰而分离出信号（即系统误差）的滤波推估问题。

在海道测量过程中，系统误差的特性一般是随测量环境的某一个或某几个因素按确定的函数规律而变化的，因此，可以用某种函数关系将其表征和包罗。根据海洋磁力测量的特点，提出选择观测时间（或测线弧长）作为变化因子来建立相应的系统误差模型。其具体形式为

$$F(t) = a_0 + a_1 t + \sum_{i=1}^{n} (b_i \cos(i\omega t) + c_i \sin(i\omega t)) \tag{5-8-7}$$

式中：ω 为对应于误差变化周期的角频率。

上述模型由两部分组成：第一部分表征误差综合影响的线性变化规律，第二部分表征误差综合影响的复杂变化规律，它是海道测量几何场和物理场误差影响的综合体现。针对上述系统误差模型，提出通过自检校平差法来确定误差模型的待定系数，具体过程如下。

将测线上任意一点的磁力观测量表示为

$$T = \widehat{T} + F(t) + \Delta \tag{5-8-8}$$

式中：$\widehat{T}$ 为 T 的真值；$F(t)$ 为系统误差的影响项；Δ 为观测噪声。

根据式（5-8-4），在交叉点 $P(i,j)$ 处，可建立误差方程式为

$$V_{ij} = -V_i + V_j = F_i(t) - F_j(t) - (T_i - T_j) \tag{5-8-9}$$

式中：Δ_{ij} 为交叉点不符值，$\Delta_{ij} = T_i - T_j$。

对于某个测量网，可写出交叉点误差方程的矩阵形式为

$$\boldsymbol{V} = \boldsymbol{AX} - \boldsymbol{D} \tag{5-8-10}$$

式中：作为观测量的不符值 $\boldsymbol{D}$ 是一种相对观测量，说明由其组成的法方程式是奇异的，即法方程系数阵是秩亏的，因此，要想求得误差模型的绝对参量，必须增加必要的约束条件。根据海道测量的特点，这里引入虚拟观测值，即把待定的误差模型参数看作具有先验统计特性的信号，联合解算由实际观测值和虚拟观测值组成的误差方程。设待定参数的虚拟观测值为 $\boldsymbol{L}\alpha = 0$，其权矩阵为 $\boldsymbol{P}_{\mathrm{X}}$，按带有先验统计特性的参数平差法可求得式（5-8-10）的参数解为

$$\boldsymbol{X} = (\boldsymbol{A}^{\mathrm{T}}\boldsymbol{PA} + \boldsymbol{P}_{\mathrm{X}})^{-1}(\boldsymbol{A}^{\mathrm{T}}\boldsymbol{PD} + \boldsymbol{P}_{\mathrm{X}}\boldsymbol{L}\alpha) \tag{5-8-11}$$

协因数阵为

$$\boldsymbol{Q}_{\mathrm{X}} = (\boldsymbol{A}^{\mathrm{T}}\boldsymbol{PA} + \boldsymbol{P}_{\mathrm{X}})^{-1} \tag{5-8-12}$$

式中：$\boldsymbol{P}$ 为对应于不符值观测量的权矩阵。待求误差模型参数的先验权矩阵 $\boldsymbol{P}_{\mathrm{X}}$

可采用经验求权法或验后权估计法来确定,本书采用了经验求权法。

(三)简化补偿模型

基于带有普遍意义的系统误差模型,本书提出了严密的自检校平差补偿法,实际应用结果已经证实,严密补偿模型具有非常好的补偿效果。但在实践中发现,严密补偿法在不规则测量网的应用中,实现过程过于复杂,不便于编程计算,从而限制了该法在基层作业单位的推广和应用。为了解决这个问题,这里基于误差验后补偿法原理,进一步把严密补偿模型简化为实用模型,以利于各种类型测量网的灵活运用。其基本原理是首先使用条件平差法对测线交叉点进行平差,平差模型为

$$\boldsymbol{BV}-\boldsymbol{D}=0 \tag{5-8-13}$$

式中:$\boldsymbol{V}$ 为包含偶然差和系统差在内的改正数向量;$\boldsymbol{B}$ 为由 1 和-1 组成的系数矩阵;$\boldsymbol{D}$ 仍为交叉点不符值向量。式(5-8-13)的最小二乘解为

$$\boldsymbol{V}=\boldsymbol{P}^{-1}\boldsymbol{B}^{\mathrm{T}}(\boldsymbol{BP}^{-1}\boldsymbol{B}^{\mathrm{T}})^{-1}\boldsymbol{D} \tag{5-8-14}$$

对应的协因数阵为

$$\boldsymbol{Q}_{\mathrm{V}}=\boldsymbol{P}^{-1}\boldsymbol{B}^{\mathrm{T}}(\boldsymbol{BP}^{-1}\boldsymbol{B}^{\mathrm{T}})^{-1}\boldsymbol{BP}^{-1} \tag{5-8-15}$$

设测线上的各个测点均为独立观测量,则有

$$v_{ij}=p_{ji}\Delta_{ij}/(p_{ij}+p_{ji}) \tag{5-8-16}$$

$$v_{ji}=-p_{ji}\Delta_{ij}/(p_{ij}+p_{ji}) \tag{5-8-17}$$

式中:p_{ij} 和 v_{ij} 为第 i 号主测线在交叉点处的观测权因子和观测量改正数;p_{ji} 和 v_{ji} 为第 j 号检查线在交叉点处的观测权因子和观测量改正数。

如果进一步把各个测点视为等精度观测,则有

$$v_{ij}=\Delta_{ij}/2,\quad v_{ji}=-\Delta_{ij}/2 \tag{5-8-18}$$

按以上交叉点平差方法求得 $\boldsymbol{V}$ 值以后,可进一步将 $\boldsymbol{V}$ 值视为一类虚拟的观测量,通过选择与严密补偿方法相似的误差模型,对包含偶然差和系统差的 $\boldsymbol{V}$ 值进行滤波处理。虽然从理论上讲,简化补偿法的效果可能不如合理赋权的严密平差法,但它的计算过程要比前者简单许多,其误差方程不再出现秩亏现象,因此,它的平差结果应当更加稳定和可靠。

第九节　海洋磁力测量数据通化

一、海洋磁力测量数据通化的基本原理

海洋磁力测量的最终目的是获得高精度的地磁场分布,成果包括地磁图和

地磁场模型,它们表示的都是地磁场各要素在某一特定年代的空间分布。例如,国际参考场模型 2000.0(IGRF2000.0)代表地磁要素在 2000 年 1 月 1 日在全球范围的分布状况;2000.0 中国海区地磁图代表地磁要素在 2000 年 1 月 1 日在我国海区的分布状况。然而,用来建立地磁场模型和编绘地磁图的磁测数据往往是在不同年代、不同日期、不同时间在现场测量取得的,因此需要将这些数据改正到某一共同年代,即称为磁测数据的通化。

在通化过程中,假设在一定的范围内,地球变化磁场幅度和相位是一致的,利用通化台站对磁测点分别进行长期变化改正和短期变化改正,就可以获得各磁测点某一特定年代的磁场值。但是,实际上变化磁场的幅度和相位对通化台站和各测点的影响存在一定差异,并且地球变化磁场对磁测的影响可看成半系统半偶然误差。因此,不妨考虑了地球变化磁场对磁测影响的总体效应,对海洋磁力测量磁测资料的通化方法进行了研究,并对影响磁测资料通化的因素进行了分析。

设通化台站 $O(x_0,y_0)$ (一般选择海区附近地磁台)和海上磁测点 $P(x,y)$ 在 t 时刻的瞬时磁测值分别为 $T(x_0,y_0,t)$ 和 $T(x,y,t)$,通化时刻 t_0 的磁测值分别为 $T(x_0,y_0,t_0)$ 和 $T(x,y,t_0)$ 。那么 $t_0\sim t$ 时刻,通化台站和磁测点的地球变化磁场可分别表示为

$$\Delta T(x_0,y_0,t-t_0)=T(x_0,y_0,t)-T(x_0,y_0,t_0) \tag{5-9-1}$$

$$\Delta T(x,y,t-t_0)=T(x,y,t)-T(x,y,t_0) \tag{5-9-2}$$

磁测数据通化的基本前提即假定在一定的空间范围内认为通化台站和磁测点地球变化磁场(包括长期变化和短期变化)影响是一致的,即

$$\Delta T(x_0,y_0,t-t_0)=\Delta T(x,y,t-t_0) \tag{5-9-3}$$

那么就可得到磁测点通化值为

$$T(x,y,t_0)=T(x,y,t)-T(x_0,y_0,t)+T(x_0,y_0,t_0) \tag{5-9-4}$$

由此可见,通化方法考虑了长期变化磁场和短期变化磁场对磁测影响的总体效应。其中,长期变化磁场周期较长,变化缓慢,在较小范围内其对磁测的影响较小,而短期变化的成分比较复杂,周期短,变化比较剧烈,其对磁测的影响较大。并且短期变化磁场中占主导地位的是地磁日变化,海洋磁力测量中通过在测区附近设立日变站并进行地磁日变改正来减小其影响。

磁测点的通化精度主要取决于台站磁力仪的观测精度及磁测点日变改正的精度。而地磁日变改正精度与磁测点和日变站间距离及地磁日变化的复杂程度有关(磁情指数 K)。一般距离越小,日变改正精度越高;地磁日变化越平静,日变改正精度越高。因此,在较小的范围内,通化距离对通化精度的影响可

以忽略不计，而磁情指数 K 一般在通化距离较小时，其对通化精度的影响也不显著；当通化距离较大时，其对通化精度的影响很明显。为了保证磁测数据的通化精度，必须严格控制通化距离，并选择最近的地磁台站作为通化台站。

二、海洋磁力测量数据通化的方法

1. 基于地磁台站观测数据的通化方法

以测区附近地磁台 $A(x_0,y_0)$ 为通化站，$B(x,y)$ 为测区内某一磁测点，它们在 t 时刻的磁测值分别为 $T(x_0,y_0,t)$ 和 $T(x,y,t)$，通化时刻 t_0 的磁测值分别为 $T(x_0,y_0,t_0)$ 和 $T(x,y,t_0)$，则 $t_0\sim t$ 时刻，通化台站和磁测点的变化磁场分别为

$$\Delta T(x_0,y_0,t-t_0)=T(x_0,y_0,t)-T(x_0,y_0,t_0) \tag{5-9-5}$$

$$\Delta T(x,y,t-t_0)=T(x,y,t)-T(x,y,t_0) \tag{5-9-6}$$

当测点在通化台站有效作用距离内时（《规范》中规定日变站的有效作用距离不应超过 500km），认为通化台站和磁测点受变化磁场（长期变化和短期变化）的影响是一致的，即

$$\Delta T(x_0,y_0,t-t_0)=\Delta T(x,y,t-t_0) \tag{5-9-7}$$

由此可得到磁测点在通化时刻的磁场值为

$$T(x,y,t_0)=T(x,y,t)-T(x_0,y_0,t)+T(x_0,y_0,t_0) \tag{5-9-8}$$

2. 基于主磁场模型计算数据的通化方法

基于主磁场模型计算数据的通化方法是一种短期变化与长期变化分别改正的通化方法，即磁测数据经日变改正消除短期变化场，再由地磁场模型计算主磁场从观测时刻到通化时刻的长期变化。因以经过日变改正处理，则观测时刻 t_i 的磁总场值 $T(t_i)$ 应为主磁场与地壳磁异常场的叠加，即

$$T(t_i)=T_{\text{core}}(t_i)+T_{\text{crust}}(t_i) \tag{5-9-9}$$

假设通化时刻为 t_0，则通化后的地磁总场表示为

$$T(t_0)=T_{\text{core}}(t_0)+T_{\text{crust}}(t_0) \tag{5-9-10}$$

考虑地壳磁异常场基本是不变的，即

$$T_{\text{crust}}(t_0)=T_{\text{crust}}(t_i) \tag{5-9-11}$$

则经整理，得通化后的磁场为

$$T(t_0)=T_{\text{core}}(t_0)+T(t_i)-T_{\text{core}}(t_i) \tag{5-9-12}$$

这里将观测时刻 t_i 与通化时刻 t_0 的主磁场差定义为通化改正量 $\Delta T_{\text{core}}(t_i,t_0)$，则通化改正公式为

$$\begin{cases}\Delta T_{\text{core}}(t_i,t_0)=T_{\text{core}}(t_0)-T_{\text{core}}(t_i)\\ T(t_0)=T(t_i)+\Delta T_{\text{core}}(t_i,t_0)\end{cases} \tag{5-9-13}$$

由式(5-9-13)可知,通化改正量 $\Delta T_{core}(t_i,t_0)$ 的计算至关重要,它是地核主磁场的变化,可以由地球主磁场模型来计算,地磁场模型计算公式详见第二章第四节内容。

3. 基于日变站观测数据的通化方法

对于远海测区而言,很难在测区附近选择合适的地磁台站作为通化站,此时如何利用日变站观测值对测区成果数据进行通化是需要研究的问题,而日变站没有长期连续观测数据,无法确定通化时刻磁场值。为此,本节提出利用地磁日变站的磁异常来确定变化场改正基值的通化方法,主要思路如下:

设点 $A(x_0,y_0)$ 为某测区日变站,其在 t_i 时刻的观测数据为 $T_r(x_0,y_0,t_i)$,则有

$$T_r(x_0,y_0,t_i)=T_z(x_0,y_0,t_0)+\Delta T+f(t_i) \tag{5-9-14}$$

式中:$T_z(x_0,y_0,t_i)$ 为 t_i 时刻日变站的正常场;ΔT 为日变站的地磁异常,一般认为在地质结构及地理环境没有重大变化时,是一个恒定不变值;$f(t_i)$ 为 t_i 时刻的变化磁场。

该方法主要思想是将日变站在通化时刻的正常场及其磁异常组成的稳定场作为通化基值,将日变站作为通化站,对测区观测数据进行通化改正。日变站在通化时刻的正常场可以由 IGRF 模型计算得到,关键在于如何计算日变站的地磁异常,由式(5-9-14)可知,对于日变站整个观测期间而言,其磁异常为

$$\sum_{i=1}^{n}\Delta T_i=\sum_{i=1}^{n}T_r(x_0,y_0,t_i)-f(t_i)-T_z(x_0,y_0,t_i) \tag{5-9-15}$$

式中:i 为观测天数,$i=1,2,\cdots,n$。对于每个观测日而言,根据傅里叶调和分析理论,观测到的磁总场 $T(x_0,y_0,t_i)$ 可以看作不同周期变化的谐波成分与基本场 $D_0(t_i)$ 的叠加,即

$$T(x_0,y_0,t_i)=D_0(t_i)+f(t_i) \tag{5-9-16}$$

对日变站的观测数据进行傅里叶谐波分析,求得观测期间所有磁静日的基本场 $D_0(t_i)$,再由式(5-9-15)和式(5-9-16)可得日变站磁异常为

$$\Delta T=\sum_{i=1}^{n}(D_0(t_i)-T_z(x_0,y_0,t_i))/n \tag{5-9-17}$$

假设将测区数据通化到 t_0 时刻,则日变站在 t_0 时刻的通化基值为

$$T_0(x_0,y_0,t_0)=T_z(x_0,y_0,t_0)+\Delta T \tag{5-9-18}$$

最后,计算观测期间日变站的通化改正量,将其作为测区同步观测数据的通化改正值,就可以将测点在观测时刻 t_i 的磁场值 $T(x,y,t_i)$ 通化到 t_0 时刻。

$$T(x,y,t_0)=T(x,y,t_i)-(T_r(x_0,y_0,t_i)-T_0(x_0,y_0,t_0)) \tag{5-9-19}$$

由式(5-9-19)可以看出,计算日变站的地磁异常是关键,在采用傅里叶谐波分析计算观测期间日变站基本场时需要避免磁扰的影响,为此,需要选取多个磁静日观测数据进行分析,这样计算的日变站地磁异常误差相对较小。

第十节　海洋磁力测量成果形式

海洋磁场测量数据成果图是根据所有测点的定位数据和磁异常值或磁场总强度值,可绘制出一定比例尺的磁异常图或总磁场强度图,直观形象地反映整个测区的磁异常或总场强度分布特征。海洋磁场测量数据成果图件包括地磁异常 ΔT 剖面图、地磁异常 ΔT 平面剖面图、地磁异常 ΔT 等值线图和地磁总强度 T 等值线图。当使用磁场梯度仪进行海洋磁场测量时,还包括地磁场梯度等值线图。

一、成果图绘制要求

(一)投影要求

海洋磁力测量成果图的投影方式按照测图比例尺确定:

(1)1∶2 000,高斯-克吕格 1.5°带。

(2)1∶5 000、1∶10000,高斯-克吕格 3°带。

(3)1∶25000,高斯-克吕格 6°带。

(4)小于(含)1∶50000,墨卡托投影,以测区中央纬度作为基准纬线或按业务主管部门下达的任务书要求执行。

(二)图幅尺寸

采用高斯-克吕格投影的图幅尺寸如下:

(1)50cm×50cm。

(2)70cm×100cm。

(3)80cm×110cm。

采用墨卡托投影的图幅尺寸为 80cm×110cm。

(三)图上标注

海洋磁力测量成果图可在图上空白处附有必要的说明性文字,附注的基本内容包括:

(1)坐标系选择、投影方式、基准纬线或中央子午线选择。

(2)地磁正常场模式选择、等值线间距。

(3)地磁异常平面剖面图还应增加剖面绘制基准值和比例系数。

二、成果图的绘制

（一）地磁异常 ΔT 剖面图

地磁异常 ΔT 剖面图是表示沿某一测线或某一特定方向的剖面上磁场异常变化情况的磁异常图，它是绘制平面剖面图的基础，也是研究异常特征、进行异常计算的基本图件。海洋磁场测量中每一条测线都要求绘制地磁异常剖面图。图 5-10-1 所示为某次测量测线沿 X 轴方向磁异常 ΔT 剖面图。

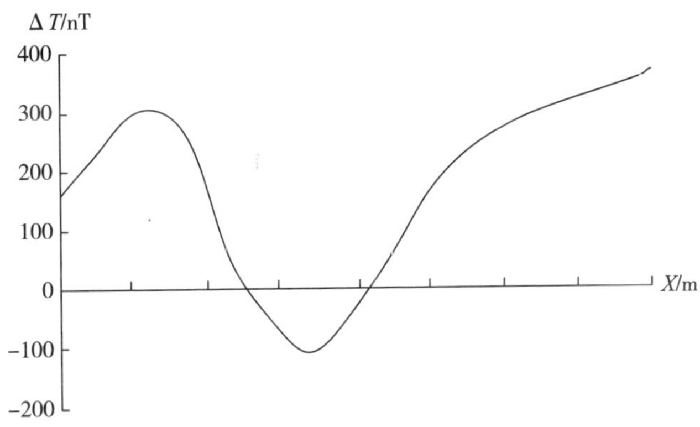

图 5-10-1　沿 X 轴方向磁异常 ΔT 剖面图

（二）磁场强度等值线图

海洋磁力测量磁场等值线图包括地磁总强度 T 等值线图和磁异常 ΔT 等值线图，它们是将总场强度磁值或异常值相等的点连接起来，勾绘在图板上，可以很好地反映磁异常或总强度值的变化情况。

海洋磁力测量磁场等值线图应与展点图合二为一。展点图上均匀标注磁力值，地磁总强度等值线图的数值注记间隔为图上 2cm，地磁异常等值线图的数值注记间隔为图上 1cm。标注数值取至 0. 1nT，数值尾部的小数点表示测点位置。在地磁异常等值线图中，表示正异常的等值线应采用红色，表示负异常的等值线应采用蓝色。地磁总场强度等值线图的等值线应统一采用暗红色。磁异常等值线间隔应根据测区内磁场变化剧烈程度而定。一般等值线图的等值线间隔不小于测量准确度的 2. 5 倍，具体绘制时应参考地质及其他地球物理资料；等值线图上不应出现围绕一条主测线的“葫芦”状等值线和垂直于主测线方向的“锯齿”状等值线。图 5-10-2 和图 5-10-3 所示分别为某海区磁力测量地磁场总场强度和地磁异常等值线图。

图 5-10-2 和图 5-10-3 的左上角还应表明测区所处海区。右上角“Ma25-2006-01”中，“Ma”表示磁力测量，“25”代表测图比例尺，“2006-01”表示 2006 年第 01 号图。图的左下角还标注了磁力测量组长、图版绘制者和检查者，中间

还给出了测量实施的时间，右下角按要求进行了图上附注。

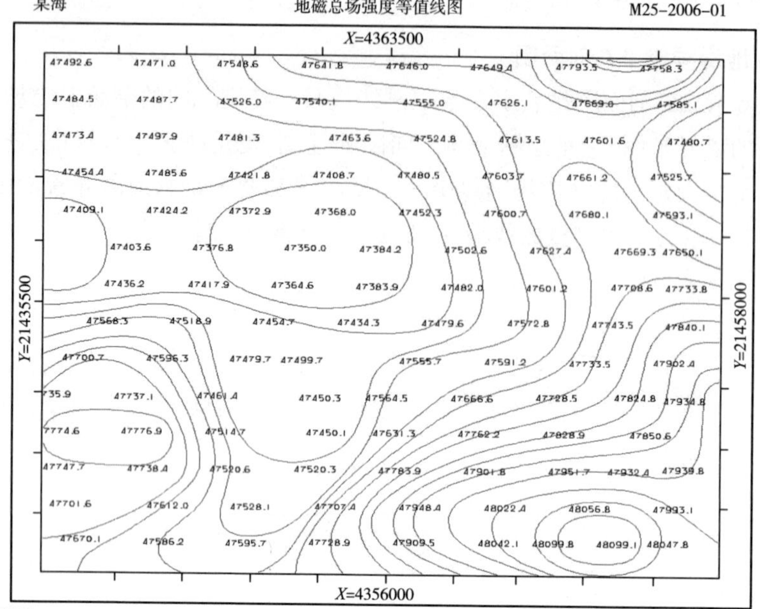

图 5-10-2　某海区地磁总场强度等值线图（彩图见插页）

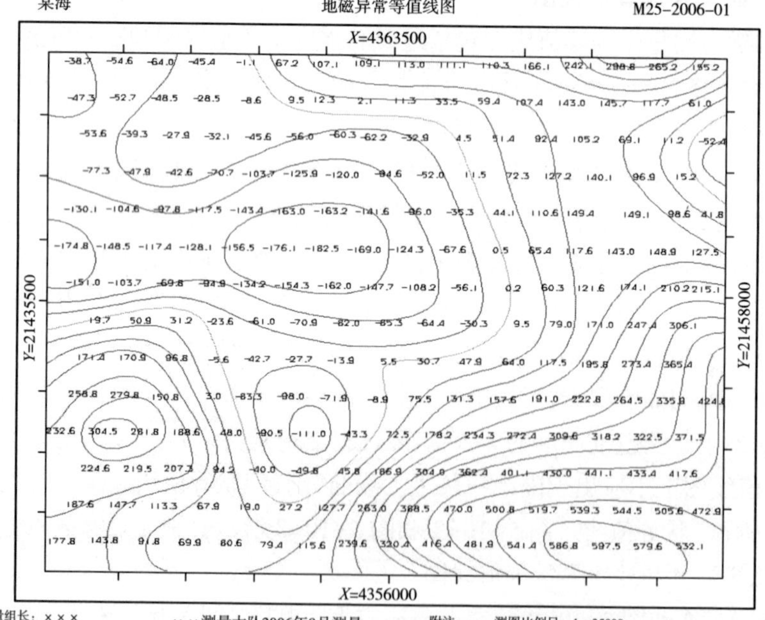

图 5-10-3　某海区地磁异常等值线图（彩图见插页）

(三)地磁异常 ΔT 平面剖面图

地磁异常 ΔT 平面剖面图是重要的成果图件,同时也是数据质量可视化检查的很好手段,其是将全测区的剖面图,按实际位置并列在测量图版上绘制而成的。它不仅可以反映磁异常沿测线方向的变化特征,而且还可以反映磁异常在平面上的变化特点。绘制平面剖面图时,应该调整零线使图中正、负异常分配协调,即使正、负异常的面积约各占一半。磁异常平面剖面图绘制步骤如下:

(1)确定全图磁力基准值。

(2)选取基准线模式:首尾点连线、拟合直线或实际航迹线。

(3)设置填色方案及垂直控制比例。

(4)求基准线的方位角 A,将测线上全部测点平面坐标顺时针旋转 $90°-A$,即旋转变换后的测点坐标与起点的 X 分量差值即为投影距离。

(5)对每个测点计算其与基准磁力值的偏差,并根据偏差值符号判断正负区。

(6)对剖面的正负区进行统一化处理。

(7)根据基准测线所在象限,对图侧连续测点与基准线构成的多边形填色,并加绘边线。

图 5-10-4 所示为某海区测量地磁异常 ΔT 平面剖面图。

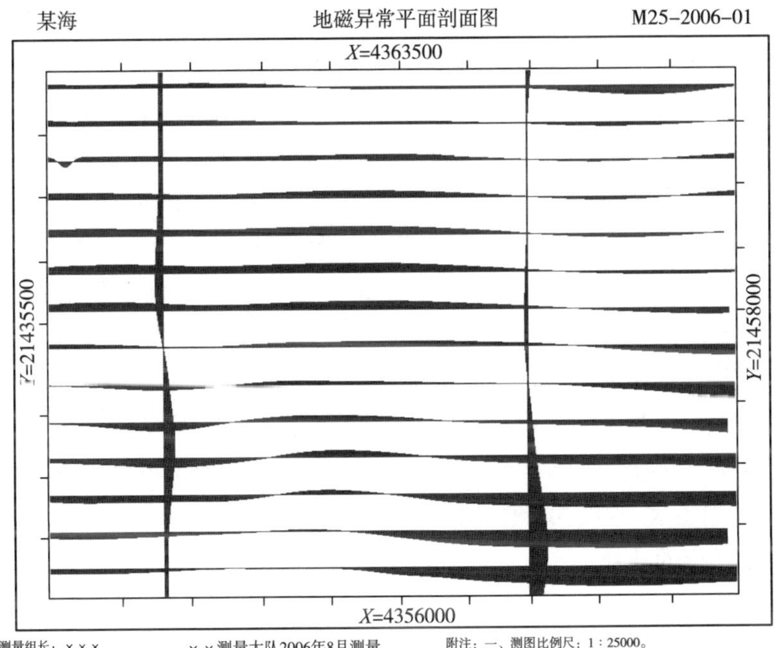

图 5-10-4　某海区磁异常平面剖面图(彩图见插页)

图 5-10-4 中,平面剖面图的基准值为 60nT/cm,比例尺为 1∶1.0。

另外,为了解释和判断的需要,磁测成果还可以绘制成三维立体图(3D Surface Map)、地貌晕渲图(Shaded Relief Map)、影像图(Image Map)等。

三、海洋磁场测量数据库

海洋磁场信息是国防与经济建设必需的基础性信息。高精度磁场测量信息可以国防建设,如为探潜与反潜,水雷布放与回收,鱼雷自导、舰艇导航,海底提供背景场数据;在经济建设方面,它可以为固体矿产资源勘查、油汽资源勘查、大型建筑工程与核电站选址、海底管线工程以及基础地质研究提供基础资料。海洋磁场信息有着广泛的应用价值,多学科使用目的可多次重复使用同样的资料,同时,海洋磁场资料本身也是一个逐步积累、逐步完善、逐步提高精度的过程,因此,长期以来,在海洋磁场资料的处理、管理和使用等方面花费了大量的人力和物力。随着计算机的发展,建立海洋磁力测量数据库有较大的现实意义和使用价值。

在数据库的建立方面,美国地球物理数据中心(the National Geophysical Data Center,NGDC)利用全球地磁台网资料和卫星磁测资料建立了一个交互式数据库管理系统(GEODAS),它可用于数据的同化、存储和更新。其收集的数据包括海洋地球物理数据、海道测量数据和航空磁测数据、多波束水深测量数据和地形栅格数据。中国地震局地球物理所“中国地磁图项目组”建立了中国地磁图相关数据库,收集了 1900—2000 年中国地区及邻近国家的地磁三分量 2005 年绝对测量的数据共 4000 余点次。对这些数据进行全面、细致的校合和验证后,生成了 1900—1940 年中国地区地磁三分量数据集,修正了 1950—2000 年中国地区地磁三分量数据集。随着海洋磁力测量资料的积累,建立海洋磁场资料数据库是必要的。

(一)数据库的组成

海洋磁力测量数据库的内容包括海洋磁力仪信息、日变站信息、船磁方位影响改正信息、测线属性、海洋磁力测量原始观测信息、海洋磁力测量成果信息、交叉点不符值表、年度测量任务信息和测量任务信息。

(二)数据库的功能

海洋磁场数据库应具有以下功能。

1. 数据录入功能

(1)手工录入。

(2)磁力仪数据采集软件产生的原始数据文件格式自动录入。

(3)根据数据后处理软件产生的成果数据文件格式自动录入。

(4)根据成果图件数据文件格式自动录入。

(5)其他以文件形式存在的数据,自动进行数据录入。

2. 数据查询功能

(1)能够进行自定义组合查询。

(2)查询结果能够打印输出。

(3)能够以数据处理软件所需要的数据格式以文件方式输出。

3. 具有修改、删除、添加等编辑功能

4. 统计输出功能

(1)生成规定的业务报表。

(2)生成各种分析报表。

(3)生成各种入库资料统计报表。

5. 用户权限管理

(1)高级用户能够管理低级用户。

(2)不同级别的用户对应不同的数据使用权限。

(3)只有具有管理员身份的用户才能进行数据库维护。

6. 在线帮助功能

海洋磁力数据库具有完善的在线帮助功能。

第十一节　海洋磁力测量质量评估

一、成果检查的内容

和其他海道测量任务一样,海洋磁力测量一般也是通过交叉点不符值来评价磁测成果精度,海洋磁测的最终目的是绘制高精度的海区磁异常图。因此,要想对海洋磁测成果质量进行评价,不仅仅是对其磁测成果精度进行评价,还应该对其技术设计、测量实施、数据处理与成图,最后到成果资料的上交等各个方面的内容进行评价,成果质量元素及检查项目如表5-11-1所列。

二、质量评价标准

海洋磁力测量成果质量评价按照成果差错类型进行分类,并通过成果差错类型评定海洋磁力测量成果质量等级。

表 5-11-1 海洋磁力测量成果质量检查内容

质量元素	检查项目
技术设计	(1)技术设计体例是否符合要求; (2)任务来源和要求是否明确; (3)平面基准; (4)高程基准; (5)深度基准; (6)地磁正常场基准; (7)时间基准; (8)测量比例尺; (9)测区折点坐标及其示意图; (10)图幅坐标和示意图; (11)测区概况,包括自然地理、气象水文、人文环境等; (12)测量船型号、照片和主要参数; (13)磁力仪型号、照片和主要参数; (14)定位仪器的型号、照片和主要参数; (15)日变观测仪器型号、照片和主要参数; (16)磁力仪检验的内容和要求; (17)定位仪器检验的内容和要求; (18)日变观测仪器检验的内容和要求; (19)是否规定日变站位置与选址要求; (20)日变观测站值班要求; (21)船磁影响测定的测线和端点坐标表; (22)船磁影响测定步骤和实施要求; (23)主测线方向、间距和端点坐标表; (24)检查线方向、间距和端点坐标表; (25)测量船在线测量航行要求; (26)海上作业值班要求; (27)数据处理的项目和要求; (28)成果图件种类和绘制要求; (29)上交资料清单; (30)应急情况处置措施; (31)电子版与打印件的一致性; (32)设计审批手续是否齐全
磁力仪检验	(1)是否进行磁力仪稳定性试验; (2)磁力仪稳定性试验时间是否符合要求; (3)磁力仪稳定性试验记录要素是否齐全; (4)磁力仪稳定性试验结果是否符合要求; (5)是否进行磁力拖鱼一致性比对试验; (6)磁力拖鱼一致性试验结果是否符合要求

续表

质量元素	检查项目
定位仪器检验	(1)是否进行定位仪器稳定性试验; (2)定位仪器稳定性试验时间是否符合要求; (3)定位仪器稳定性试验记录要素是否齐全; (4)定位仪器稳定性试验结果是否符合要求
船磁影响测定	(1)是否进行船磁影响测定; (2)测定地点是否选在测区附近; (3)测定地点的地磁场是否平坦; (4)导航定位仪器天线安装是否合理; (5)拖缆长度与正式测量时是否一致; (6)测量船型号与正式测量时是否一致; (7)测定时间是否合理; (8)测定次数是否符合要求; (9)测线长度是否符合要求; (10)测定期间是否进行连续日变观测; (11)测定期间的日变数据质量是否符合要求; (12)通过中心参考点时偏航距是否超限; (13)航速是否均匀; (14)航向是否符合要求; (15)数据处理方法是否正确; (16)船磁影响系数计算是否正确; (17)值班记录要素是否齐全; (18)是否漏记重要事件; (19)值班记录是否清晰整洁; (20)值班记录有无涂改现象; (21)值班记录划改是否规范
数据采集记录	(1)磁力仪的工作状态; (2)定位仪器的工作状态; (3)测量船航速是否超限; (4)磁力数据采样率设置是否符合要求; (5)定位数据采样率设置是否符合要求; (6)测量船航速是否均匀; (7)采集的数据种类是否齐全; (8)条件具备时,是否采集拖鱼入水深度; (9)条件具备时,是否采集水深数据; (10)磁力数据的动态噪声水平是否符合要求; (11)偏航距是否超限; (12)特殊情况处置是否合理;

续表

质量元素	检查项目
数据采集记录	(13)值班记录要素是否齐全; (14)是否漏记重要事件; (15)值班记录时间间隔是否符合规定; (16)值班记录是否清晰整洁; (17)值班记录有无涂改现象; (18)值班记录划改是否规范
日变观测	(1)日变站工作状态; (2)日变站是否尽量选在测区同纬度地区; (3)日变站是否选在地磁场梯度变化较小的地方; (4)日变站是否远离干扰源; (5)是否测定日变站地理坐标; (6)日变观测开始时间是否符合要求; (7)日变观测结束时间是否符合要求; (8)日变数据是否连续完整; (9)更换文件或断电等原因造成的数据中断时间是否超限; (10)值班记录要素是否齐全; (11)是否漏记重要事件; (12)值班记录时间间隔是否符合规定; (13)值班记录是否清晰整洁; (14)值班记录有无涂改现象; (15)值班记录划改是否规范
数据处理	(1)是否进行内符合精度计算; (2)精度计算方法是否正确; (3)参加计算的交叉点个数是否满足要求; (4)弃点个数是否超限; (5)成果精度是否符合要求; (6)测量数据中的粗差是否删除; (7)转弯、避船等冗余数据是否删除; (8)日变数据中的人为干扰数据是否删除; (9)日变曲线是否打印; (10)日变基值计算是否正确; (11)坐标转换是否符合要求; (12)拖鱼位置推算是否正确; (13)地磁正常场计算是否正确; (14)日变改正是否正确; (15)船磁影响改正是否正确; (16)测线系统差调平是否正确

续表

质量元素	检查项目
图件绘制	(1)图件种类是否齐全； (2)图廓整饰是否符合要求； (3)文字注记是否符合要求； (4)图幅范围是否正确； (5)平面基准是否正确； (6)高程基准是否正确； (7)深度基准是否正确； (8)投影方式是否正确； (9)数据取舍是否合理； (10)等值线勾绘是否正确； (11)等值线勾绘是否圆滑； (12)等值线间距设置是否合理； (13)地磁场变化剧烈海区等值线取舍是否合理； (14)平面剖面图纵向比例设置是否合理； (15)平面剖面图色彩填充是否合理
技术总结	(1)技术总结体例是否符合要求； (2)任务来源和要求； (3)工作量和任务完成情况； (4)平面基准； (5)高程基准； (6)深度基准； (7)地磁正常场基准； (8)时间基准； (9)测量比例尺； (10)测区折点坐标及其示意图； (11)图幅坐标和示意图； (12)测量船型号、照片和主要参数； (13)磁力仪型号、工作照片和主要参数； (14)日变观测仪器型号、工作照片和主要参数； (15)定位仪器的型号、照片和主要参数； (16)测深仪型号、照片和主要参数； (17)磁力仪检验情况； (18)定位仪器检验情况； (19)日变观测仪器检验情况； (20)航次情况和工作进度； (21)上交资料清单； (22)文字表述是否规范； (23)存在问题与建议； (24)成果图件缩印图是否作为技术总结附录

续表

质量元素	检查项目
资料上交	(1)是否有上交资料清单; (2)上交资料是否齐全; (3)纸质资料打印装订是否美观; (4)光盘标签粘贴是否符合规定; (5)光盘内容与纸质资料是否一一对应; (6)交接手续是否齐全

1. 海洋磁力测量成果差错类型

海洋磁力测量成果差错类型如表 5-11-2 所列。

表 5-11-2　海洋磁力测量成果差错类型

差错类型	差错类别代码	备注
严重差错	A	导致成果不合格、无法正常使用的差错
较重差错	B	一定程度上影响成果正常使用的差错
一般差错	C	轻微影响成果正常使用的差错

2. 海洋磁力测量成果质量等级划分

海洋磁力测量成果质量评定以“图幅”为单位进行,成果质量评定等级按照质量元素的状态与相应技术要求的符合程度,采用统计分析方法确定。单位成果质量按照百分制评定,质量等级根据得分值按表 5-11-3 确定,表中 S 表示单位成果质量得分。

表 5-11-3　单位成果质量评定等级

质量得分	质量等级
90 分$\leqslant S \leqslant$100 分	优秀
75 分$\leqslant S <$90 分	良好
60 分$\leqslant S <$75 分	合格
$S <$60 分	不合格

3. 海洋磁力测量成果差错扣分标准

海洋磁力测量成果差错扣分标准按照表 5-11-4 执行。

表 5-11-4　单位成果差错扣分标准

差错类型	差错类别代码	扣分标准/分
严重差错	A	41
较重差错	B	6
一般差错	C	1

单位成果质量分值 S 计算公式如下:

$$S = 100 - 41a_1 - k(6a_2 + a_3) \quad (5\text{-}11\text{-}1)$$

式中：a_1 为 A 类差错个数；a_2 为 B 类差错个数；a_3 为 C 类差错个数；k 为分值调整系数。

针对海洋磁力测量实施过程中的各个阶段，海洋磁力测量成果质量差错分类如表 5-11-5 所列。

表 5-11-5　海洋磁力测量成果质量差错分类

质量元素	A 类	B 类	C 类
技术设计	(1)技术设计出现重大差错，导致测量成果无效，无法补救； (2)技术设计书审批程序不全	(1)缺技术设计书； (2)缺测区折点坐标及其示意图； (3)缺测量比例尺； (4)缺图幅范围坐标和示意图； (5)缺磁力仪检验的内容和要求； (6)缺日变观测仪器检验的内容和要求； (7)缺定位仪器检验的内容和要求； (8)主测线间距和方向设计不合理； (9)检查线间距和方向设计不合理； (10)未提出应急处置措施； (11)测量船在线测量航行要求不明确	(1)技术设计体例不符合要求； (2)任务来源和要求不明确； (3)测区概况介绍不翔实； (4)缺测量船型号、照片和主要参数； (5)缺磁力仪型号、照片和主要参数； (6)缺日变观测仪器型号、照片和主要参数； (7)缺定位仪器的型号、照片和主要参数； (8)电子版与其打印件重要内容不一致； (9)其他差错
海洋磁力仪检验	磁力仪稳定性试验结果出现错误，导致测量成果无效，无法补救	(1)磁力仪稳定性试验时间不符合要求； (2)未进行磁力仪稳定性试验； (3)缺磁力仪试验记录； (4)涂改试验记录	(1)试验记录要素不全； (2)试验记录字迹潦草，无法清晰辨认； (3)记录填写不整洁； (4)其他差错
定位仪器检验	定位仪器稳定性试验结果出现错误，导致测量成果无效，无法补救	(1)未进行定位仪器稳定性试验； (2)定位仪器稳定性试验时间不符合要求； (3)缺定位仪器检验记录； (4)涂改检验记录	(1)检验记录要素不全； (2)检验记录字迹潦草，无法清晰辨认； (3)记录填写不整洁； (4)其他差错
日变观测仪器检验	日变观测仪器稳定性检验结果出现错误，导致测量成果无效，无法补救	(1)日变观测仪器稳定性试验时间不符合要求； (2)未进行日变观测仪器稳定性试验； (3)缺日变观测仪器检验记录； (4)涂改检验记录	(1)检验记录不完整； (2)检验记录字迹潦草，无法清晰辨认； (3)记录填写不整洁； (4)其他差错

续表

质量元素	A类	B类	C类
船磁影响测定	船磁影响测定出现错误,导致测量成果无效,无法补救	(1)未进行船磁影响测定; (2)缺值班记录表	(1)偏航距超限; (2)航速不符合规定; (3)其他差错
日变观测	(1)日变观测过程出现错误,导致测量成果无效,无法补救	(1)日变站站址选择不合理; (2)数据采样率不符合要求; (3)日变观测仪器未经检验; (4)日变观测仪器性能不符合要求; (5)日变观测开始时间不符合要求; (6)日变观测结束时间不符合要求; (7)重要事件未记录 (8)涂改值班记录	(1)值班记录要素不全; (2)日变观测中断时间超过15min; (3)值班记录未按规定时间填写; (4)值班记录字迹潦草,无法清晰辨认; (5)文档填写不整洁; (6)其他差错
数据采集记录	(1)磁力仪等主要仪器出现故障,导致测量成果无效,无法补救; (2)采集软件参数设置出现错误,导致测量成果无效,无法补救; (3)主要数据项采集不全,导致测量成果无效,无法补救	(1)数据采样率不符合要求; (2)偏航距超限; (3)特殊情况处置不合理; (4)值班记录不完整; (5)重要事件未记录; (6)涂改值班记录	(1)测线上数据空白区超过图上2cm; (2)值班记录未按规定时间填写; (3)值班记录要素不全; (4)值班记录字迹潦草,无法清晰辨认; (5)记录填写不整洁; (6)其他差错
数据处理	(1)成果精度不满足要求; (2)基准引用错误,导致测量成果无效,无法补救	(1)数据处理项目不全; (2)缺交叉点不符值计算表,无法补救; (3)重要参数输入错误	(1)粗差和无效数据删除不彻底; (2)参与精度计算的交叉点个数不符合要求; (3)日变基值计算不符合要求; (4)其他差错
图件绘制	(1)主要图件绘制出现错误,导致测量成果无法使用,无法补救; (2)主要图件种类不全,导致测量成果无法使用,无法补救	(1)采用投影方式错误; (2)图幅范围不符合要求; (3)缺图面附注说明; (4)等值线间距选择不合理; (5)多数等值线勾绘不平滑	(1)附注说明内容不全面; (2)少量等值线勾绘不合理; (3)颜色设置不合理; (4)图面取数间距不符合要求; (5)图面数据注记重叠; (6)平面剖面图绘制参数设置不合理; (7)其他差错

续表

质量元素	A类	B类	C类
技术总结	技术总结内容出现错误,导致测量成果无法使用,无法补救	(1)总结项目不全; (2)重要情况未详细说明	(1)体例不符合要求; (2)文字表述不规范; (3)其他差错
资料上交	上交资料过程出现差错,导致测量成果无效,无法补救	(1)上交资料不全; (2)纸质文档破损严重	(1)纸质文档与其光盘内容不一致; (2)上交纸质资料打印装订不符合要求; (3)其他差错

针对海洋磁力测量过程中各个阶段不同的差错分类及扣分标准,可以对单位的测量成果进行等级评定。如表5-11-6所列。

表5-11-6　海洋磁力测量资料质量评定表

测区名称			测量单位		
图幅编号			测量时间		
质量元素	A类	B类	C类	分值调整系数 k	扣分
技术设计					
磁力仪检验					
定位仪器检验					
日变观测仪器检验					
船磁影响测定					
数据采集记录					
数据处理					
图件绘制					
技术总结					
资料上交					
质量得分:		质量等级:			
验收人员签名: 组长签名: 年　月　日					

三、成果检查验收过程

目前,我国海洋磁力测量的成果检查实行二级检查(过程检查、最终检查)和一级验收的制度。

(一)过程检查

过程检查在作业分队(或作业组)自查合格的基础上,由作业中队组织实施,作业分队要对全部单位成果逐一详查(技术设计除外),分队自查合格的成果方可提交中队(或部门)检查。

中队(或部门)检查时质量检查小组由作业中队(或部门)领导和中队工程师组成,对全部单位成果逐一详查(技术设计除外),填写中队检查合格的成果方可提交大队(或业务主管部门)检查,同时应附检查记录,如表 5-11-7 所列。

表 5-11-7　海洋磁力测量成果质量检查记录

质量元素	检查项目	质量问题与处理意见	复查情况
定位仪器检验	(1)是否进行定位仪器稳定性试验; (2)定位仪器稳定性试验时间是否符合要求; (3)定位仪器稳定性试验记录要素是否齐全; (4)定位仪器稳定性试验结果是否符合要求		
日变观测仪器检验	(1)是否进行日变观测仪器稳定性试验; (2)日变观测仪器电缆长度是否符合要求; (3)日变站供电是否采用 UPS 或长寿命电池; (4)日变观测仪器稳定性试验时间是否符合要求; (5)日变观测仪器稳定性试验记录要素是否齐全; (6)日变观测仪器稳定性试验结果是否符合要求		
船磁影响测定	(1)是否进行船磁影响测定; (2)测定地点是否选在测区附近; (3)测定地点的地磁场是否平坦; (4)导航定位仪器天线安装是否合理; (5)拖缆长度与正式测量时是否一致; (6)测量船型号与正式测量时是否一致; (7)测定时间是否合理; (8)测定次数是否符合要求; (9)测线长度是否符合要求; (10)测定期间是否进行连续日变观测; (11)测定期间的日变数据质量是否符合要求; (12)通过中心参考点时偏航距是否超限; (13)航速是否均匀; (14)航向是否符合要求; (15)数据处理方法是否正确;		

续表

质量元素	检查项目	质量问题与处理意见	复查情况
船磁影响测定	(16)船磁影响系数计算是否正确; (17)值班记录要素是否齐全; (18)重要事件是否漏记; (19)值班记录是否清晰整洁; (20)值班记录有无涂改现象; (21)值班记录划改是否规范		
数据采集记录	(1)磁力仪的工作状态; (2)定位仪器的工作状态; (3)测量船航速是否超限; (4)磁力数据采样率设置是否符合要求; (5)定位数据采样率设置是否符合要求; (6)测量船航速是否均匀; (7)采集的数据种类是否齐全; (8)条件具备时,是否采集拖鱼入水深度; (9)条件具备时,是否采集水深数据; (10)磁力数据的动态噪声水平是否符合要求; (11)偏航距是否超限; (12)特殊情况处置是否合理; (13)值班记录要素是否齐全; (14)重要事件是否漏记; (15)值班记录时间间隔是否符合规定; (16)值班记录是否清晰整洁; (17)值班记录有无涂改现象; (18)值班记录划改是否规范		
日变观测	(1)日变站工作状态; (2)日变站是否尽量选在测区同纬度地区; (3)日变站是否选在地磁场梯度变化较小的地方; (4)日变站是否远离干扰源; (5)日变站地理坐标是否测定, (6)日变观测开始时间是否符合要求; (7)日变观测结束时间是否符合要求; (8)日变数据是否连续完整; (9)更换文件或断电等原因导致数据中断时间是否超限; (10)值班记录要素是否齐全; (11)重要事件是否漏记; (12)值班记录时间间隔是否符合规定; (13)值班记录是否清晰整洁; (14)值班记录有无涂改现象; (15)值班记录划改是否规范		

续表

质量元素	检查项目	质量问题与处理意见	复查情况
数据处理	(1)是否进行内符合精度计算； (2)精度计算方法是否正确； (3)参加计算的交叉点个数是否满足要求； (4)弃点个数是否超限； (5)成果精度是否符合要求； (6)测量数据中的粗差是否删除； (7)转弯、避船等冗余数据是否删除； (8)日变数据中的人为干扰数据是否删除； (9)日变曲线是否打印； (10)日变基值计算是否正确； (11)坐标转换是否符合要求； (12)拖鱼位置推算是否正确； (13)地磁正常场计算是否正确； (14)日变改正是否正确； (15)船磁影响改正是否正确； (16)测线系统差调平是否正确		
图件绘制	(1)图件种类是否齐全； (2)图廓整饰是否符合要求； (3)文字注记是否符合要求； (4)图幅范围是否正确； (5)平面基准是否正确； (6)高程基准是否正确； (7)深度基准是否正确； (8)投影方式是否正确； (9)数据取舍是否合理； (10)等值线勾绘是否正确； (11)等值线勾绘是否圆滑； (12)等值线间距设置是否合理； (13)地磁场变化剧烈海区等值线取舍是否合理； (14)平面剖面图纵向比例设置是否合理； (15)平面剖面图色彩填充是否合理		
技术总结	(1)技术总结体例是否符合要求； (2)任务来源和要求； (3)工作量和任务完成情况； (4)平面基准； (5)高程基准； (6)深度基准； (7)地磁正常场基准；		

续表

质量元素	检查项目	质量问题与处理意见	复查情况
技术总结	(8)时间基准； (9)测量比例尺； (10)测区折点坐标及其示意图； (11)图幅坐标和示意图； (12)测量船型号、照片和主要参数； (13)磁力仪型号、工作照片和主要参数； (14)日变观测仪器型号、工作照片和主要参数； (15)定位仪器的型号、照片和主要参数； (16)测深仪型号、照片和主要参数； (17)磁力仪检验情况； (18)定位仪器检验情况； (19)日变观测仪器检验情况； (20)航次情况和工作进度； (21)上交资料清单； (22)文字表述是否规范； (23)存在问题与建议； (24)成果图件缩印图是否作为技术总结附录		
资料上交	(1)是否有上交资料清单； (2)上交资料是否齐全； (3)纸质资料打印装订是否美观； (4)光盘标签粘贴是否符合规定； (5)光盘内容与纸质资料是否一一对应； (6)交接手续是否齐全		
检查结论：			
检查人员签名： 组长签名： 年　　月　　日			

(二)最终检查

最终检查由大队(或业务主管部门)进行检查，一般队(或业务主管部门)质量检查组由业务主管领导、测绘处或技术处工程师及有关人员组成，审核中队(或部门)的质量检查记录,对全部单位成果逐一详查(技术设计除外),同样填写质量检查记录。最终检查合格的成果方可提交海军海洋测绘成果检查验收委员会验收,同时应附大队(或业务主管部门)的质量检查记录。

(三)验收与质量评定

海洋磁力测量成果验收与质量评定在最终检查合格的基础上,由海军海洋测绘成果检查验收委员会按照以下要求实施,核大队(或业务主管部门)的质量检查记录;对大队(或业务主管部门)上交的全部单位成果逐一详查;填写质量检查记录和质量评定记录表(表 5-11-7),并计算各单位成果质量得分,确认各单位成果质量等级(表 5-11-6),并编写质量验收报告,验收合格的成果、质量检查记录表、质量评定记录表及质量验收报告应一并归档。

海洋磁力测量成果质量验收报告内容如下:

1. 工作概况

工作概况包括作业单位、作业日期、作业方式、成果形式,检查验收时间、地点、方式、人员、软硬件设备等。

2.验收依据

验收依据包括任务通知、技术设计、作业规范、技术规定、质量评定标准等。

3.验收内容及方法

验收内容及方法包括成果内容与数量的检查方法、成果质量和精度的检查方法与结果、抽样方法和比例、质量评定方法等。

4.主要问题及处理

主要问题及处理包括存在的主要问题、解决办法和建议,并举例(图幅号、点号等)说明。

5.质量统计及评价

质量统计及评价包括:①质量评价,对任务组织、任务实施和成果质量的评价结论;②质量统计,成果得分、成果质量评定及优良率。

6.附件

附件包括测区范围图、成果清单等。

对于成果质量评定为合格等级以上的,对发现的差错应由作业单位组织修改,验收人员认定差错修改正确后,成果资料方可上交归档;成果质量评定为不合格的,由作业单位组织返工,返工后的成果质量等级最高只能评定为合格。

小　结

海洋磁力测量数据处理是海洋磁力测量的重要组成部分,本章首先介绍了海洋磁力测量数据的表示方法和数据处理数学模型，重点对海洋磁力测量数据处理的各项内容的原理和方法进行了阐述；另外，本章还介绍了海洋磁力测量的成果形式和成果质量评估。

复习与思考题

1.海洋磁力测量数据表示方法有哪几种？请用公式表示并说明。

2.写出海洋磁力测量数据处理数学模型，并进行说明。

3.海洋磁力测量为什么要进行磁测点位置计算？磁测点位置计算的流程是什么？

4.海洋磁力测量中，对正常场校正的要求是什么？

5.请写出海洋磁力测量地磁日变改正的数学模型，并进行说明。

6.写出海洋磁力测量地磁日变改正的流程。

7.海洋磁力测量中短期地磁日变基值的确定方法有哪些？

8.海洋磁力测量多站日变改正时，为什么要进行地磁日变基值的归算？

9.海洋磁力测量多站地磁日变基值站间传算的方法有哪些？各有什么优缺点？

10.海洋磁力测量地磁日变改正中，时差改正的意义是什么？

11.海洋磁力测量地磁日变改正中，时差的计算方法有哪些？各有什么优缺点？

12.海洋磁力测量多站日变改正中，日变改正值的计算方法有哪些？各有什么优缺点？

13.请分析描述船磁影响中，固有磁和感应磁影响的规律和特点。

14.海洋磁力测量中，船磁校正的方法有哪些？各有什么优缺点？

15.写出海洋磁力测量内符合精度计算的公式，并说明其意义。

16.写出海洋磁力测量外符合精度计算的公式，并说明其意义。

17.影响海洋磁力测量的实时测量误差有哪些？

18.影响海洋磁力测量的非实时测量误差有哪些？

19.简单描述海洋磁力测量系统误差补偿的简单补偿模型的原理和流程。

20.简单描述海洋磁力测量系统误差补偿的严密补偿模型的原理和流程。

21.海洋磁力测量数据通化的目的和意义是什么？

22.海洋磁力测量数据通化的模型是什么？

23.影响海洋磁力测量数据通化的因素有哪些？

24.海洋磁力测量成果图包括哪些？其意义是什么？

25.海洋磁力测量磁场强度等值线图绘制的要求是什么？

26.地磁异常 ΔT 平面剖面图绘制的要求是什么？

27.海洋磁力测量数据库的组成包括哪些内容？

28.海洋磁力测量数据库的功能包括哪些内容？

29.海洋磁力测量成果质量评定的内容有哪些？

30.海洋磁力测量成果检查验收的过程是什么？

第六章　磁异常的处理与解释

磁异常的处理与解释是磁力测量解释理论的一个重要组成部分,磁异常处理与解释的目的就是要突出某些信息,压制另外一些信息。磁异常处理与解释的目的是:

(1)使实际异常满足或接近解释理论所要求的假设条件。

(2)使实际异常满足解释方法的要求。

(3)突出磁异常某一方面的特点。

海洋磁力测量主要解释任务是:根据测得的磁异常来判断确定引起该磁异常的磁性体的几何参数(位置、形状、大小、产状)及磁性参数(磁化强度大小、方向)。根据静磁场理论,运用数学工具由已知的磁性体求出磁场的分布,该过程称为正演问题;相反,由磁异常求磁性体的磁性参数和几何参数,称为反演问题。只有求出不同磁性体磁场的分布,并总结出磁场特征与磁性体几何参数及磁性参数之间相互联系的内在规律,才能运用这些规律对磁异常做解释推断。本章将介绍磁异常的正演问题与反演问题。

第一节　地磁异常的正演

一、概述

磁异常的正演即从地面或空中的磁场测量值求出磁性地质体的大小、形状、位置和磁性参数(磁化强度大小、方向)。在地质构造研究中,通常要从磁场分布的特点估计地下介质的磁性,推断磁性界面的起伏和埋深,确定盆地、造山带等不同地质构造单元的磁学特征,探讨它们与其他地球物理场的成因联系。在地震、火山等地质灾害研究中,除了识别与之有关的地磁异常,对磁异常场的时间演化更感兴趣。所有这些研究的基础和前提,都是要弄清各种不同的磁性体与磁异常之间的对应关系。因此,计算各种磁性体产生的地磁场分布是磁异常研究和解释的物理基础。

(一)磁异常正演的途径

自 20 世纪 70 年代以来,磁异常的正演计算方法已由单一空间域发展为空间域和频率域两大正演计算系列。一般地,频率域的正演可由空间域的磁异常表达式经傅里叶变换得到,所以空间域的正演是基础。

1.空间域正演途径

1)以基本磁源出发导出规则形体磁场

单磁极与磁偶极子是磁场理论的基本场源。与磁偶极子场等效的是均匀磁化球体磁场,将磁偶极子场沿某一方向线积分即可得到偶极线磁场,与之等效的是圆柱体磁场。将磁偶极线沿横向积分即可得到偶极面的场,与之等效的是薄板体场。

将单磁极沿走向线积分即可导出水平单极线场,相当于顺层磁化无限延伸薄板体场。将单极线沿横向积分则可得磁偶面磁场,相当于顺层磁化无限延伸厚板状体磁场。分别求出板状体周围的 4 个磁荷面磁场,叠加求和,即可得到有限延伸后板状体磁场。类似地,可获得许多简单规则几何形状磁性体磁场。

2)从联系重磁位场的泊松公式出发计算磁性体磁场

借助于重力勘探中已建立的多种形体引力位公式,利用泊松公式求出磁位,进而导出磁场表达式,对二次曲面所围形体特别方便。

3)基于磁偶极体积与分磁荷面面积分公式用数值方法计算不规则形体的磁场

对于实际问题中的非规则形体,要用解析方法求出这些积分是困难的。因而,可以采用数值解法求其近似值。

4)用有限元和边界元等方法求微分方程边值解导出复杂条件下磁场

磁场求取可归结为偏微分方程的变质问题的解,因而也可以通过用有限元和边界元方法求取泛函的极值解,也即偏微分方程的数值解。但其方法较复杂,计算量大,主要用于二度体情况。

此外,还可以由解积分方程出发导出非均匀磁化磁性体的磁场,一般仅在计算强磁性体磁场应用。

2.频率域正演途径

(1)直接对各种形体空间域磁场表达式进行傅里叶变换。

(2)从一些基本形体的磁场理论频谱导出其他形体的磁场频谱。

(二)磁异常正演的方法

早期的磁异常解释中,人们首先致力于求解最为简单的均匀磁化规则形体的正问题。这些规则形体有球体、水平圆柱体、板状体、长方体、断层、对称背斜等。正演求解时,假定磁化强度为常向量,即体内各点磁化强度大小相等,方向相同。

磁化均匀和形态规则的假设,使磁性体的正问题大为简化,有解析表达式。求得它的解析表达式的方法有以下几种。

(1)直接积分法。由磁性体磁位和磁场的积分表达式出发,在确定积分上、下限之后,直接通过积分运算,求得磁位和磁场的解析表达式。为了减少重复性的积分运算,根据位场叠加原理,人们找到了这样一种积分求解途径:先求得简单形体磁位、磁场表达式,再由其表达式出发进一步积分,求解更复杂形体磁位、磁场表达式。例如,由球体—水平圆柱体—薄板状体—厚板状体等。

(2)泊松公式法。由已有的重力位表达式,借助于联系重力和磁场的泊松公式,直接给出磁位、磁场表达式。

(3)表面磁荷积分法。由磁性体表面磁荷积分表达式出发,在求得磁性体各磁荷面磁荷密度 $\sigma=M\cdot n$ 后,代入积分表达式、给定积分限,通过积分运算,即可求得磁位、磁场表达式。同样,为了减少重复性的积分运算,也可以采取前面所述的积分求解途径。

二、模型体磁异常的计算

(一)磁性体磁异常计算的基本公式

由重磁位场的泊松公式可知,一个均匀磁化且密度均匀的物体,其磁位和引力位的解析式之间存在一定的关系式,利用这种关系式可方便地计算磁性体的磁场。

若已知物体的引力位,利用泊松公式,可求得计算磁场各分量的表达式,据位场关系有

$$\begin{cases} H_{ax}=\dfrac{1}{G\sigma}[J_xV_{xx}+J_yV_{xy}+J_zV_{xz}] \\ H_{ay}=\dfrac{1}{G\sigma}[J_xV_{yx}+J_yV_{yy}+J_zV_{yz}] \\ Z_a=\dfrac{1}{G\sigma}[J_xV_{zx}+J_yV_{zy}+J_zV_{zz}] \end{cases} \tag{6-1-1}$$

式中:J_x,J_y 及 J_z 为磁极化强度 J 的三个分量;V_{xx} 为引力位对 x 的二次导数;V_{xy} 为引力位对 x、y 的二阶混合偏导数;V_{zz} 为引力位对 z 的二阶导数。

另外,对于一些平表面围成的形体,利用磁荷面积分公式可以计算其磁场。

根据位场关系式,磁场各分量的积分公式为

$$\begin{cases} H_{ax}=\iint\limits_S \dfrac{J_n}{r^2}\cos(r,x)\,\mathrm{d}S \\ H_{ay}=\iint\limits_S \dfrac{J_n}{r^2}\cos(r,y)\,\mathrm{d}S \\ Z_a=\iint\limits_S \dfrac{J_n}{r^2}\cos(r,z)\,\mathrm{d}S \end{cases} \tag{6-1-2}$$

由式(6-1-2)可知,当形体给定后,只要确定了 J_n 和积分限就可求得给定磁性体的磁场。

由前所述,海洋磁力测量测得的磁异常 ΔT 可看成 T_a 在 T_0 方向上的投影,令 t_0 表示 T_0 的单位矢量,其方向余弦为 $\cos(x,t_0)=L_0$, $\cos(y,t_0)=M_0$, $\cos(z,t_0)=N_0$;又因为 H_{ax}、H_{ay} 和 Z_a 为 T_a 在三个坐标轴上的分量,因此有

$$\Delta T = H_{ax}L_0 + H_{ay}M_0 + Z_aN_0 \tag{6-1-3}$$

式中:ΔT 为 T_a 的三个分量分别投影到 T_0 的方向矢量和。

因为 T_0 在 xoy 面的投影为 H_0, T_0 与 H_0 的夹角为 I,测线方向 x 轴与 H_0 的夹角为 A';则有 $L_0=\cos I\cos A'$, $M_0=\cos I\sin A'$, $N_0=\sin I$,式(6-1-3)可写为

$$\Delta T = H_{ax}\cos I\cos A' + H_{ay}\cos I\sin A' + Z_a\sin I \tag{6-1-4}$$

因此,知道了 H_{ax}、H_{ay} 和 Z_a 的磁场表达式,由式(6-1-4)即可求得 ΔT 的磁场表达式。

(二)球体的磁场

在自然界中,一些有限大小的地质体,当中心埋深比其直径大很多时,它们产生的磁异常特征与球体特征相似。

如图 6-1-1 所示,设球体中心埋深为 R,磁极化强度为 J,体积为 v,磁矩 $M=Jv$。球心坐标为 $Q(0,0,R)$,球心到空间任意点 $P(x,y,z)$ 的距离为 $r=[x^2+y^2+z^2]^{1/2}$,则其磁场表达式可由泊松公式导出。球体的引力为

$$V = \frac{G\sigma v}{[x^2 + y^2 + (z-\zeta)^2]^{1/2}} \tag{6-1-5}$$

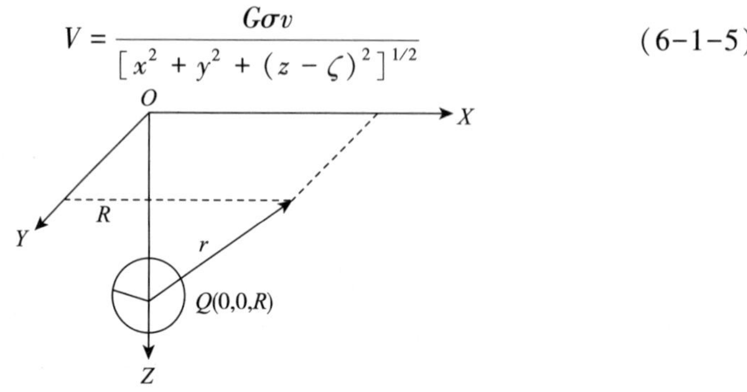

图 6-1-1　球体与坐标的关系

对式(6-1-5)求二次偏导数后,令 $z=0$, $\zeta=R$,就可由位场的泊松公式得

$$\begin{cases} H_{ax} = \dfrac{M}{(x^2+y^2+R^2)^{5/2}}[(2x^2-y^2-R^2)\cos I\cos A' - 3Rx\sin I + 3xy\cos I\sin A'] \\ H_{ay} = \dfrac{M}{(x^2+y^2+R^2)^{5/2}}[(2y^2-x^2-R^2)\cos I\sin A' - 3Ry\sin I + 3xy\cos I\cos A'] \\ Z_a = \dfrac{M}{(x^2+y^2+R^2)^{5/2}}[(2R^2-x^2-y^2)\sin I - 3Rx\cos I\cos A' - 3Ry\cos I\sin A'] \end{cases} \tag{6-1-6}$$

将式(6-1-6)代入式(6-1-4),化简后可得

$$\Delta T=\frac{M}{(x^2+y^2+R^2)^{5/2}}[(2R^2-x^2-y^2)\sin^2 I+(2x^2-y^2-R^2)\cos^2 I\cos^2 A'+(2y^2-x^2-R^2)\cos^2 I\sin^2 A'-3Rx\sin 2I\cos A'+3xy\cos^2 I\sin 2A'-3Ry\sin 2I\sin A'] \tag{6-1-7}$$

式(6-1-6)和式(6-1-7)是剖面方向相对球体位置为任意时的剖面磁场表达式。当剖面取特定方向时,式(6-1-6)和式(6-1-7)还可简化。并且,球体磁异常 ΔT 不但与地磁场方向有关,而且还与磁化强度方向有关。不仅与其位置、体积、磁化强度的大小和方向有关,还与计算剖面的方向和位置、计算点的坐标有关,对于磁性体的磁场,既应注意其平面特征,也应注意其剖面特征。

由图 6-1-2 和图 6-1-3 球体 Z_a 和 ΔT 磁异常等值线图可以看出,磁异常 ΔT 等值线图呈现等轴状,负异常包含着正异常;极大值和极小值的连线(即异常的连线)对应磁化强度矢量 M 在平面上的投影方向;极小值位于正异常的北侧,极大值位于坐标原点的南侧,可由平面等值线图中的极大值和极小值点的连线确定主剖面。并且磁异常 ΔT 受磁化倾角的影响比 Z_a 大,在相同的磁化倾角时其负值较大。特别在 M 与 T_0 方向不一致时,不能由 ΔT 的极大值点和极小值点连线确定主剖面。

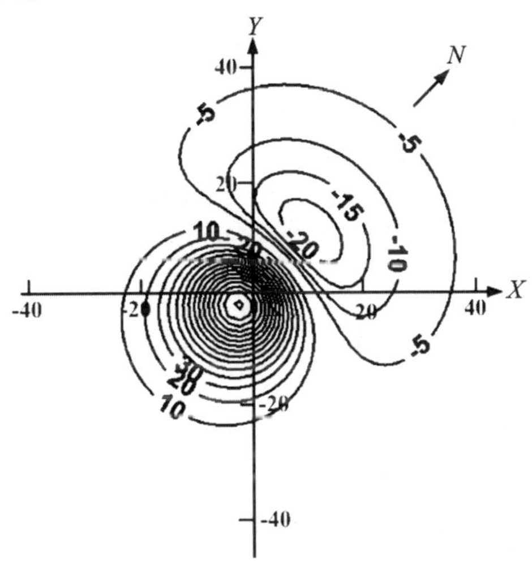

图 6-1-2　球体 Z_a 等值线平面图($A'=I=45°,R=15$)

图 6-1-4 所示为球体 i_s 时磁化的 Z_a、H_a 曲线,可见当球体沿特定方向磁化,且为特定方向主剖面($y=0$),其磁场表达式可大为简化,剖面曲线形态也较为简单,易于掌握。当球体斜磁化时,即 $0°<i_s<90°$,Z_a 为两边有负值的非对称曲线;ΔT 与 Z_a 曲线形态类似,只是 ΔT 受磁化倾角的影响比 Z_a 更大。在通常

情况下，Z_a、H_a、ΔT 均为不对称曲线，有三个极值，M 倾向一侧的 $Z_{a\min}$、$\Delta T_{\min}$ 较 M 倾向相反一侧的同类及其明显。当 i_s 由 90°变到 0°时，ΔT 与 Z_a 的特征变化见图 6-1-4。

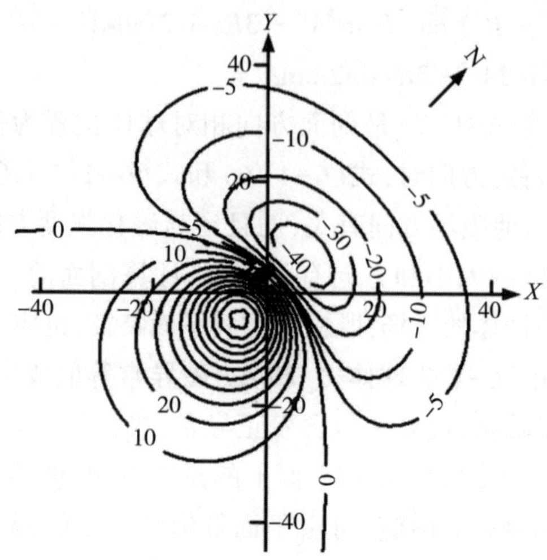

图 6-1-3　球体 ΔT 等值线平面图

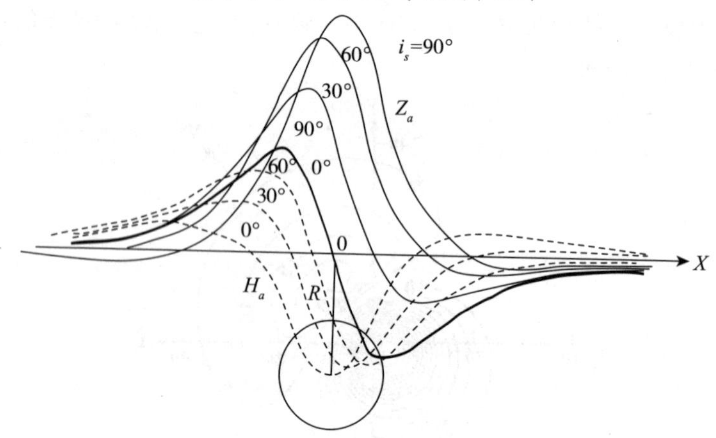

图 6-1-4　球体不同 i_s 时磁化的 Z_a 和 H_a 曲线

(三) 水平圆柱体磁场

对于水平圆柱体，只讨论二度情况，即沿走向水平圆柱体无限伸长，且沿走向水平圆柱体的埋深、截面形状、磁化特征均稳定的情况。它在空间直角坐标系中，只与坐标(x,z)有关，而与 y 无关。如图 6-1-5 所示。

设水平圆柱体沿走向无限延伸，横截面积为 s，中心埋深为 R，有效磁极化强度为 J_s，有效磁化倾角为 i_s。

由场论理论知，水平圆柱体的引力位公式为

$$V = -2G\sigma s\ln r \tag{6-1-8}$$

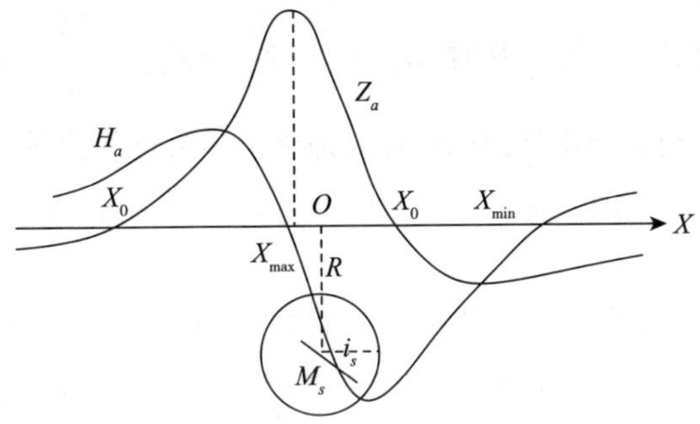

图 6-1-5　水平圆柱体的 Z_a 和 H_a 曲线

式中：σ 为柱体与围岩的密度差；r 为观测点到柱轴的距离，$r=[(x-\xi)^2+(z-\zeta)^2]^{1/2}$。

式(6-1-8)表明，一个密度均匀的无限长水平圆柱体的引力位等于其质量集中于柱轴在该点的引力位。对式(6-1-8)求二阶偏导数后，将其代入式(6-1-6)，则分别得到 H_{ax}、H_{ay} 及 Z_a 的磁场表达式。又因选取的坐标原点与柱体中心在地面上的投影点重合，则 $\xi=0$，$\zeta=R$，$z=0$，且考虑 $J_x=J_s\cos i_s$，$J_z=J_s\sin i_s$，令 $M_s=SJ_s$ 为单位长度的有效磁矩，则有

$$\begin{cases} H_a=H_{ax}=\dfrac{2M_s}{(x^2+R^2)^2}[(R^2-x^2)\cos i_s+2Rx\sin i_s] \\ H_{ay}=0 \\ Z_a=\dfrac{2M_s}{(x^2+R^2)^2}[(R^2-x^2)\sin i_s-2Rx\cos i_s] \end{cases} \tag{6-1-9}$$

将式(6-1-9)代入式(6-1-4)，并引入关系式：

$$\cot\alpha=\cos A'\cdot\cot I \tag{6-1-10}$$

代换整理后得

$$\Delta T=-\frac{2M_s}{(x^2+R^2)^2}\frac{\sin I}{\sin\alpha}[(R^2-x^2)\cos(i_s+\alpha)+2Rx\sin(i_s+\alpha)] \tag{6-1-11}$$

当沿垂直方向磁化时，即 $I=i_s=90°$ 时，则式(6-1-9)变为

$$\begin{cases} Z_{a\perp}=\dfrac{2M_s}{(x^2+R^2)^2}[R^2-x^2] \\ H_{a\perp}=-\dfrac{2M_s}{(x^2+R^2)^2}2Rx \\ \Delta T=\dfrac{2M_s}{(x^2+R^2)^2}[R^2-x^2] \end{cases} \tag{6-1-12}$$

此时，$Z_a=\Delta T$，因此当 $x=0$ 时，$H_{a\perp}=0$。$Z_{a\perp}=Z_{a\max}=\dfrac{2M_s}{R^2}$，即 $H_{a\perp}=0$ 和 $Z_{a\max}$ 对应圆柱体中心；当 $Z_a=0$ 时，有 $R^2=x^2$，即 $Z_{a\perp}$ 零值点间距等于 2 倍中心埋深；当 $x^2>R^2$ 时，$Z_{a\perp}$ 为负值。因此，$Z_{a\perp}$ 为两边有负值的轴对称曲线，且负半轴为正。

图 6-1-6 所示为水平圆柱体不同 i_s 时的 Z_a、H_a 曲线，若水平圆柱体为斜磁化，即 $0°<i_s<90°$时，其 Z_a、H_a 磁异常剖面曲线均为非对称曲线。

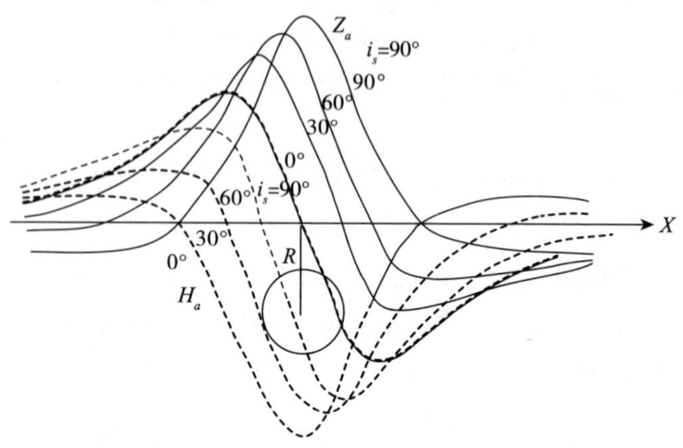

图 6-1-6　水平圆柱体不同 i_s 时磁化的 Z_a 和 H_a 曲线

水平圆柱体和球体的 Z_a 剖面理论曲线，都是两边有负值的曲线，但其平面等值线图明显不同。球体为均度（或近于等轴状）异常，而水平圆柱体为长带状（或长椭圆状）异常。

（四）板状体磁场

自然界中的岩墙、岩脉、地台基底中的变质岩系和杂岩系，各种磁性矿脉等，只要它们沿走向长度较大，都可看作厚度、产状不同的板状体。板状体被均匀磁化时，只有面磁荷分布，且同一磁荷面的磁荷面密度相同。板状体在地面上任一点 P 产生的磁场，是各个磁荷面在该点产生磁场的综合。

如图 6-1-7 所示。设顶面水平且沿走向方向（y 方向）无限延伸，其宽度为 $2b$。顶面磁荷密度为 $\sigma=J_n=J_s\sin\alpha=J_s\sin i_s$，$\alpha$ 为板的倾角。根据式（6-1-12），对上顶面磁荷进行积分，且令 $Z=0,\zeta=h$，则有

$$\begin{cases} H_a = H_{ax} = \displaystyle\int_{x_A}^{x_B} \frac{2J_n(x-\xi)}{(x-\xi)^2+h^2}\mathrm{d}\xi \\ H_{ay} = 0 \\ Z_a = \displaystyle\int_{x_A}^{x_B} \frac{-2J_n h}{(x-\xi)^2+h^2}\mathrm{d}\xi \end{cases} \tag{6-1-13}$$

式中：h 为板的上顶埋深，即 $h=\xi$。

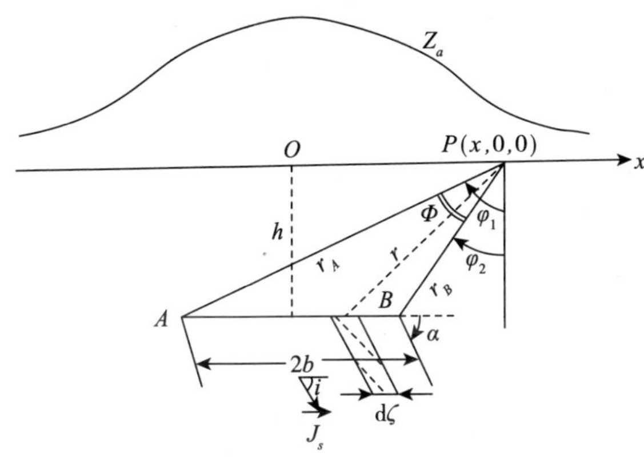

图 6-1-7　顺层磁化无限延深厚板的 Z_a 磁场

完成以上积分，且注意到 $x_A=-b$，$x_B=b$，且板的倾角 $\alpha=i_s$，则有

$$\begin{cases} H_{ax}=H_a=J_s\sin\alpha\ln\dfrac{(x-b)^2+h^2}{(x+b)^2+h^2} \\ Z_a=2J_s\sin\alpha\left(\arctan\dfrac{x+b}{h}-\arctan\dfrac{x-b}{h}\right) \end{cases} \tag{6-1-14}$$

在极坐标系下，则式(6-1-14)变为

$$\begin{cases} H_{ax}=H_a=2J_s\sin\alpha\ln\dfrac{r_B}{r_A} \\ Z_a=2J_s\sin\alpha\cdot\Delta\varphi \\ \Delta T=H_a\cos I\cos A'+Z_a\sin I \end{cases} \tag{6-1-15}$$

式中：$(x-b)^2+h^2=r_B^2$，$(x+b)^2+h^2=r_A^2$，设 r_A 与铅垂线的夹角为 φ_A，r_B 与铅垂线的夹角为 φ_B，如图 6-1-8 所示，则有 $\arctan\dfrac{x+b}{h}=\varphi_A$，$\arctan\dfrac{x-b}{h}=\varphi_B$，$\varphi_A-\varphi_B=\Delta\varphi$。

由图 6-1-8 可知，Z_a 剖面曲线对称于 Z 轴，且无负值；H_{ax} 曲线对称于原点；ΔT 剖面曲线相当于 Z_a 和 H_{ax} 分别乘以不同三角函数后的合成。

另外，磁法勘探手册给出了各种简单几何体和复合体的磁场分布图，可以用来解释实际磁测结果。

三、频率域中磁异常正演

任何均匀磁化的磁异常在空间域中可表示成两个函数的褶积，因此，磁异常也可用频谱（波谱）表示，在频率域中表达一般空间域更简单，采用快速傅里叶变化在频率域运算时还具有计算速度快的特点，可大大减少计算工作量。

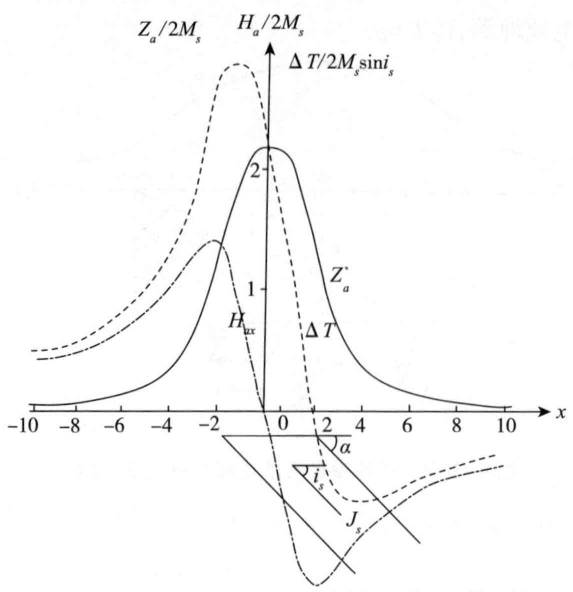

图 6-1-8 顺层磁化厚板 Z_a、H_{ax}及 ΔT 剖面曲线

(一)磁异常的频谱分析

把磁异常转换成频谱来进行解释的方法称为频谱分析法。用一组空间谐波来表示磁异常,简称傅氏展开。假设在一条长为 $2L$ 的剖面上测得磁异常为 $T(x)$,$T(x)$是以 $2L$ 为周期的周期函数,以正弦波为例:$T(x)=A\sin(\omega x+\varphi)$。其中,$A$ 为振幅;φ 为初相位;ω 为角波数(与角频率相当);$\omega=2\pi f$,f 为波数(与频率相当),$f=\frac{1}{2L}$,$2L$ 为波长(与周期相当)。任一复杂的 $T(x)$都可以由不同频率的简单正弦波叠加而成。$T(x)=\sum\limits_{k=0}^{\infty}A_k\sin(k\omega x+\phi_k)$ $(k=0,1,2,\cdots)$经展开后得

$$T(x)=\frac{a_0}{2}+\sum_{k=0}^{\infty}(a_k\cos(k\omega x)+b_k\sin(k\omega x)) \tag{6-1-16}$$

式中:$\frac{a_0}{2}=A_0$,$a_k=A_k\sin\phi_k$,$b_k=A_k\cos\phi_k$,$A_k=\sqrt{a_k^2+b_k^2}$,$\phi_k=\arctan\frac{a_k}{b_k}$,$k=1,2,3,\cdots$。如果 a_k、b_k 确定,则可确定 A_k、ϕ_k,a_k、b_k,$k=0,1,2,\cdots$称为傅里叶系数。已知:

$$a_k=\frac{1}{L}\int_{-L}^{+L}T(x)\cos(k\omega x)\mathrm{d}x \tag{6-1-17}$$

$$b_k=\frac{1}{L}\int_{-L}^{+L}T(x)\sin(k\omega x)\mathrm{d}x,k=0,1,2,\cdots \tag{6-1-18}$$

已知磁异常 $T(x)$及剖面长 $2L$,便可计算傅里叶系数 a_k、b_k,并算出 A_k、ϕ_k。

常称数列 $A_0,A_1,A_2,\cdots$ 为 $T(x)$ 的振幅谱；数列 $\phi_0,\phi_1,\phi_2,\cdots$ 为 $T(x)$ 的相位谱。为了求得 A_k、ϕ_k，就必须对磁异常做傅里叶展开，所以讨论磁场的一般傅里叶级数表达式，对频谱分析是十分重要的。

应用欧拉公式，傅里叶级数可写成复数形式：

$$T(x)=\sum_{k=-\infty}^{\infty}C_k e^{ikwx} \tag{6-1-19}$$

式中：$C_k=\dfrac{a_k-ib_k}{2}$；$C_0=\dfrac{a_0}{2}$；$C_{-k}=\dfrac{a_k+ib_k}{2}$。

若把 a_k、b_k 计算公式代入，则得

$$C_k=\frac{1}{2L}\int_{-L}^{L}T(x)e^{-ikwx}dx \quad k=0,\ \pm1,\ \pm2,\cdots \tag{6-1-20}$$

由于 k 只取整数，故 C_k 是离散值。C_k 称为离散谱，此时有 $|C_0|=A_0$，$|C_{\pm k}|=\dfrac{1}{2}A_k$，$k=0,1,2,\cdots$。

上面我们假定了磁异常 $T(x)$ 是以 $2L$ 为周期的函数，这样做往往与实际情况不符合。一般磁异常在剖面 $2L$ 以外是逐渐趋于零的，这时的变化范围是 $(-\infty,\infty)$，即 $T(x)$ 为非周期函数。显然可设 $T(x)$ 的周期或波长 $2L$ 无限增大，即令 $2L\to\infty$。由于磁异常 $T(x)$ 绝对可积，且在任何一个区间内都是有界的，只有有限个不连续点和有限个极值点，故可表示成傅里叶积分。由傅里叶级数的复数形式出发，考虑 $2L\to\infty$；经变换后将得到傅里叶积分式如下：

$$T(x)=\frac{1}{2\pi}\int_{-\infty}^{\infty}S_T(\omega)e^{-i\omega x}d\omega \tag{6-1-21}$$

$$S_T(\omega)=\int_{-\infty}^{\infty}T(x)e^{-i\omega x}dx \tag{6-1-22}$$

则称 $S_T(\omega)$ 为 $T(x)$ 的傅里叶变换，称 $T(x)$ 为 $S_T(\omega)$ 的反傅里叶变换；并统称式(6-1-21)、式(6-1-22)两式的积分为傅里叶积分，或称为傅里叶变换对。$S_T(\omega)$ 称为磁异常 $T(x)$ 的频谱。

考虑 $\omega=2\pi f$，则式(6-1-21)和式(6-1-22)还可写成如下形式：

$$T(x)=\int_{-\infty}^{\infty}S_T(\omega)e^{-i2\pi fx}df \tag{6-1-23}$$

$$S_T(f)=\int_{-\infty}^{\infty}T(x)e^{-i2\pi fx}df \tag{6-1-24}$$

显然 $S_T(f)$ 为复函数，它的模称为振幅谱，幅角称为相位谱。故有

$$A(f)=|S_T(f)|=\{[\mathrm{Re}S_T(f)]^2+[\mathrm{Im}S_T(f)]^2\}^{1/2} \tag{6-1-25}$$

$$\phi(f) = \arctan\left[\frac{\mathrm{Im}S_T(f)}{\mathrm{Re}S_T(f)}\right] \tag{6-1-26}$$

式(6-1-25)说明,磁异常 $T(x)$ 可以分解为无穷多个频率为 f 的谐波的叠加,这些谐波的振幅谱由式(6-1-25)表示,相位谱由式(6-1-26)确定。

实际上,磁测是在等间距测点上测出一系列离散数据(航磁连续记录也需离散取值):

$$T(j\Delta x),j=0,1,2,\cdots,N-1$$

可以证明离散傅里叶变换的公式为

$$S_T\left(\frac{n}{L_x}\right) = \Delta x\sum_{j=0}^{N-1} T(\mathrm{j}\Delta x)\,\mathrm{e}^{-2\pi i n\frac{1}{N}} \quad \left(n = -\frac{N}{2},\cdots,0,\cdots,\frac{N}{2}-1\right) \tag{6-1-27}$$

式中:L_x 为剖面长,$L_x=N\Delta x$,即基本波长;N 为采样点数;$\frac{1}{L_x}$为基频,即频率域中的采样间隔。若把式(6-1-27)两边除以 L_x,则有

$$\frac{1}{L_x}S_T\left(\frac{n}{L_x}\right) = \frac{1}{N}\sum_{j=0}^{N-1} T(\mathrm{j}\Delta x)\,\mathrm{e}^{-2\pi i n\frac{1}{N}} \tag{6-1-28}$$

再把式(6-1-28)写成级数形式,并把$(-L,L)$换成$(0,L_x)$,k 换成 n;考虑 $x=\mathrm{j}\Delta x$,$L_x=N\Delta x$;然后与式(6-1-28)比较,可以发现两式相同。故可得离散傅里叶变换的傅里叶系数与傅里叶变换之间存在关系为

$$C_n = \frac{1}{L_x}S_T\left(\frac{n}{L_x}\right) \tag{6-1-29}$$

可以看出,$T(x)$既可以展成实数形式的傅里叶级数式(6-1-16),具有离散的傅里叶系数;$T(x)$也可表示成频谱,具有连续谱的性质式(6-1-24)。由于 $T(x)$只能在有限范围离散取值,经离散傅里叶变换后,得到复数形式的离散傅里叶系数式(6-1-29)。计算得到振幅谱和相位谱,就可以把磁异常频谱回算出磁异常空间域的分布。在实际计算工作中,常常采用快速傅里叶变换(FFT)实现磁场的各种换算。把磁异常转换为频谱,采用傅里叶变换的各种特性对频谱进行运算,能使原来空间域中的复杂运算变得简单,并且,频谱反映了磁异常特性的另一侧面。

(二)规则磁性体磁场频谱

下面给出几种规则磁性体的磁场频谱。

1. 无限延伸、顺轴磁化棒状体(点极)

由库仑定律,位于(ξ,η,ζ)处,磁量为 $m'=M_n\mathrm{d}s$ 的点极磁位:

$$U = \frac{1}{4\pi}\frac{m'}{\{(x-\xi)^2+(y-\eta)^2+(z-\zeta)^2\}^{1/2}} \tag{6-1-30}$$

由式(6-1-30)和位移定理,U 的频谱 $U(u,v,z)$ 为

$$U(u,v,z)=\frac{m'}{4\pi}\frac{e^{2\pi(z-\zeta)\sqrt{u^2+v^2}}}{\sqrt{u^2+v^2}}e^{-i2\pi(u\xi+v\eta)} \tag{6-1-31}$$

把式(6-1-31)乘以 μ_0 和磁场方向导数因子 q_t,得

$$T(u,v,z)=\frac{\mu_0 m'}{4\pi}q_t\frac{e^{2\pi(z-\zeta)\sqrt{u^2+v^2}}}{\sqrt{u^2+v^2}}e^{-i2\pi(u\xi+v\eta)} \tag{6-1-32}$$

2. 球体(磁偶极)

磁矩为 $m=\frac{4}{3}\pi R^3M$ 的球体磁场相当磁偶极子磁场。球中心位于(ξ,η,ζ)处时,场 T 为

$$T=\frac{\mu_0}{4\pi}\frac{\partial}{\partial t}\cdot\frac{\partial}{\partial l}\frac{m'}{\{(x-\xi)^2+(y-\eta)^2+(z-\zeta)^2\}^{1/2}} \tag{6-1-33}$$

相当以 m 代 m'求点极位的磁化方向与磁场方向二阶偏导数再乘以 μ_0,故由式(6-1-31)乘以 $\mu_0 q_t q_l$ 得

$$\begin{cases}T(u,v,z)=\dfrac{\mu_0}{4\pi}mq_tq_l\dfrac{e^{2\pi(z-\zeta)\sqrt{u^2+v^2}}}{\sqrt{u^2+v^2}}e^{-i2\pi(u\xi+v\eta)}\\q_l=2\pi[i(\alpha u+\beta v)+\gamma(u^2+v^2)^{1/2}]\\q_t=2\pi[i(Lu+Mv)+N(u^2+v^2)^{1/2}]\end{cases} \tag{6-1-34}$$

3. 无限长水平圆柱体

已知走向无限长的水平圆柱体的重力异常为 $g(x)=\frac{2\pi G\sigma r^2\cdot R}{(x^2+R^2)}$。式中,$G$ 为引力常量;σ 为密度;r 为圆柱体截面半径;R 为圆柱体中心埋深。通过傅里叶变换求得重力异常频谱:

$$g(u)=\int_{-\infty}^{\infty}g(x)e^{-i2\pi ux}dx=2\pi^2G\sigma r^2e^{-2\pi uR}$$

由频率域内泊松公式,可得磁异常的垂直分量的频谱为

$$Z(u)=\mu_0\pi\cdot m_s u e^{-2\pi uR}e^{i\left(\frac{\pi}{2}-i_s\right)} \tag{6-1-35}$$

式中:i_s 为有效磁化倾角;$m_s=\pi r^2M_s$(M_s 为有效磁化强度)为圆柱体单位长度的磁矩。

第二节　地磁异常的反演

一、概述

从已知的磁场分布(通常是指消去正常场之后的异常场部分)确定地下磁场源的问题,称为磁场反演问题。反演问题在地球物理学中占有特殊的地位。地球物理学所研究的对象大多在地球内部,有些甚至埋藏在地球深部,而人类目前可能获得的关于地球的信息大都来源于地球表面,仅有少量的信息来自极其有限的地下空间,因此人们对地球的认识主要还是通过有限的观测资料,对其进行反演而获得的。

一般来说,反演问题比正演问题复杂和困难得多。著名的反演理论学者罗伯特·珀克曾把反演问题的研究归纳为 4 个方面的问题:

(1)解的存在性,即给定数据资料,按照物理定律,能否找到满足要求的模型参数。

由理论场求反问题,其解总是存在的,而且有无穷多。然而,无穷多解使得不给定解的限制条件时反演难以进行。例如,厚板状体模型类、给定磁化强度或半径的球体、水平圆柱体等模型类。反演时,就认为给定场是由某一类中某一具体模型所引起的。如果给定场的确是所选模型类中某一模型所产生,则在此类模型中反演,其解是存在的,而且是唯一的。如果给定场不是所选模型中某一模型产生的,则反演问题就不是其真实解。

(2)模型构置,若解存在,如何构置问题的数学物理模型使得反演问题的解能迅速而准确地确定。

按照描述场源的模型函数或参数与场的关系特征可将数学物理模型分为线性模型和非线性模型,因此反演问题可分为线性反演和非线性反演。

(3)解的非唯一性;若解存在,其是否唯一。

引起多解性的原因可以归纳为两个方面,即场的等效性和观测资料的局限性。场的等效性是指不同的场源分布,至少在场源外部空间存在引起相同的场的分布。仅从观测到的场源外部空间磁异常值去推断解释场源特征无疑是很困难的。通常,我们所得到的观测资料是数量有限的离散采样数据,而磁场是连续分布的,显然这样的资料并不能完全反映磁场的整体特征,具有一定的片面性和局限性。一些磁性虽弱,但埋藏较浅的磁性体会产生较强的局部磁异常。此外,深部磁性界面的起伏也会引起大范围平缓的磁场变化。实际情况是,不同磁性体的磁场叠加在一起形成复杂的异常图案,很难用单一的形状规则的均匀磁化体来解释,从而增加了反演和解释的难度。即使是简单的磁异常图案,有时也不能唯一地确定它的场源,因为不同的磁性体会产生相似的异常图案。所有这些都说明,磁异常反演问题的解一般是不唯一的,也就是说,地面实测所得到的信息,往往不足以确定磁场源所有未知参数。

(4)解的评价,若解是非唯一的,如何从非唯一的解中获取解的真实信息。

另外,正常背景场的选择是反演过程中应该认真考虑的问题。背景场选择不当,会丢掉一些有用信息,或者增加一些与研究目标无关的磁场成分。国际参考地磁场和区域正常场是经常使用的背景场,有时,也用测区及其周围磁场的平均值(或趋势变化)作为背景场。

为了从干扰背景中得到有用的地磁异常信息,磁测应在磁静日进行,而且要用基准地磁台或参考地磁台的同时记录消去变化磁场和其他噪声干扰。有时也采用滤波方法,从磁场中滤出一些无关的低频或高频成分。

磁异常的反演,一般分定性分析和定量计算两步来进行。前者根据实测磁异常的形态特征,推测磁性体的形状和产状;而后者是在前者的基础上,从实测磁场数据计算磁性体的几何参数和磁性参数。

二、反演的定性分析

定性分析的基本方法是用正演结果与实测异常等值线图(或磁异常剖面)相比较。

1. 磁性体水平方向延伸情况的估计

从磁异常等值线的形态可以判断磁性体在水平方向是二度体还是三度体;等轴状的等值线对应三度磁性体,而长带状的等值线则对应二度磁性体,带状等值线的走向也就是磁性体的走向。介于二者之间的是似二度体。

2. 磁性体垂直方法延伸情况的估计

剖面图提供的信息虽然没有等值线图那样多,但是从剖面图上异常的正负分布可以大致估计磁性体延伸的特点。垂直分量剖面图大致有三种情况:只有正异常(或只有负异常);正(负)异常一侧有负(正)异常;正(负)异常两侧有负(正)异常。从正演结果可以看出,当顺轴磁化的磁性体向下无限延伸时,磁异常主要是由上端等效磁荷引起的,Z 分量剖面表现为只有正异常(或只有负异常);向下无限延伸的斜交磁化板状体,其 Z 分量剖面表现为正(负)异常一侧有负(正)异常;向下延伸较小的磁体对应于正(负)异常两侧有负(正)异常的 Z 剖面。

3. 磁性体埋深的估计

埋藏较浅的磁性体,其磁异常剖面狭窄而尖锐;埋藏较深的磁性体,其磁异常剖面宽阔而平缓。

4. 磁性体中心位置的估计

当剖面曲线呈对称状时,磁体中心位于极大值的正下方;当剖面曲线为反对称时,磁体中心在零值点下方;当剖面曲线不对称时,磁体中心位于极大值和幅值较大的极小值点之间的某个位置上。

除此之外,利用总强度异常和 $Z-H$ 参量图也可以做出有用的定性估计。

三、反演的定量计算

正演结果和反演的定性分析为反演定量计算提供了基础。定性分析提供了诸如磁化体的形状、大小、延伸、埋深等信息,而正演的磁场等值线图或剖面图,特别是图上的一些特征点,都可以直接用于磁体参数的计算。

一般的反演采用迭代方法。从一个初始模型出发,计算其理论磁场分布,然后与实测值比较,得到残差。逐次修改模型参数,使残差逐次减小,理论异常逐次逼近实测值,直到满意为止。拟合的好坏用残差来衡量。

除此以外,还可以用一些简便的方法确定磁性体的某些参数,以减少反演的未知数,或为初始模型的选择提供依据。

(一)特征点法

特征点法即利用磁异常剖面曲线上的一些特征点,如极大值点、极小值点、零点、拐点、1/2 极值点、1/4 极值点等坐标位置和坐标之间的距离,求解磁源体参数的方法。这些特征点分别用 x_{max}、x_{min}、$x'_{1/2}$ 和 $x_{1/2}$、x_0 和 x_G、x'_G 等表示。利用特征点法计算磁性体的埋深,不同形状的磁性体有不同的公式。

1.球体

球体异常宽度不仅与埋深有关,还与有效磁化倾角 i_s 有关。因此,特征点的坐标和数值随 i_s 角而变化(图 6-2-1),有以下计算中心埋深 h_0 的近似式。

$$\begin{cases} h_0 = b_{1/2} \approx 1.25bG \\ h_0 = b_m(i_s \leqslant 30°) \end{cases} \tag{6-2-1}$$

式中:b_m 为极大值与极小值之间的距离;$b_{1/2}$ 为 $\frac{1}{2}$ 极大值间的距离。

2.水平圆柱体

与球体异常一样,水平圆柱体特征点的坐标和数值也随 i_s 角而变化。可用下式计算其中心埋深。

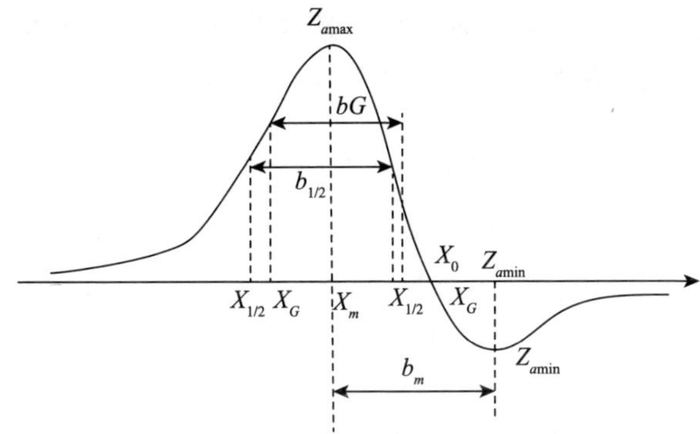

图 6-2-1 磁化球体特征点反演法示意图

$$\begin{cases} h_0 = |x_0| (i_s = 90°) \\ h_0 = b_{1/2} \approx 1.15bG \end{cases} \tag{6-2-2}$$

在 Z_a 曲线接近于反对称的情况下，用式(6-2-2)计算 h_0 的误差较大，这时可用 b_m 求中心埋深。

$$h_0 = 0.83b_m \tag{6-2-3}$$

3.无限延深厚板状体

顺层磁化时，无限延深厚板的 Z_a 曲线对称无负值，其上顶埋深计算公式为

$$h = \frac{b_{1/4}^2 - b_{1/2}^2}{4b_{1/2}} \tag{6-2-4}$$

式中：$b_{1/4}$为 1/4 极大值点之间的距离。

斜交磁化时，Z_a 曲线不对称且出现负值，这时按以下步骤求埋深 h。如图 6-2-2所示。

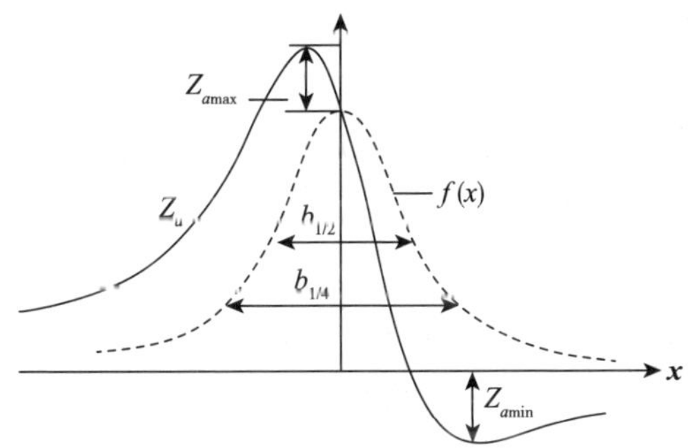

图 6-2-2 斜交磁化厚板埋深的特征点法

根据公式 $Z_a(0) = Z_{amax} - |Z_{amin}|$

式中：$Z_a(0)$为与磁体上顶中心位置对应的磁异常值。

先求出板的上顶中心位置，将 Z_a 曲线的极大值减去极小值的绝对值，在曲线上可得两点，其中在极大值和极小值之间的一点在横轴上的投影位置就是板

状体上顶的中心位置。以 O 为原点作一条辅助线 $f(x)$，如图 6-2-2 中虚线所示。计算 $f(x)$ 曲线上各点的磁场公式为

$$f(x_i)=\frac{1}{2}[Z_a(+x_i)+Z_a(-x_i)] \tag{6-2-5}$$

式中：x_i 为辅助曲线上第 i 点所对应的横坐标；$Z_a(+x_i)$ 为原点 O 右方距离为 $|x_i|$ 之点所对应的 Z_a 值；$Z_a(-x_i)$ 为原点 O 左方距离为 $|x_i|$ 之点所对应的 Z_a 值；$f(x)$ 为一条对称曲线，利用曲线上的 $b_{1/2}$ 和 $b_{1/4}$ 值，由式(6-2-4)就可计算得到 h 值。

该算法的优点是简单快速，是野外物探中常用的方法，但是由于它只选用了几个特殊点，因而受这些点的精度影响很大，抗干扰能力差，只适用于单个简单的地质体引起的规则光滑异常的计算。

(二) 切线法

切线法是利用过异常曲线上的一些特征点(如极值点、拐点)的切线之间交点坐标的关系来计算磁性体产状要素的方法。该方法简便、快速，受正常场选择影响小。下面以经验切线法为例介绍切线法原理。

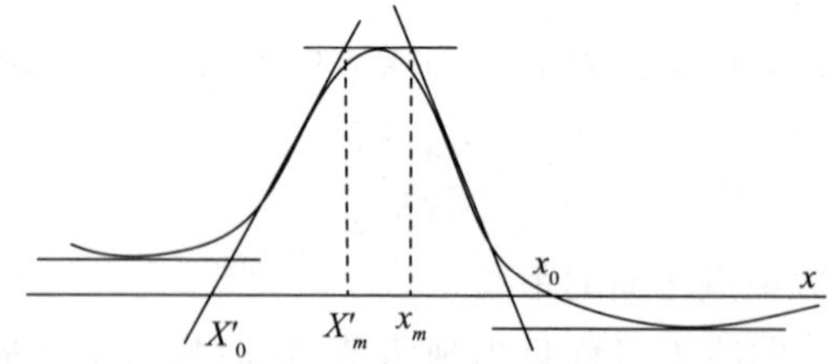

图 6-2-3　切线法反演示意图

经验切线法是最早的一种切线法。如图 6-2-3 所示，过 Z_a 曲线极大值两侧拐点作两条切线，它们与过极值点的切线(若无极小值，则用 x 坐标轴替代过极小值的切线)有 4 个交点，其坐标分别为 x_0、x'_0 和 x_m、x'_m，则求埋深的经验公式为

$$h=\frac{1}{2}\left[\frac{1}{2}(x_0-x_m)+\frac{1}{2}(x'_0-x'_m)\right] \tag{6-2-6}$$

由理论曲线进行实际计算结果表明：经验法对顺层磁化无限深的板状体、垂直磁化有限延深直立板状体一般都能获得较好的效果。对于其他磁性体则效果较差。

(三) 积分法

积分法求解场源体反演问题的内容较广泛，通常有两类：一类是对各种简单规则形体，利用 Z_a 和 H_a 异常曲线与 x 轴之间所围面积或部分面积来实现求解反问题；另一类是对任意形状有限截面的二度、三度体，利用磁异常的一阶或

二阶矩的积分,如 $\int x^m Z_a \mathrm{d}x$ 型的积分求解反问题。积分法使用了整个剖面上的观测值,避免了个别测点的观测误差和干扰的影响,有利于提高计算精度。例如,对于任意均匀磁化的二度体,截面有效磁矩的 x,z 分量 m_x,m_z,可以由磁场垂直分量(Z_a)和水平分量(X_a)的异常剖面曲线用以下积分求得

$$\begin{cases} m_x = -2\int_{-\infty}^{\infty} xZ_a \mathrm{d}x \\ m_z = -2\int_{-\infty}^{\infty} xX_a \mathrm{d}x \end{cases} \tag{6-2-7}$$

式中:坐标原点位于磁性体截面中心在地面的投影点,x 代表测点至坐标原点的距离。

积分法的优点在于充分利用了整个异常曲线上的场值,避免了个别测点上异常测量误差和干扰的影响,有利于提高计算精度。

(四)矢量解释法

利用磁异常的强度、方向及其分布规律来求解磁性体几何参数及磁性参数的方法称为矢量解释法。它可分为矢量交会法、矢量轨迹法、矢量倾角法、矢量强度空间等值线量板法及矢量强度比值圆交会法等。矢量解释法适用于任意磁化方向,起伏地形下用图解的方法求多种参数,如上顶埋深、中心或下地深度,板状体的倾角及磁化强度的方向等。在使用之前要求有水平分量的数据,对场源体形状要有一定估计以及正常场要求选正确。下面分别介绍矢量交会法和矢量倾角法。

1.矢量交会法

如果磁性体延伸很大,则磁异常主要是由上端等效磁荷产生的。利用负磁荷周围磁力线汇聚,正磁荷周围磁力线发散的性质,用磁异常矢量的作图法可以确定顶端埋深,这种方法可用于柱状或板状磁体。图 6-2-4 给出了在顺层磁化、无限延伸薄板的情况下,用矢量交会法确定顶端埋深的示意图。

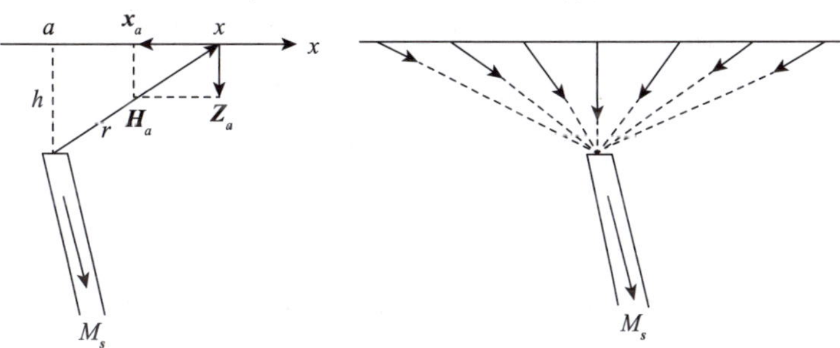

图 6-2-4　顺层磁化无限延深薄板矢量交会法示意图

2.矢量倾角法

磁异常矢量倾角是指矢量 $\boldsymbol{T}_a$($\boldsymbol{T}_a = \sqrt{\boldsymbol{Z}_a^2 + \boldsymbol{H}_a^2}$) 与水平线所夹的角度。其特征可由其倾角的正切值,即 $\frac{\boldsymbol{Z}_a}{\boldsymbol{H}_a}$ 值反映。对于水平圆柱体、无限延深或有限延深的薄板状体,其 $\frac{\boldsymbol{Z}_a}{\boldsymbol{H}_a}$ 具有简单的表达式,$\frac{\boldsymbol{Z}_a}{\boldsymbol{H}_a}$ 的空间等值线交会于薄板顶面、圆柱体截面中心。$\frac{\boldsymbol{Z}_a}{\boldsymbol{H}_a}$ 等值点中点横坐标空间轨迹线相交于有限延深薄板的中心,利用这些性质可以计算或用量板求解反问题。

(五)频率域中的反演

如前所述,磁异常也可用频谱(波谱)表示,对磁异常的剖面图或等值线图,可以通过一维或二维傅里叶变换,得到磁异常的空间谱,包括振幅谱、相位谱、功率谱等。对比理论谱与实测谱,可以得到磁性体的有关特征。

(六)最优化方法

随着计算机技术的发展,最优化方法广泛应用于磁异常的反演中,其实质就是选择法。它既能在空间域中进行,也能在频率域中进行。最优化方法就是将数学上求多参量的非线性函数极值的最优化方法,应用于选择法,自动修改模型的参量以使模型体的理论异常与实测异常最佳拟合,这时的模型体参量即作为实际地质体的解释。它的基本步骤如下:

(1)给出实测异常及测点的坐标。

(2)选择进行解释的地质体模型。

(3)对地质体模型各参量(包括物性、空间位置、大小等)给出初始估计值(称初值)。

(4)计算地质体模型的理论异常,并将该异常与实测异常对比。

(5)评定理论曲线与实测曲线的符合程度,即它们之间的差异大小,判断是否需要修改地质体参量重新计算对比。

(6)若差异不满足要求,则修改地质体模型的参量,以保证理论曲线与实测曲线之间的差异不断减小,如此反复迭代,直到满足要求为此。

(7)记下最后模型体的参数,作为解释结果。

最优化方法的计算步骤存在两个重要问题:第一个是如何评定理论曲线与实测曲线之间的符合程度,以及要求满足的精度标准(即收敛标准);第二个是如何在每次计算后修改地质体模型的参量。这在数学上是多参量的非线性最优化估计问题。目前,最优化的方法有最小二乘法、最速下降法、阻尼最小二乘法(马奎特方法)。最小二乘法常常不能保证收敛;而最速下降法虽然能够收敛,但收敛速度太慢。而阻尼最小二乘法则在两者中间做最优内插,效果最好。

(七)磁异常快速自动反演方法

对于大面积磁测资料解释需要大量反演深度参数,以此来确定磁性基底、磁性岩体和构造位置。20 世纪 80 年代以来,发展了应用微机对磁异常剖面与面积资料自动反演深度的技术,可反演出剖面或测区内一系列深度点,再结合地质或其他地球物理资料勾绘地质断面;也可用此深度资料做处置,提供最优化反演的初始模型之用。磁异常剖面自动反演方法有沃纳(Werner)反褶积法、总梯度模法;面积型磁异常自动反演方法有欧拉法。这些方法在我国航磁确定构造和磁性基底深度的应用中均取得了较好的效果。

上面介绍的仅仅是磁异常反演中常用的几种方法。在实际工作中,上述各种方法往往是结合在一起使用的。不同方法得到的结果往往不完全相同,这就需要认真分析,尽可能综合考虑各种因素,参考其他资料,做出正确的判断和选择。近年来,计算机成像技术(Computed Tomography,CT)发展很快,并成功地用于医学、地震勘探等领域。与地震成像一样,适用于地磁、重力等地球物理场的"位场成像"技术也得到迅速发展,并成为磁法勘探和地质构造研究的有力工具。

小　结

磁异常的处理与解释是利用海洋磁力测量资料进行各种应用的前提和基础,本章主要介绍了磁异常的处理与解释中的正演和反演。磁异常的正演中介绍了典型磁性体的磁异常计算方法以及频率域磁异常的正反方法;磁异常的反演中介绍了磁异常反演的定性分析和定量计算方法。

复习与思考题

1.磁异常的处理与解释的目的是什么?

2.海洋磁力测量磁异常解释的任务是什么?

3.请解释什么是正演问题和反演问题?

4.空间域和频率域正演的途径分别是什么?各有什么优缺点?

5.频率域正演的途径是什么?

6.磁异常正演的方法有哪些?

7.试画图并描述球体磁异常分量 Z_a 与磁化倾角 i_s 的关系。

8.写出水平圆柱体磁场的表达式,磁性球体磁场的分布特征有哪些?

9.写出水平圆柱体磁场的表达式,并描述磁性圆柱体磁场的特征。

10.磁异常反演的 4 个问题是什么?

11.磁异常定性分析的内容包括哪些?

12.磁异常反演的定量计算方法有哪些?

13.以磁性球体为例,画图并描述磁异常反演定量计算的特征点法。

14.画图并描述磁异常反演定量计算的切线法。

15.频率域中反演的途径有哪些?

16.磁异常反演的最优化方法有哪些?

17.磁异常快速自动反演的方法有哪些?

第七章　海洋磁力测量的应用

近年来，随着磁力仪的发展，如精度、灵敏度的提高等，磁法勘察在海洋工程中得到了新的应用。例如，在光缆路由调查、井场及海底油气管线调查、找寻海底磁性物体、海湾大桥、隧道工程、电厂选址工程的可行性研究等方面磁法勘察已经得到广泛的应用，并取得了一些成功的经验。另外，磁法勘察在海洋污染防治方面也有应用潜力，国外已有这方面的应用。

第一节　海洋磁力测量在海洋工程中应用

一、海洋磁力测量在海底光电缆调查中的应用

随着海洋资源调查和海洋开发进程的加快，海底光电缆探测和识别已成为现代海洋工程测量中水下管线探测的一项重要内容，并且一直是海洋工程测量中的一个技术难点。由于海底光电缆的直径比较小(一般为 50~80mm)，传统的精密测深、侧扫声纳等常规声学几何探测手段不能对其进行探测和识别，然而海底光电缆的电磁特性为应用磁力仪探测和识别海底光电缆提供了物理基础和技术手段。通常海底光电缆的铁磁性材料和管线中的电流会产生磁场，叠加在海底地磁背景场上，产生磁场异常，海底光电缆产生的磁异常一般在 0.5~150nT；另外，目前广泛使用的铯光泵海洋磁力仪，磁测灵敏度达到了 0.005nT(采样率为 1Hz 时)，能够反映海底微小的磁异常变化。因此，只要采取合理的精密磁力测量方法获取高精度的区域海底磁场数据，利用海底光电缆产生的磁场异常特性(即海底光电缆磁场模型)，就可对实际地磁场异常特征进行分析判断，对海底光电缆进行识别和定位。由于磁力探测手段不受空气、水、泥沙等介质的影响，这一特性使磁力仪在探测淤埋在泥沙下的海底光电缆具有优越性。自海洋磁力仪问世以来，就被尝试用于海底光电缆等目标的探测，特别是西方发达国家应用较多，相对而言，我国起步较晚。过去，海洋磁力仪探测精度较低，探测结果只作参考，不能精密确定，也未对探测模式及方法进行深入研究，随着科学技术的发展，出现了高精度海洋磁力仪，提高了磁探测能力。

2000—2001 年,国家海洋局第一海洋研究所承担了 C2C 欧亚光缆路由调查的任务,使用加拿大 Marine Magnetics 公司生产的 Overhauser 式 SeaSPY 海洋磁力仪进行勘察,由于海缆产生的磁场较小,海缆在海底处于埋藏状态,而且水深一般较大,为了得到较好的探测效果,工作过程中采用了图 7-1-1 所示的方法。图中在离磁力仪探头(拖鱼) 10m 处加一重物——铅锤(约 25kg) ,系铅锤的尼龙绳长 6m。在探测过程中铅锤拖着海底“鱼”,由于空腔中有气体,不会沉于海底,这样“鱼”能保持在离海底的高度约 5m 处,此时灵敏度最高,噪声最低。

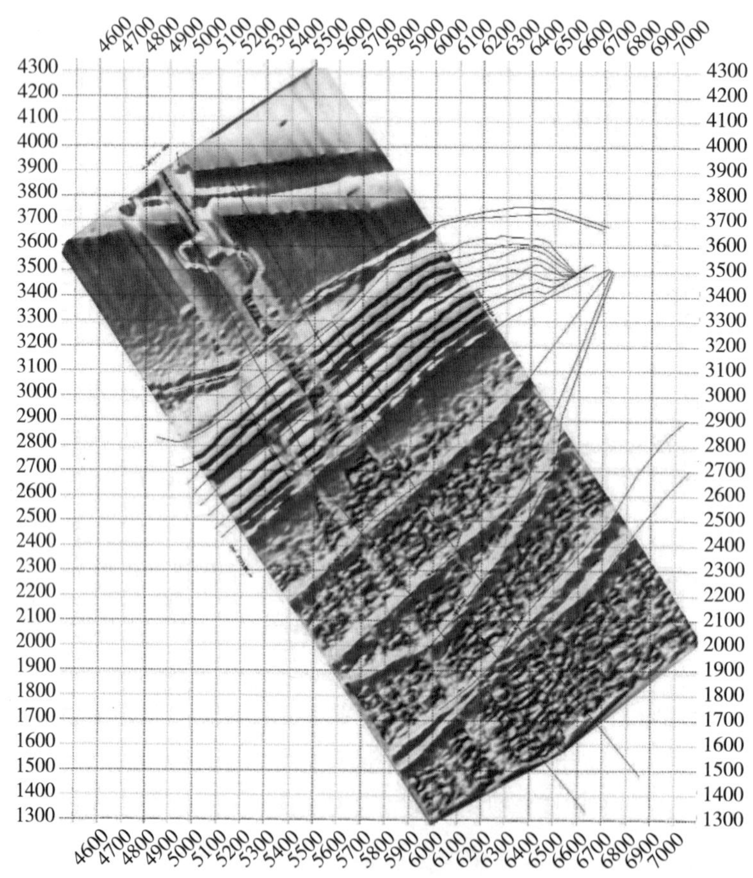

图 7-1-1　电缆及油气管线探测结果

测线的布设与已知海缆的走向垂直,一般布设测线 3~5 条。探测过程中调查船的速度较慢,以确保磁力仪探头接近海底。当磁力仪探头越过海缆上方时将产生磁异常,磁异常的幅值与海缆的种类和磁力仪探头的深度有关,一般可达几十到上百纳特斯拉。通过此方法可以对海缆进行精确定位。

二、海洋磁力测量在井场及海底油气管线调查中的应用

近年来,我国海洋石油产业发展迅速,相继建立和铺设了许多石油平台和海底管线(包括海底输油管道、输气管道及注水管道等),随着时间的推移和海底恶劣环境的侵蚀,导致有些管线抗力衰减,危及石油生产安全。因此,探明现有海底管线的铺设现状和它们的准确位置对于海底管线的及时维修和适时更新是十分重要的。

2003 年,国家海洋局第一海洋研究所承担了埕岛油田平台周边海底管线的探测任务,磁法勘察是整个探测任务的一部分,并取得了较好的探测效果。探测中使用加拿大 Marine Magnetics 公司生产的 Overhauser 式 SeaSPY 海洋磁力仪,由于平台附近水深较浅,且海底管线基本上都是较粗的铁质管,产生的磁场要比海缆大很多,所以探测过程中没有给磁力仪探头加重物,但要求调查船速较慢。当磁力仪探头经过海底电缆时,根据海底管线种类的不同及探头离海底距离的不同,可以探测到数十到数百纳特斯拉的磁异常。

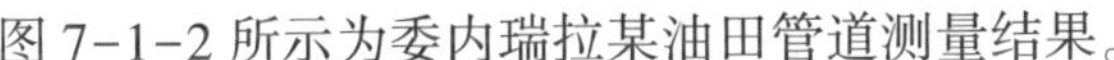

图 7-1-2 所示为委内瑞拉某油田管道测量结果。

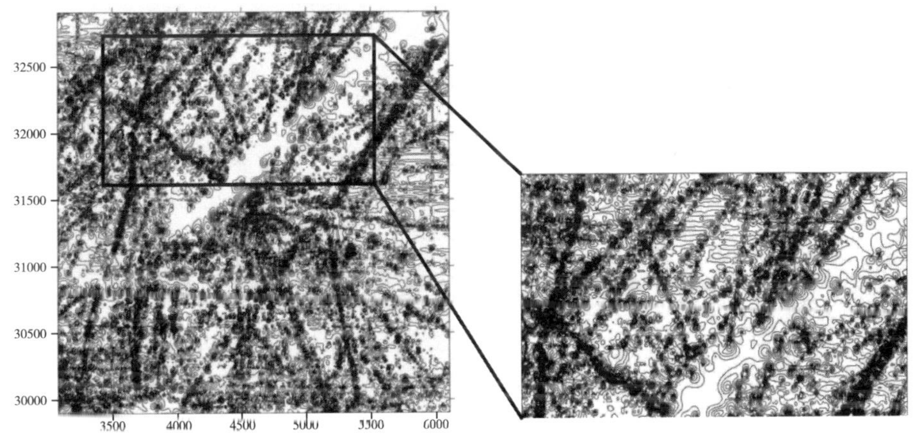

图 7-1-2　委内瑞拉某油田管道测量结果

三、海洋磁力测量在找寻海底废弃军火及其他磁性物体方面的应用

在 20 世纪第二次世界大战及沿海军事演习和训练中,在近海遗弃了一些未爆炸的炮弹,这给海洋工程安全造成了隐患。因此,国内外已经开始了磁力仪在找寻遗弃的炮弹等海底废弃军火及其他磁性物体方面的应用。例如,国家海洋局第一海洋研究所曾经为石油公司和海军做此类工作。工作时一般采用面积测量的方法,在测量区布设较密的测网,测线间距根据所要找寻物体的体

积大小确定,一般几米到十几米。测量数据经过正常场改正和日变改正等处理,最后绘出磁异常 ΔT 等值线图,圈定出海底磁性物体的位置,如图 7-1-3~图 7-1-5 所示。海底磁性物体产生的磁异常是正负伴生的,正负磁异常最大值均可达到上百纳特斯拉。

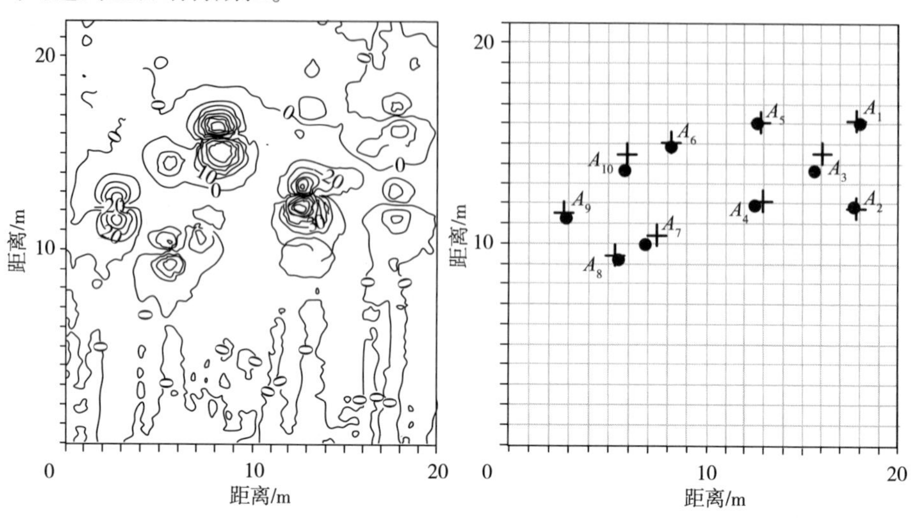

图 7-1-3 未爆军火探测磁异常等值线图　　图 7-1-4 未爆军火探测结果示意图

四、海洋磁力测量在海湾大桥、隧道工程、电厂选址工程中的应用

随着经济的发展,交通和电力的压力日益明显,近年来,我国跨海大桥、海底隧道工程以及核电站工程日益增多,这些工程在可行性研究阶段面临的主要问题之一就是区域的稳定性问题,重点了解工程区域内的断层及其他构造的存在情况及其活动性。在此类工程中,磁法勘察一般与浅地层地震勘察配合进行。工作中,根据工程要求不同,垂直构造线方向布设多条测线,或者在测区内布设测网。资料处理时,对磁力数据进行正常场改正和日变改正,绘制磁异常 ΔT 剖面图和等值线图,结合地震资料和钻孔资料进行综合地质解释。图 7-1-6 所示为金门大桥磁异常探测结果。

五、海洋磁力测量在污染防治方面的应用

在近海港口、水道的污染治理中需要了解海底污染沉积物的具体分布范围和厚度信息,传统的办法是进行较密集的取样,对样品进行分析获得以上信息。但受到取样密度的影响,此种方法存在较大误差。样品分析表明,污染沉积物的磁化率要比未受污染沉积物的磁化率高 1~2 个数量级,这就使得磁法勘探在此方面的应用成为可能,现在国外已经开始了这方面的研究与应用。图 7-1-7

所示为垃圾掩埋区域磁异常等值线图。由该图可以明显地看出垃圾掩埋的范围。

用于探测垃圾场地污染程度、监测垃圾体位移技术、废弃井位置和其他环境灾害等，特别是美国军事工程研究发展中心对 150mm 的废弃炸弹进行磁法探测，准确探测到废弃炸弹的平面位置及埋深，取得了较好的研究效果。图 7-1-8所示为美国斯坦福大学环境试验场高分辨率磁测结果，其中鼓状物和管状物深度为 1~3m。

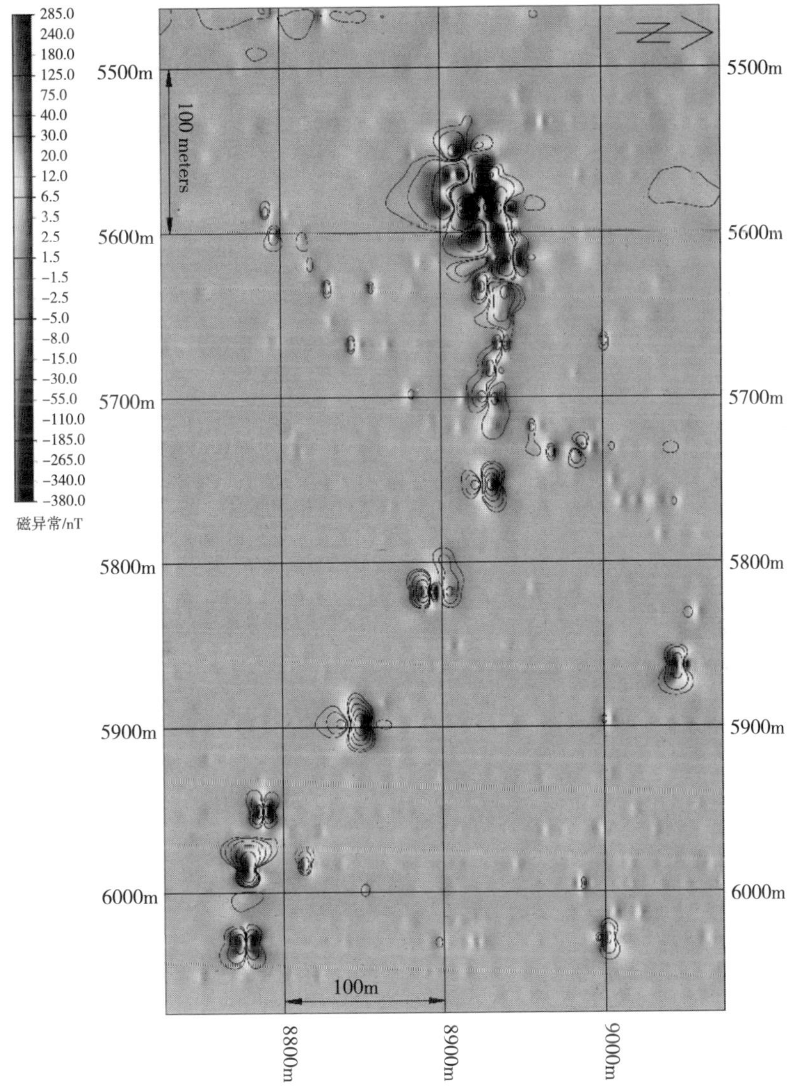

图 7-1-5　海底沉船探测结果(彩图见插页)

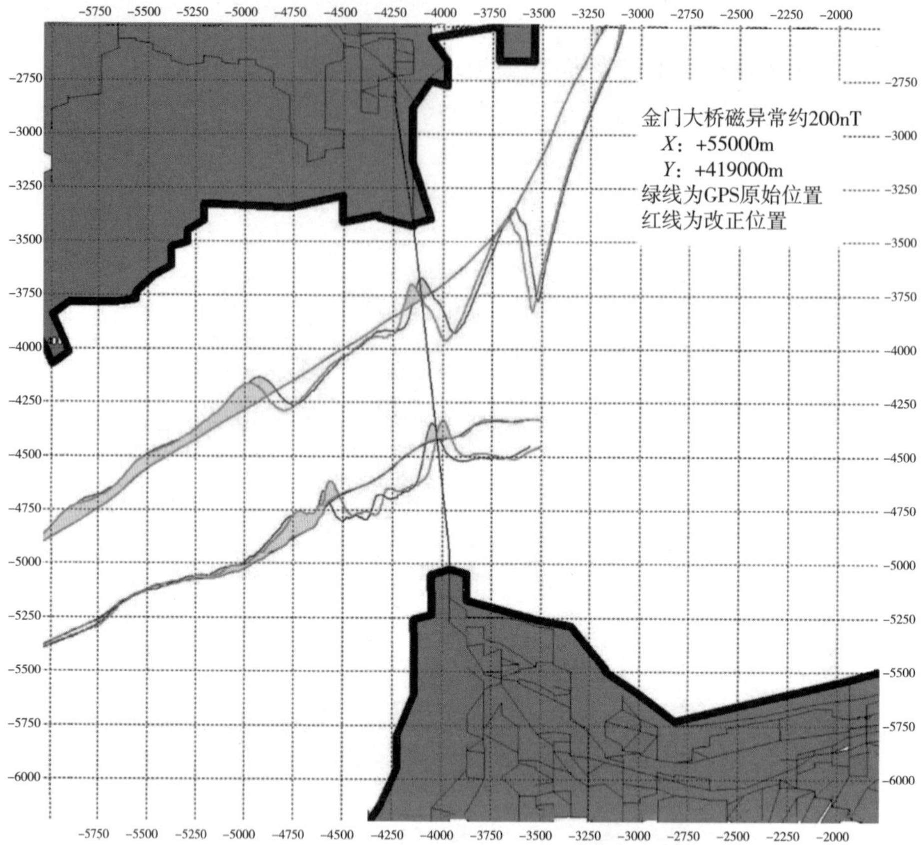

金门大桥磁异常约200nT
X：+55000m
Y：+419000m
绿线为GPS原始位置
红线为改正位置

图 7-1-6　金门大桥磁异常探测结果(彩图见插页)

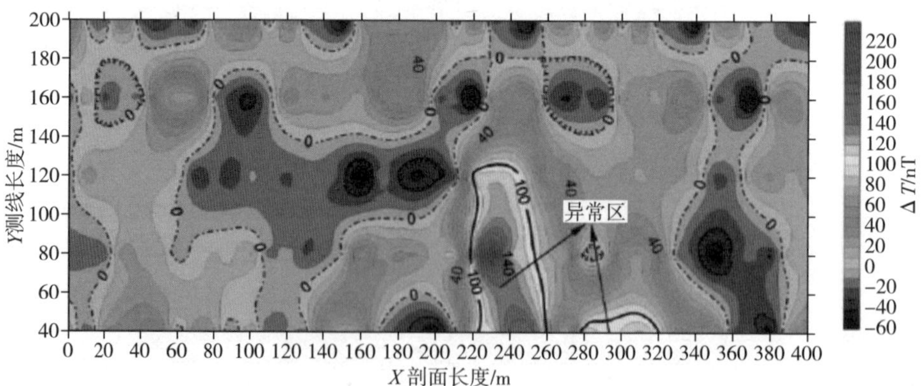

图 7-1-7　垃圾掩埋区域磁异常等值线图(彩图见插页)

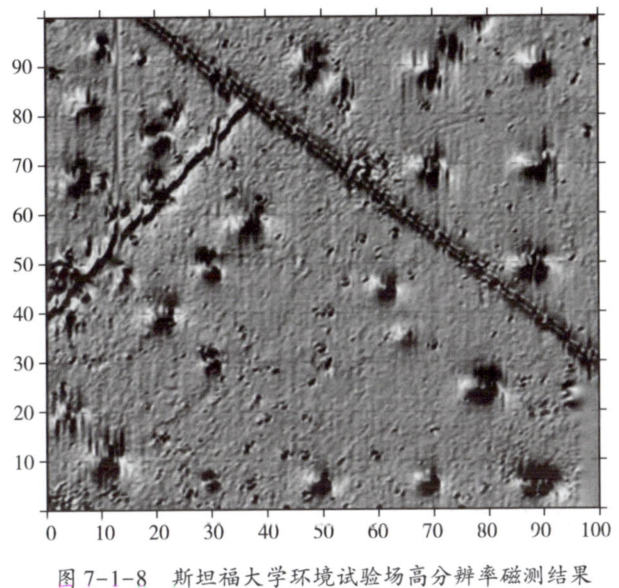

图 7-1-8　斯坦福大学环境试验场高分辨率磁测结果

第二节　海洋磁力测量在地学研究中应用

一、磁异常与地质体的关系

磁异常是由地下各种地质体之间的磁性差引起的。它同地质体的磁化强度的大小和方向有关,同地质体的埋深、倾斜方向等有关。一定测区异常磁场的分布与该区内的岩石分布和构造特征相关联,如图 7-2-1 所示。因此,分析和研究测区磁场的分布特征,可以推断该区内地质构造的规律,为地质调查和找矿勘探工作提供重要资料。

1. 火成岩上的磁场特征

在所有岩石中,火成岩的磁性比较强,且分布不均匀,尤以各种喷出岩表现最为突出。当这些岩石埋藏不深或直接露出海底,且水深不大时,它们的磁场以强度大和水平梯度大为特点。

2. 沉积岩的磁场特征

沉积岩的磁场特征,一般来说,磁化率在 100×10^{-6}高斯单位以内,可看作无磁性的,它本身的磁场接近于零,这对磁测找矿是很有利的。

3. 变质岩的磁场特征

变质岩的磁性是非常复杂的。这不仅与变质前原岩的磁性有关,还与变质程度、变质过程中高温高压作用下矿物的重新组合或重新结晶等因素有关。例

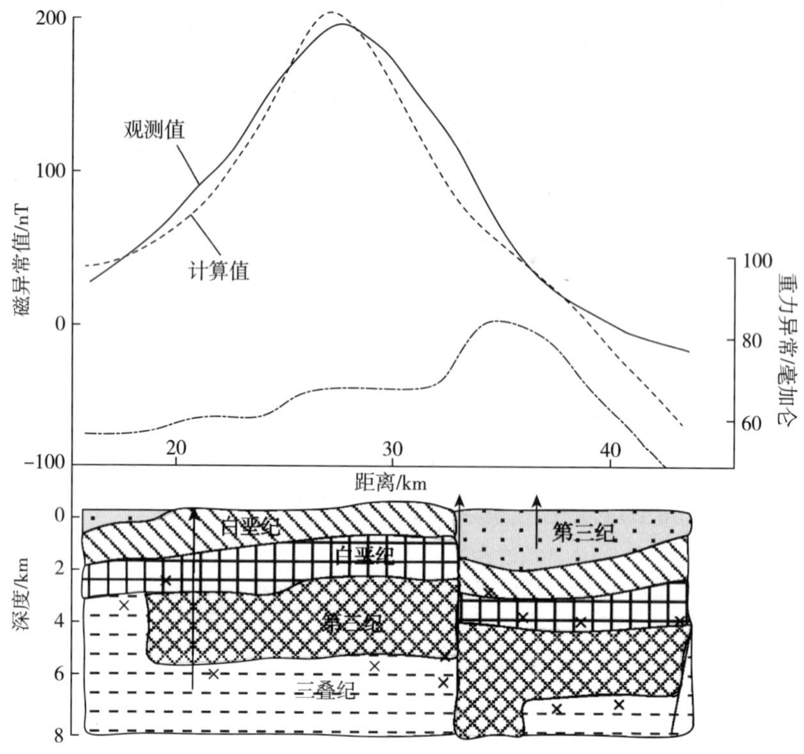

图 7-2-1　地质体与磁异常的关系

如,一些板岩、片岩等磁性比较小,与沉积岩磁性十分接近。而一些正片麻岩、角闪岩的磁性则比较大,可产生上百纳特斯拉的磁场。

4. 构造断裂带上的磁场特征

断裂在磁场上有十分明显的反应,它的特征大致可归纳为以下两点:

(1)狭长延续很长的正异常带或呈雁行排列的异常带及正负相伴的异常带,在此异常带两侧之磁场特征往往不同。

(2)断裂带地区的异常轴线发生明显的错动。

二、板块构造运动

地磁学对地学的重大贡献在于对“大陆漂移、海底扩张和板块运动”提供了有力的证据。长期以来,许多地质工作者认为海、陆的发展和地球上部的运动,主要表现为地面的隆起和沉降,以垂直运动为主,水平运动只是次要的,这是一种固定论的观点。其后,又出现了一种活动论的观点,认为地球上部不但有垂直运动,而且水平运动更大。海洋和大陆在地质时期都不是固定不动的,它们彼此之间和各自的内部都发生着动力构造作用。大陆漂移、海底扩展和板块构造是全球性大地构造活动过程的三部曲。海底扩张是大陆漂移的新形式,板块构造是海底扩张的引伸。

图 7-2-2 所示为板块构造运动示意图，图中箭头表示板块由于地幔对流的带动，由洋脊向两边扩张，在岛弧区或活动的大陆边缘沉入地下，通过软流层完成对流的循环，这时中间层为地幔的下部分，处于被动和固定的状态。图中左边有一岛弧与岛弧间的转换断层，中间有二脊与脊间的转换断层，右边有一简单弧形结构。在活动的过程中，板块的边界是互相制约的。由于板块边界有洋脊、岛弧和平移大断裂三种形态。它们之间的作用也有三种类型：洋脊或海岭处主要是张力，常造成正断层；岛弧地区主要是挤压，造成冲断层；转换断层的应力主要是切向的，造成平移。但这三种作用力很少以这样单纯的形式出现；例如，海沟是挤压地区，但也可能有不少的平移运动；断裂谷是张力地区，但也可能发生平移。总之，板块大地构造建立在海底扩张的基础上，大地构造活动的基本原因是几个巨大的岩石层相互作用所引起的。这些板块的强度很大，主要的变形只发生在它们的边缘部分；然而板块的边缘既然受力，这个力必然向板块内部传递而使它处于受应力的状态。

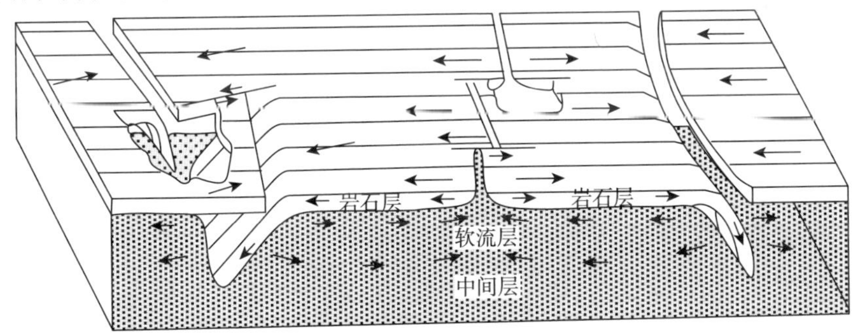

图 7-2-2　板块构造运动示意图

三、大洋磁异常的特征及研究意义

海洋区域的磁力测量在几个世纪前就已经开始，当时的工作目的是航海保证的需要。就是在 20 世纪 50 年代初期，因为缺乏实际资料，对海洋区域的磁场性质还没有认识。那时，认为大洋很深的洋底有沉积岩层，大洋磁场分布是相当均匀的，是没有异常的。50 年代以来，发展起来的海洋磁力测量工作证明：大洋区域的磁场是非常复杂的，并且磁测资料能够用来研究海底构造和海洋地壳。大洋底的异常磁场，按其特点大致可分为三种基本类型：

(1) 与中央海轴部地带相联系的变幅大、频率高的异常。

(2) 变幅和频率较小的异常。它是大洋盆地、某些穹隆状隆起和过渡带的某些地段上所特有的磁场。

(3)强度小、变化也很小的异常。这种异常分布范围相当广阔,磁异常微弱,个别地区没有异常。这在大西洋和欧洲、加拿大沿岸大陆坡地区较为突出。

大洋磁异常的特征与海底地形没有直接关系,如同在陆地区域上一样,主要是由于海底岩石磁性明显不均匀性所引起的。大洋磁异常的源,根据分析知道,其所在的深度,在大多情况下,位于靠近海底结晶岩石圈的最大部分。比较大陆磁场和大洋磁场的性质特征,两者没有区别,大洋的磁异常场是现代地壳形成之构造、岩浆和其他地质作用的结果。

根据地震调查资料与磁测资料的比较,大洋磁异常的强度与地壳玄武岩层的厚度及磁性密切相关,故根据磁测资料可以研究海洋地壳的结构性质。

大陆磁异常是比较复杂的,这可能是因洋壳发展成陆壳时,花岗岩的作用或侵入作用的结果。海洋区域的磁异常,相对于大陆磁异常,是较为简单而有规律的,这是年轻的海洋地壳结构所决定的。

因此,研究海洋区域的磁异常,是研究海洋地壳结构的重要资料,是解决地质理论问题的基础,同时,它对研究大陆及大陆架区域地质的构造演变也具有十分重要的意义。

第三节　海洋磁力测量在海洋资源开发中应用

一、石油、天然气勘查中的应用

磁法是以测量磁场的微小变化为基础的。磁性岩石的分布发生任何变化都会引起磁场的相应变化。大多数沉积岩几乎都是无磁性的,而下伏火成岩和基岩通常是弱磁性的。根据磁测资料确定了基岩的深度,也就确定了沉积物的厚度。因基底面起伏能在上覆沉积岩中产生有利于油气聚集的构造起伏,确定基岩的起伏能为油气勘查提供有用资料。

油气上方产生的弱小磁异常的原因,是油气圈闭一般存在间隙,石油或天然气可以通过喷发溢出、溶解溢出与扩散逸出三种途径从储层中逸出。从压力较高的储层中,透过半渗透性的沉积柱垂直地扩散到地表。碳氢化合物与其相关的化合物(H_2S),从油气储层中缓慢泄漏,经过漫长的时间后,其覆盖层中可以形成氧化还原环境;在周围介质中形成了氧化还原条件。溶解在水中的碳氢化合物向上运移,基本上被氧化,由此消耗了分子氧,从而在圈闭上形成很强的还原环境,使得矿物中的铁活化还原成亚铁态,亚铁离子沉淀下来,形成磁铁矿或黄铁矿。磁铁矿可以在潜水面附近沉积下来,也可能出现在近代潜水面的上部或下部，这取决于过去地质时代潜水面的水平（袁照令和李大明，2000）。

很长一段时间，不同比例尺（主要是1∶50万、1∶20万）的磁测在石油物探中的作用主要限于圈定沉积盆地、研究区域地质构造特征和根据二级构造异常确定油气远景区等方面。随着高精度海洋磁测工作的开展，构造船磁不仅在查明区域地质构造方法，而且在寻找局部沉积构造和油气田方面均能起到重要作用。目前，磁测在油气构造普查中的作用，主要表现在以下几个方面：①能以相对少的投资，在较短时间内提供大面积反映区域与局部构造信息的磁场资料；②可以比较详细地确定进一步投入比较昂贵的物探方法的工作地段；③预测油气远景构造。

图7-3-1所示为钱塘海礁地区含油气远景预测区分布示意图，该地区位于东海陆架盆地西部凹陷带的北段，覆盖了钱塘凹陷、海礁凸起南部及鱼山凸起西北部，西侧与浙闽隆起相邻，东侧与西湖凹陷相邻，面积$2.5\times10^4km^2$。对此区空间重力异常小波分解后反演计算了新生界底面与沉积基底面的形态与埋深。将总磁异常ΔT化极换算为化极磁异常并小波分解后求取了磁性基底面的形态与埋深，并圈定了中酸性岩浆岩侵入体在平面的展布。依据含油气远景区的固有特征，综合上述成果圈定了6个可以进一步开展工作的远景预测地区，它们具备含油气远景区的基础条件。

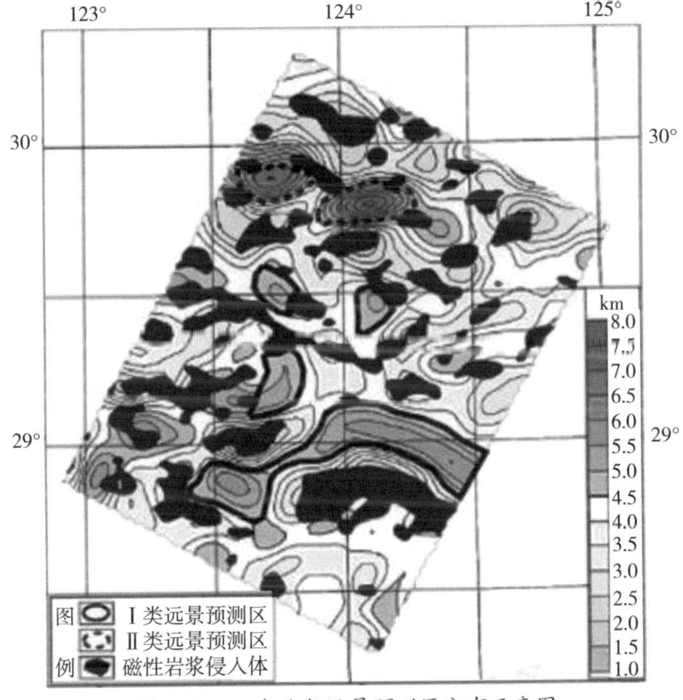

图7-3-1　含油气远景预测区分布示意图

二、固体矿产勘查中的应用

磁力测量最初是作为找磁铁矿床的方法而产生并长期发展的。磁力测量在固体矿产勘查中的作用主要是直接找矿和间接找矿两方面。随着磁测精度的提高和基本理论的发展,磁测不仅能发现磁铁矿床,而且还能解决勘探方面的问题:确定矿体的深度、产状要素、磁化强度和估算磁铁矿石的储量。在这方面我国(主要是在陆地)已有许多个成功实例。

在间接找矿中,主要是用磁测查找在空间上或成因上与成矿有关的地层、构造、岩浆岩、蚀变岩石、矿化带等控矿因素。此外,利用所寻找矿种与磁性矿物的共生关系找矿,也属于间接找矿。目前,磁力勘探的间接找矿作用发挥得还不够。

磁测寻找磁铁矿床的效果举世公认,最为明显。在寻找其他类型铁矿,以及铜、铅、锌、镍、铬、铝土矿、金刚石、石棉等各种金属与非金属矿床上,虽然大都属于间接找矿,但也起到重要作用,富有成效。

下面主要介绍海洋磁力测量在寻找各类铁矿床中的应用。

我国铁矿的主要类型有前震旦纪变质铁矿、碳酸盐类岩石与中酸性侵入体接触带铁矿、火山岩中铁矿、基性侵入岩中铁矿等。

1. 产在变质岩中的铁矿

此类铁矿通常称为鞍山式铁矿,其磁铁矿石的感应磁化强度达 0.03～0.2A/m,围岩变质岩的磁化率小,两者有明显的差异。当矿体山露地表,磁异常有明显的峰值,异常可达上万纳特斯拉。地磁异常多为条带状,具有明显的走向方向(吴功建,管志宁,1980)。

2. 产在中酸性侵入体与碳酸盐接触带中的铁矿

此类铁矿产于酸性侵入体,如闪长岩、花岗闪长岩与石灰岩、白云质灰岩、泥质灰岩、钙质粉沙岩等碳酸盐岩石的接触带及其附近。中酸性侵入体具有磁性,可观测到明显的磁异常。碳酸盐岩石不具有磁性,铁矿产于接触带及其附近,在碳酸盐岩石的平静磁场与侵入体磁场的过渡带上叠加的次级磁异常就成为磁测找此类铁矿的标志。

3. 产在火山岩中的铁矿

此类铁矿在我国传统称为梅山式铁矿。火山岩磁性比磁铁矿通常要小。考虑火山岩磁场的干扰,用 1∶5 万或 1∶2.5 万比例尺航磁可发现铁矿异常。

另外,磁测还可用于寻找其他金属矿与非金属矿,如铜矿和铜镍矿、多金属矿和锡矿、铬铁矿、基性与超基性岩中的石棉矿、铝土矿、硼矿、金刚石等砂矿等。

第四节　海洋磁力测量在军事上应用

海洋磁场要素作为海洋战场环境重要参数，对军事斗争准备、部队战斗力的发挥具有重要的意义。海战场环境建设是军事斗争准备工作的一项重要内容，海洋磁场要素是海战场环境基础信息极其重要的组成部分。海洋磁力测量对海军作战具有重要的价值，高精度的地磁场信息是探测潜艇和磁性障碍物、反潜技术、反探测、水雷布设和水下预警的基础，为舰船传统导航、潜艇消磁隐身等方面提供重要的资料。

一、舰船导航与武器制导

地磁场是地球的固有资源，为航空、航天、航海提供了天然的坐标系，可应用于航天器或舰船的定位定向及姿态控制。特别是航海方面，自从作为中国四大发明的“指南针”传入欧洲后，开辟了以磁罗经为主要导航工具的现代航海，直至今日，即使 GPS 导航定位技术已经非常成熟，磁罗经仍然是航海导航的必要工具。早期的海洋磁力测量也正是为了保证航海的需要而进行的磁偏角测量，并于 1702 年出版了世界上第一张全球磁偏角图。海洋磁力测量可以为磁罗经导航的舰船、潜艇和水中武器提供地磁偏角数据、修正航向，同时为航海图书出版提供海区地磁偏角及地磁偏角年变化数据。在军事应用方面，地磁导航具有以下优越性：①地磁导航简单可靠，并且几乎不受环境因素制约，可在全球范围内提供连续导航，且造价低廉。②地磁导航可隐蔽连续工作，使潜艇得以最大限度地发挥隐蔽突然的固有优势。③地磁导航具有较全面的导航功能，包括定向、定位、测姿、测速。特别是在潜艇活动最多的浅海，历史上留下的沉船等地磁异常点事实上构成了一个有效的水下定位控制网。

此外，随着地磁传感器研制水平的提高，出现了地磁匹配制导与导航。地磁匹配制导，即将预先选定的导弹弹道中段或末段地区地磁场的某种特征值，制成参考图并置入导弹的计算机存储器中。当导弹飞越这些地区和末端时，弹载的传感器实时地测定地磁场的有关特征值，并构成实时图。实时图与预存的参考图在计算机中进行相关匹配，确定实时图在参考图中的最相似点，即匹配点，从而计算导弹的精确实时位置，供制导和控制系统修正弹道，以达到精确制导的目的。而地磁匹配导航则可为潜艇定位提供辅助手段。美国、俄罗斯在 20 世纪进行过有关的研究，因为这是一项重要的国防技术，没有公开的技术资料，只做过理论的探讨。徐世浙院士提出潜艇的水下定位技术存在三个关键问题：

水下三维空间磁场数据库的建立;潜艇在航行中的磁场测量;实测磁场数据与磁场数据库的匹配。利用地球空间物理信息进行地磁匹配制导与导航的基本思想,与利用其他地球物理信息导航的优势在于具有多个特征量,如总磁场强度、水平磁场强度、东向分量、北向分量、垂直分量、磁偏角、磁倾角以及磁场梯度等,可操作性较强。但总体而言,地磁匹配需要以高精度、高分辨率的地磁测量或地磁标准场为基础,在工程实现上具有非常大的难度。

二、潜艇磁探测与消磁隐身

潜艇作为海军的主要作战兵力,为各国海军所重视,潜艇兵力不仅对海军的常规力量构成重大威胁,而且作为战略核力量的核潜艇对世界战略态势产生深刻的影响,因此反潜已成为各军事大国海军的重要课题。潜艇磁化会在背景磁场中产生磁异常(即使经过消磁还有一定强度的磁异常),这样,利用航磁或船磁可以探测到海中的潜艇。潜艇的磁探和防磁探对抗技术起源于第二次世界大战,期间德国海军元帅 Karl Dnitz 发明了著名的“狼群”战术,给盟军护航兵力和运输船队造成了毁灭性打击。为了保住至关重要的海上交通线,美国和英国积极研究反潜措施,而反潜的关键和难点在于探潜,为此,盟军先后采用了多种探潜装备,其中就包括航空磁探仪设备。1941 年,英国和美国率先成功研制出磁异常探测仪器(Magnetic Anomaly Detection,MAD),随即安装于 K 型反潜飞机上,该装备的应用大大提升了搜潜和探潜效率。到 1943 年,盟军大多数反潜飞机都配备了 MAD,这些装备的使用有效对付了德军的“狼群”战术,从而扭转了双方在海洋战场上的主动权。时至今日,磁探测方法依然是近距离精确定位潜艇的重要手段,几乎所有的现代反潜飞机上都配备了 MAD 装置。

目前,航空磁探潜技术是海洋强国搜潜与探潜的重要手段,在现代反潜飞机上,磁异常探测系统是对潜艇进行精确定位的重要装备,新研制和装备的航空磁探潜系统作用距离不断提高,已从初期的 120m 发展到 900m 左右,如图 7-4-1所示。此外,为了研制航空磁探潜系统和提高潜艇磁性防护能力,各海军强国均建有高性能的磁性模拟实验室,如美国安纳波利斯海军磁性实验室、法国马丁赫里斯(Martin d‘Hères)海军磁性实验室、英国 Ultra 公司磁性实验室等,为该国潜艇磁性防护和航空磁探潜系统研制做出了重要贡献。美国出于全球战略扩张的目的,其海军装备了 10 多种型号、数百架反潜侦察飞机和反潜直升机,这些反潜机全部装备了航空磁探潜系统。例如,SH-60B“海鹰”和 HU2K-1“海妖”、P-3C“猎户座”等反潜机都装备了 AN/ASQ-81 型磁探仪,其作用距离达到 900m;另有少量 P-3C 反潜机装备有更为先进的 AN/ASQ-208

型数字式磁探潜系统。最近,CAE 公司又为美国海军 P-8A 新型多任务海上飞机提供了一体化磁异常探测系统,用于对水下磁性目标的搜索、探测和定位。2008 年 8 月,波音公司向美国海军提交了第一架 P-8A 海神飞机,美国海军计划购买 108 架,以取代海军现役的 P-3C 反潜巡逻飞机,到 2013 年可形成较强的作战能力。俄罗斯也有着较强的磁探潜能力。苏-32FN 岸基侦察攻击机装备有先进的机载磁探仪,这种磁探仪的性能超过了美国生产的 AN/ASQ-81 和 AN/ASQ-502 磁探仪。另外,俄罗斯的卡-27、卡-28 反潜直升机、伊尔-38 和伊尔-38SD 型反潜机也都装备有先进的磁探潜设备。日本"八八舰队"所属 HSS-2B 舰载直升机上装备了磁探仪,SH-60J 反潜直升机装备有 ASQ-81D 磁探仪,PS-1 反潜机和 P-3 系列反潜机都装备有先进的磁探仪。2004 年 1 月,加拿大为日本防务厅(Japan Defense Agency,JDA)设计开发了一种新型海上巡逻机的 MAD 系统。2008 年 8 月,日本川崎重工业公司正式将一架新型的 P-X 反潜机交付防卫省,该机型是日本新一代喷气式大型反潜巡逻机。2008 年,日本防卫省列编了 679 亿日元预算,为海上自卫队采购 4 架 P-X 型反潜机,预计还将采购数量最少为 70 架 P-X 反潜机,该反潜机航程约 8000km,使日本的空中反潜网由东海延伸至南中国海。英国的"山猫"Ⅲ型反潜机、"猎迷"MRA4 反潜机和 CH-3 海王反潜直升机以及法国的 AS365"海豚"反潜直升机、"大西洋"ATL2 型反潜机等都装备有先进的磁探潜设备。澳大利亚也于近期将 18 架 P-3C 海上巡逻机进行升级改装,用 CAE 公司的 AN/ASQ-504 磁异常探测器替代早期的 AN/ASQ-81 系统。新西兰在对 P-3 系列反潜机的升级中也增加了较为先进的磁探潜设备,土耳其、泰国等一些国家也都拥有一些航空磁探潜系统装备。近年来,中国台湾通过购买方式获得了相当数量的磁探潜设备,现有的 20 架 S-2E、32 架 S-2T 反潜巡逻机、16 架 500MD"防御者"、20 架 S-70CM-1 及 2001 年购进的 11 架 S-70CM-2 反潜直升机上均装备有美国的 AN/ASQ-81(V)或加拿大的 AN/ASQ-504 磁探仪。利用反潜机上安装的磁探潜设备,美国、日本及中国台湾等国家和地区在我周边海域不断进行反潜演习,对我潜艇航行安全构成了严重威胁。目前,我国海军探潜仅依靠声纳设备,但海洋背景噪声使声纳的识别效率大为降低。另外,潜艇的噪声已越来越小,消声瓦又使得潜艇对声信号的反射系数大大减少,于是,用声纳进行反潜搜索效率将会进一步降低。我国海军由于缺乏高精度的磁探测系统和高精度的地磁、海洋磁场资料,磁异常探测潜艇的方法未能进行系统的研究和技术开发。

另外,由于潜艇磁场主要是受地球磁场作用产生的,在不同的海区地磁场的大小和方向都会有所变化,因而潜艇的磁场也会随之引起变化。潜艇消磁隐

图 7-4-1 航空磁探潜示意图

身就是依据海区地磁场和潜艇运动姿态来控制潜艇磁场的一套控制装置,它可在潜艇的运动过程中实时地、最大限度地减小(补偿)潜艇磁场,从而达到防止水中磁性武器攻击和空中磁性探测的目的。潜艇消磁隐身起源于第二次世界大战,主要用于防止磁引信水雷的攻击和防止空中磁性探测。第二次世界大战及以后的历次海战中多次表明,尽管现代化的武器攻击系统越来越多,然而磁引信水雷的杀伤和威胁力量将长期存在,而且其发展和变化对各类潜艇磁性防护水平提出了越来越高的要求。如前所述,由于高空磁探测方法的不断发展,使潜艇隐蔽性受到极大威胁。世界各海军国家均投入大量人力、物力和财力对全部潜艇磁性防护问题进行不懈的研究,特别是不遗余力地提高潜艇的磁性防护性能力。目前,潜艇消磁隐身的主要技术手段是通过控制或减小潜艇磁场,使磁性武器和磁性探测失去(或难于捕捉到)信号源,从而达到提高潜艇磁性防护能力的目的。在潜艇上装备消磁系统(即潜艇防磁探系统)是世界各海军国家提高潜艇磁性防护性能力的主要技术措施之一,如图 7-4-2 所示。作为消磁系统的核心设备,即消磁电流控制设备目前主要沿着两条主线发展:一条是罗经控制原理,另一条是磁强计原理。最近在地球磁场数学模型技术及导航技术的支持下,罗经原理消磁控制仪器已经发展成为一种全自动的控制方式,如德国 SAM 公司最近研制的 DEG-COMPE 型消磁系统电流控制仪就是基于这种控制方式,它极其适合在潜艇上使用。又如瑞典的“哥特兰”级潜艇,其内部装有多达 27 组消磁线圈,并且有“测地磁并能消除舰艇磁场的系统”和借助“地磁数学模型”(即罗经控制原理)实施控制的双功能消磁电流控制系统。再如德国的 212 型潜艇不但安装有消磁系统,而且艇体材料采用低磁材料建造,其控制设备是由瑞典“波利安普”公司研制生产的,该型设备已大量安装于美国和北约的常规潜艇。另外,为了进一步提高潜艇的磁性防护能力,国外还采取了其他的一些防护措施。这些措施主要是从艇体设备和艇体材料上着手,用低磁化技术来达到目的,如柴油机动力装置的低磁化,传动主轴的低磁化,指挥台围壳及附体低磁化等。这些有限的资料充分表明国外潜艇磁隐身技术已相当先进,潜艇的磁防护性能相当优越。

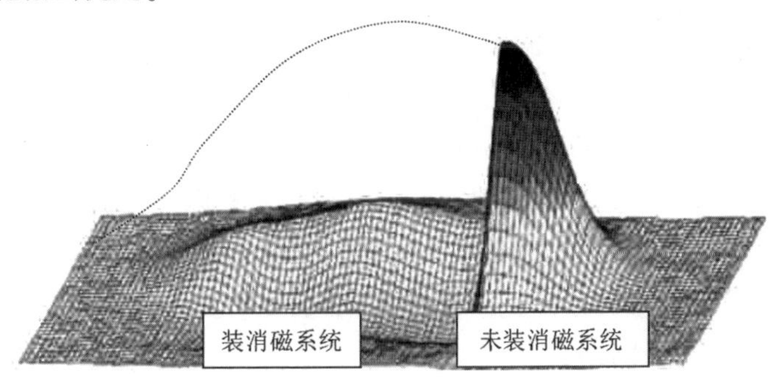

图 7-4-2　潜艇消磁效果示意图

三、水雷布设和反水雷

水雷是海军兵器库中唯一能独立完成战略、战役和战术不同使命的常规武器,也是现代海战中唯一“五世同堂”的武器。水雷由于具有生命力强、作用持久、威胁性大、隐蔽性强等特点,是不对称作战的一种极佳的工具,不仅在过去,而且在将来都是一种重要的水中兵器。水雷既是沿海防御、抑制强敌海上进攻的常规威慑力量,又是海上军事强国封锁对方港口、出海口和海峡,进行登陆进攻作战的有效武器。我国海岸线漫长、海域广阔,可供布雷海域众多。

目前,大多数水雷都是利用舰船磁场作为动作信号。在我国目前使用的水雷中,70%都采用了磁性触发引信装置,它是利用引信装置探测到的周围磁场强度和梯度变化信息来感应引信动作的,对于这种设置必须考虑周围磁场(海洋磁场)的强度和梯度变化。由于水雷所在的海域,除了不时出现的舰船磁场,还始终存在着自然环境磁场,它主要包括地磁场、海水磁场、磁暴和地震引起的磁场。自然环境磁场对水雷磁引信来说是一种背景干扰场。水雷磁引信必须区别舰船磁场和自然环境磁场,才能达到预想的战术目的。因此,为了合理地布设水雷,一方面要对攻击目标(主要是水面舰艇和潜艇)产生的磁场特性和环境场规律有准确的把握,正确地拟定水雷引信的工作机制和合理地选择水雷引信的动作参数,提高水雷武器应用效能。另一方面由于雷体是一种强磁性物体,水雷的布放可以引起海区局部小范围的磁场变化,根据这一特性,可以利用局部地磁场的某些磁异常现象,对布放水雷产生的磁目标进行消掩。由于雷体体积相对于海底很小,其磁场强度随距离的衰减十分强烈,适当的布设深度可使雷体产生的磁目标被地磁场所掩蔽。另外,也可以采用水雷隐身技术,研究水雷材料降磁降噪等低磁低噪技术,使磁场辐射低于高灵敏度水雷磁引信出发阈值,达到磁性掩埋的目的。

水雷技术的发展与进步不仅取决于海军作战的需要,而且与水雷的对立面——反水雷装备的现状与发展趋势相关。如果能够实时发现所有威胁舰艇的水雷,保证舰船规避被发现的水雷和雷障;在不能规避被发现雷障的情况下,开辟必需的最小面积的航道以保障舰艇安全通过雷障碍,减少我在反水雷方面的兵力和时间消耗,避免在未来的反水雷战中陷于被动。当前的猎雷系统及探雷手段仍以声纳探雷为主。由于声纳的固有缺陷使得对于浅水区雷及自埋雷探测效果欠佳,考虑大部分雷壳体仍采用钢铁,不可避免地存在固有磁性和感应磁性,这一目标特性弥补了声纳探雷的不足,为磁性探雷创造了有利条件。利用磁传感器(或传感器阵)测定探测区域某等高平面的磁场强度分布,绘制磁场等强线图。根据等强线图的磁场强度、高度、经纬度坐标,结合水雷磁场分布模型,判断水雷目标和坐标位置,如图 7-4-3 所示。因此,磁性传感器在浅水水雷侦察和猎雷方面为现行的声学手段提供了一种补充方法。为了能够有效地探测水雷,需要对布雷区的地磁场背景的分布和变化进行分析,以便有效排除背景干扰,发现和排除水雷。

图 7-4-3　水雷的磁探测示意图

四、舰船磁性防护

由于绝大多数舰艇是由钢铁制造的，在地磁背景场中容易被磁化；也就是说，航行在海中的舰艇，其周围空间很容易产生磁场。这种被磁化了的舰艇在海水中仿佛是一块巨大、浮动的磁铁，一旦遇上磁性水雷，就将导致水雷引信动作，把舰艇炸毁。因此，必须采取措施对舰艇进行消磁，以最大限度地减小舰艇的磁场，从而减少遭受磁性水雷的威胁，提高其进出基地、港口以及海区活动的安全性，并可有效地防止反潜机的磁性探测，增加了隐蔽性，提高了生存能力和战斗力。

自第二次世界大战中德国使用了所谓“秘密武器”的非触发磁性水雷后，紧接着英国、美国便在舰船上加装了舰船消磁系统与之抗衡，尽管这些系统十分简单，但对抗当时的非触发磁性水雷却卓有成效。当时的英国在某一个时期内，甚至每周有 200 多艘的舰船加装舰船消磁系统；美国在这个时期内也有约 13000 余艘舰艇和民用船舶安装了舰船消磁系统。事后，这一时期称为舰船消磁的黄金时代。第二次世界大战后，随着电子技术日新月异的进步，水雷得到了迅猛的发展。例如，第二次世界大战后不久，苏联就研制出了以打击装有舰船消磁系统的舰船为目标的高灵敏度的水雷。同时，西方国家也有了与此相当的高灵敏度的水雷，然而在此期间，舰船消磁技术的发展却远跟不上水雷的发展。所以，在这一时期出现了“消磁无用论”之说。或许正因如此，西方国家集中力量，重点研究和开发与水雷打交道的反水雷舰艇的磁性防护系统，使反水雷舰艇达到“无磁性”。能够对抗任何灵敏度的磁性水雷。西方国家研制的此类舰艇的磁性防护指标已接近了地磁场磁性畸变的数值水平，所以他们对目前研制的无磁性反水雷舰艇在反水雷战中，确保自身的安全十分乐观。

英国、美国于 1939 年首先把舰船消磁技术用于舰船上。在 20 世纪 40 年代初业已研制出木壳扫雷艇（如 Y 字号扫雷艇），而且已注意到扫雷艇的材料和设备的选用。力所能及地采用低、无磁性材料和设备，以及采用一些低磁化的措施，诸如对炮座、推进主轴等大型铁磁性物件采用了局部消磁绕组消磁；对机舱、锚链舱等铁磁物件较为集中的舱室，布设了舱室消磁绕组。20 世纪 80 年代初，美国公布了数份专门用于研制无磁性反水雷舰艇的美国军用标准，如 MIL-22437 E-81《反水雷舰艇消磁设备》、DOD-STD-2143-83《非磁性舰船建造的要求》等。法国于 1959 年公布研制了无磁性扫雷艇“水星号”，壳体为木质。舰艇材料除采用无磁钢外，还采用了铝铜等材料。主机也都是采用无磁性材料制造。法国于 1978 年 1 月公布，TSM2022 猎雷声纳，在其下方 9m 的深度上，其磁场垂直分量不超过9nT。日本于20世纪60年代在《造船协会论文集》上发表了名为“关于无磁性金属舾装设备的研制”论文，自称其非磁化程度1943年为42.6%，到1960年为82.0%，1969年已超过90.9%。德国的MTU柴油机系列中，按其材料的非磁化程度可分为95.0%、70.0%和普通铁磁性三大类。无磁性舰艇的磁性防护性能特别高，将有把握对抗采用磁性引信的水中兵器。

目前，大多数舰艇主要采用临时线圈消磁法和固定绕组消磁法。临时线圈消磁法通常在消磁站和消磁船等专用场地进行，即在被消磁的舰艇上临时绕上若干个线圈，通以强大的电流，由此消去舰艇的固有磁性。固定绕组消磁法是在舰艇内部设置若干固定线圈，借助于消磁电流整流器，在固定线圈中产生会随航向和海区变化的消磁电流，由此补偿掉舰艇的感应磁性。固定绕组可随时消除舰艇的感应磁性磁场，使舰艇的剩余磁场很小而且能保持稳定。各国海军的战斗舰艇，每年都要进行一次以上的消磁，每次执行大的训练任务前也必须进行消磁。

五、远程武器发射

导弹在地球近地空间飞行时，除受到火箭推进力的作用外，还要受到太阳引力、地球引力、月球引力、科里奥利力、大气阻力和光压力等的作用；同时还受到气动力矩、重力矩、太阳辐射力矩和磁力矩的作用。力的作用会对飞行体的轨道产生影响，而力矩的作用会对飞行体的姿态产生影响，在有推进力的主动飞行阶段，对姿态的持续影响将会间接影响飞行体的轨道。在宇航力学中，已对太阳引力、地球引力、月球、科里奥利力、空气阻力等做了较充分的考虑，对气动力矩和重力矩的研究也比较充分。美国和俄罗斯是当今世界上战略导弹研究占领先地位的两个国家，他们研制的中远程导弹射击精度已经从开始的几千米提高到现在的几百米。有资料报道，美国1990年3月进行过一次“三叉戟”-Ⅱ弹道导弹试验，其命中精度已经达到百米。为了提高潜射弹道导弹射击精度，长期以来，美国海军除了致力于改进导弹制导系统的性能，还特别注重地球重力场和地磁场对弹道导弹作用的研究。地球磁场对空间飞行器轨道有无值得考虑的影响，这是一个有争议的问题。苏联的弹道力学专家为代表的火箭专家认为，地球表面和的近地空间的地球磁场是非常微弱的，在中低纬度地区，地球磁场的总强度约为5.5×10^{-5}T，在磁场最强的两极地区，也不过7×10^{-5}T，比普通磁化水杯中的磁场要弱几个量级。所以，在计算空间飞行体的轨道及其摄动时，一般认为，地球磁场非常弱，地球磁场的影响可不予考虑。

据我国某型战略导弹的研制部门称：我国的某型号战略导弹西向飞行多次

试验存在落点系统偏右的问题。经有关研究部门研究分析后,在制导方程中做了改进,但仍存在西向飞行试验落点系统偏右的问题。这说明还有一些原因未找到。中国科学院地球物理所就地球磁场对导弹轨道的影响做了初步计算分析,定性说明了地球磁场对导弹轨道的影响是需要考虑的问题。经过定性计算表明,一个重 1000kg 的导弹体在空中飞行数百秒,受地球磁场作用力而造成的质心直接偏移仅为毫厘米量级。但是,导弹的发动机、壳体主要由碳钢或合金钢材料构成,这是一些硬铁磁性材料,大体积硬铁磁性材料组成的飞行体会有较大的磁矩,同时,飞行体内电子线路也会产生附加磁矩,大磁矩的物体在空间长时间飞行可能会对飞行轨道和姿态产生足够大的影响。如果一个重量为 1000kg、初始速度为 30m/s 量级的铁磁性飞行器在 0.5Gs 的地磁场内由东向西飞行 1000km(飞行时间约 600s)可能产生百米量级的侧向和纵向误差。对于飞行距离更长的洲际导弹,地球磁场引起的误差将会更大,必须加以考虑。因此,为了提高潜地战略武器的命中精度,必须全面掌握海洋磁场的精细结构,实现地磁场对潜地武器影响的补偿。

六、水下障碍物探测

水下障碍物探测是海军海战场环境建设的一项重要内容。铁磁性物质长期处于地磁场环境中,被地磁场磁化后产生感应磁场或剩余磁场,并叠加在平缓的地磁背景场之上,导致该区域磁场出现畸变,这样就可以通过磁力传感器(磁力仪)采集的磁场信息对这类物体进行定位与识别。水下磁性目标探测就是以江河、湖泊和海洋等水域中铁磁性物体为研究对象,通过分析和研究目标产生的磁异常,进而确定目标空间分布规律和物理属性。

与陆地磁性目标探测不同的是,水域特别是海域受人文因素干扰较少,磁性目标所产生的磁异常分布较为规则,呈现以感应磁场为主的磁化特征。这种类型的磁异常可由铁磁性物质的位置、几何形状、组成结构、磁性参数以及地磁场的方向决定。如图 7-4-4 所示。相应地,水下磁探测技术的优势体现在以下方面:①识别能力好,执行时间短,定位精度高;②独立工作能力强,实时性好;③被动探测,隐蔽性好,不受浅水制约等。在军事应用方面,水下磁性目标探测技术在海军扫雷、海战场环境建设、海军登陆场与重要军事训练区勘探测量、水下反窃听反渗透斗争等方面具有重要的价值。现已证实,在空中、陆地或海上进行大面积探测和搜索作业,包括对水雷、未爆武器、生化核废料的探测、识别和定位作业时,磁传感器是重要手段,常规磁传感器被认为是未爆武器探测和定位的最有用传感器之一。特别是磁传感梯度计的使用,可以实现全自动、实时磁性探测和识别信号处理,以对单个目标和多目标提供有效而精确的定位与识别。

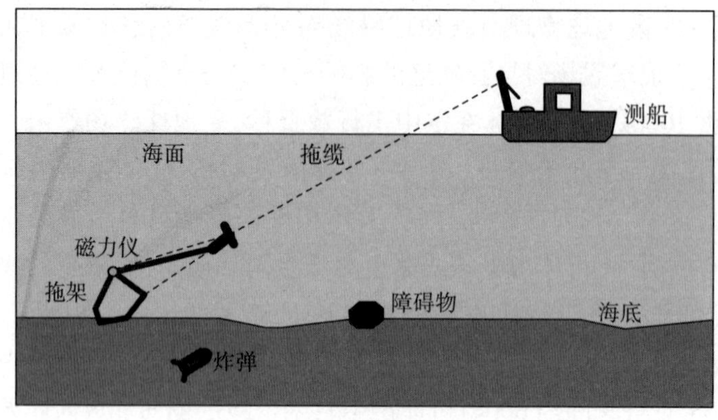

图 7-4-4 水下障碍物磁探测示意图

欧洲大陆经过两次世界大战,其沿岸水域曾遗留下无数废弃的武器弹药,这些危险物一直是战后欧洲各国所面临的重大安全隐患,他们曾为此投入大量人力和物力,开展利用磁力仪探测和清理这些危险物的研究工作,并开发了多种类型的磁探测设备,取得了非常好的效果。近年来,我国海洋石油产业发展迅速,相继设立和铺设了许多石油平台和海底管线,随着时间的推移和海底恶劣环境的侵蚀,有部分平台和管线可能已经停止使用,有些管线的位置可能发生移动。这些不确定因素对我海军舰船作战训练航行安全将构成严重威胁。因此,及时探明现有海底管线的铺设现状和它们的准确位置不但对海底管线的及时维修和适时更新具有迫切性,对海战场环境建设更具有特别重要的意义。

小 结

海洋磁力测量的任务是通过各种手段获取海洋区域地磁场的分布和变化特征信息,为进一步研究、解释和应用海洋磁力提供基础信息。本章介绍了海洋磁力测量在海洋工程、地学研究、海洋资源开发以及军事上的应用。

复习与思考题

1. 海洋磁力测量的应用包括哪些方面?
2. 海洋磁力测量在海洋工程中的应用有哪些?
3. 请描述海洋磁力测量在海底光电缆调查中的应用。
4. 海洋磁力测量在地学研究中的应用有哪些?

5. 请描述海洋磁力测量资料在大洋磁异常研究中的意义。
6. 海洋磁力测量在海洋资源开发中的应用有哪些?
7. 请描述海洋磁力测量在石油、天然气勘查中的应用。
8. 简单描述海洋磁力测量在海洋资源开发中的应用。
9. 简单描述海洋磁力测量在舰船导航与武器制导中的应用。
10. 简单描述海洋磁力测量在潜艇磁探测与消磁隐身中的应用。
11. 简单描述海洋磁力测量在水雷布设和反水雷中的应用。
12. 简单描述海洋磁力测量在舰船磁性防护中的应用。
13. 简单描述海洋磁力测量在远程武器发射中的应用。
14. 简单描述海洋磁力测量在水下障碍物探测中的应用。

参考文献

[1]边刚,金绍华,刘强,等. 全球地磁场模型及其应用进展[J]. 海军大连舰艇学院学报,2020,43(4):49-53.

[2]边刚,刘强,金绍华,等. 新的计算多站地磁日变改正值中权函数选择方法[J].海军大连舰艇学院学报,2018,41(3):51-54.

[3]边刚,夏伟,金绍华,等,2015. 利用最小二乘拟合法进行多站地磁日变基值归算[J]. 地球物理学报. 2015,58(4):1284-1289.

[4]边刚,刘雁春,翟国君. 一种确定地磁日变改正基值的方法[J]. 海洋测绘,2003,23(5):9-11.

[5]边刚,刘雁春,翟国君,等. 海洋磁力测量拖鱼位置概算[J]. 测绘通报,2004(8):9-11.

[6]边刚,暴景阳,肖付民. 海洋磁力测量测线布设间距的选取[J]. 海洋测绘,2004,24(2):28-31.

[7]边刚,刘雁春,于波,等. 海洋磁力测量仪器系统检验方法研究[J]. 海洋技术,2006,25(4):70-75.

[8]边刚,刘雁春,金绍华,等. 海洋磁力测量中地磁日变信号的小波分析方法[J]. 海军大连舰艇学院学报,2006,29(5):44-47.

[9]边刚,刘雁春,于波,等. 海洋磁力测量中一种磁扰日地磁日变的改正方法[J]. 测绘科学,2007,32(5):23-24,13,200.

[10]边刚,刘雁春,肖付民,等. 海洋磁力测量多站日变改正基值归算方法研究[J]. 海洋测绘,2007,27(3):1-4.

[11]边刚,刘雁春,卞光浪,等. 海洋磁力测量中磁静日与磁扰日的区分方法研究[J]. 海军大连舰艇学院学报,2007,30(6):51-54.

[12]边刚,刘雁春,于波,等. 海洋磁力测量中异常数据的探测与定位方法研究[J]. 测绘科学,2008,33(2):20-22.

[13]边刚,刘雁春,裴文斌,等. 海洋工程中磁性物质探测时探测间距和探测深度的确定[J]. 海洋技术,2008,27(2):41-46.

[14]边刚,刘雁春,卞光浪,等. 磁异常插值残差精度的检查线中点评估法[J].

大地测量与地球动力学,2008,28(3):96-99.

[15]边刚,刘雁春,卞光浪,等. 海洋磁力测量中多站地磁日变改正值的计算方法研究[J]. 地球物理学报,2009,52(10):2613-2618.

[16]边刚,刘雁春,于波,等. 海洋磁力测量中测线方向的选择方法[J]. 测绘科学技术学报,2009,26(3):195-199.

[17]边刚,王琪,肖付民,等. 当前国际海道测量技术进展[J]. 海洋测绘,2012,32(4):3-6.

[18]卞光浪,刘雁春,翟国君,等. 海洋磁力测量中多站地磁日变改正基值归算[J]. 海洋测绘,2009,29(6):5-8.

[19]卞光浪,刘雁春,暴景阳,等. 海洋磁力测量中地磁日变基值的选取[J]. 测绘科学,2008,33(5):28-30.

[20]卞光浪,翟国君,刘雁春,等 a. 海洋磁力梯度测量中船磁影响的精确校正方法[J]. 海洋技术,2010,29(2):81-84.

[21]卞光浪,翟国君,刘雁春,等 b. 基于大地主题解算的海洋磁力测量磁测点位置计算[J]. 测绘科学,2010,35(增刊):31-32.

[22]卞光浪,翟国君,刘雁春,等. 海洋磁力测量中地磁日变站有效控制范围确定[J]. 地球物理学进展,2010(3):817-822.

[23]卞光浪,刘雁春,翟国君,等. 基于纬差加权法的海洋磁力测量多站地磁日变改正值计算[J]. 测绘科学,2010,35(3):118-120.

[24]Bian G L, Bian G, Zhai G J, et al. Applying Two-step Iiterative Least Square Approach to Determine the Geometry and Physical Parameters of Magnetic Source[J]. Chinese Journal of Geophysics,2011,54(3):343-353.

[25]卞光浪,于波,欧阳永忠,等. 水下磁性目标精密探测理论与方法[M]:北京:测绘出版社,2019.

[26]卞光浪,翟国君,刘雁春,等. 水下磁性目标探测中磁异常分量换算方法[J]. 测绘学报, 2011,40(2):232-237.

[27]卞光浪,翟国君,刘雁春,等. 应用改进欧拉算法解算磁性目标空间位置参数[J]. 测绘学报,2011,40(3):386-392.

[28]卞光浪,翟国君,黄谟涛,等. 顾及地磁背景场的多目标磁异常分量换算方法[J]. 武汉大学学报(信息科学版),2011,36(8):914-918,1013.

[29]卞光浪,翟国君,黄谟涛,等. 利用剖面测线磁场数据反演三度磁性体参数[J]. 武汉大学学报(信息科学版),2012,37 (1):91-95.

[30]丁鸿佳,刘士杰. 我国弱磁测量研究的进展[J]. 地球物理学报,1997(40)

(增刊):238-248.

[31]国土资源部,航空磁测技术规范 DZ/T 0142—2010[S]. 北京:中国标准出版社,1995.

[32]地质矿产部,地面磁勘查技术规程 DZ/T 0144—1994[S]. 北京:中国标准出版社,1995.

[33]范美宁. 欧拉反褶积方法的研究及应用[D]. 长春:吉林大学,2006.

[34]范守志. 海洋重磁测网调差的若干理论研究[J]. 海洋与湖沼,1996,27(6):569-576.

[35]范守志. 不规则海洋重磁测网的调差[J]. 海洋与湖沼,1997,28(3):303-309.

[36]冯志生,蒋延林,梅卫萍,等. 观测时间对地磁绝对观测值的空间相关性影响研究[J]. 地震,2003,23(3):126-130.

[37]海军参谋部,海道测量规范:GB 12327—2022[S]. 北京:中国标准出版社,1999.

[38]国家质量监督检疫总局. 海洋调查规范 第 8 部分:海洋地质地球物理调查 GB/T 12763. 8—2007[S]. 北京:中国标准出版社,2007.

[39]海军海洋测绘研究所. 海洋磁力测量要求 GJB 7537—2012. [S]. 北京:中国人民解放军总装备部军标出版发行部,2012.

[40]管志宁. 地磁场与磁力勘探[M]. 北京:地质出版社,2005.

[41]管志宁,郝天珧,姚长利. 21 世纪重力与磁法勘探的展望[J]. 地球物理学进展,2002,17(2):237-244.

[42]郭建华,薛典军. 多台站磁日变校正方法研究及应用[C]//第八届全国青年地质工作者学术讨论会论文集,地球学报编辑部:942-947.

[43]韩范畴,任来平. 应用傅立叶级数计算船尾磁场[J]. 海洋测绘,2003,23(3):5-10.

[44]黄谟涛,翟国君,王瑞,等. 海洋测量异常数据的检测[J]. 测绘学报,1999,28(3):269-276.

[45]黄谟涛,翟国君,谢锡君,等. 多波束和机载激光测深位置归算及载体姿态影响研究[J]. 测绘学报,2002,29(1):82-88.

[46]黄谟涛,翟国君,欧阳永忠,等. 海洋磁力测量误差补偿技术研究[J]. 武汉大学学报(信息科学版),2006,26(7):603-606.

[47]黄谟涛, 翟国君, 欧阳永忠,等. 海洋磁场重力场信息军事应用研究现状与展望[J]. 海洋测绘,2011,31(1): 71-76.

[48]黄玉. 地磁场测量及水下磁定位技术研究[D]. 哈尔滨:哈尔滨工程大学,2011.

[49]金绍华,于波,刘雁春,等. 海洋磁力磁异常逼近方法研究[J]. 海洋测绘,2006,26(2):6-8,12.

[50]金翔龙. 海洋地球物理技术的发展[J]. 东华理工学院学报,2004,27(1):6-13.

[51]琼斯. 海洋地球物理[M]. 金翔龙,等译. 北京:海洋出版社,2009.

[52]李才明,李军,余舟,等. 提高磁测日变改正精度的方法[J]. 物探化探计算技术,2004,26(3):211-214.

[53]李海侠,余海龙,邹鹏毅,等. 利用欧拉反褶积法确定水下磁性体的位置[J]. 工程地球物理学报,2008,8(4):453-457.

[54]梁开龙,刘雁春,管铮,等. 海洋重力测量与磁力测量[M]. 北京:测绘出版社,1996.

[55]刘晨光,刘保华,郑彦鹏,等. 海洋重磁资料的最小二乘平差处理方法[J]. 海洋科学进展,2006,23(4):513-517.

[56]刘天佑. 重磁异常反演理论与方法[M]. 武汉:中国地质大学出版社,1996.

[57]刘雁春, 边刚,肖付民,等. 海洋磁力测量现状及发展趋势[J]. 海洋测绘,2008(4):5-9.

[58]刘雁春. 海洋测深空间结构及其数据处理[M]. 北京:测绘出版社,2004.

[59]刘强,边刚,殷晓冬,等. 利用微分进化法确定海洋磁场向下延拓中的最优参数[J]. 地球物理学报,2018,61(8):3278-3284.

[60]刘强,边刚,殷晓冬,等. 海洋磁力测量垂直空间归算中曲面延拓迭代方法的改进[J]. 武汉大学学报(信息科学版),2019,44(1):112-117.

[61]刘强,边刚,殷晓冬,等. 基于小波分析的海洋磁力测量数据调差方法[J]. 海洋测绘,2018,38(2):12-15.

[62]刘强,边刚,殷晓冬,等. 基于二维小波自适应阈值的海洋磁场资料去噪方法[J]. 大地测量与地球动力学,2018,38(8):851-856.

[63]刘强,殷晓冬,边刚,等. 基于地磁日变站磁异常的海洋磁力测量资料通化方法[J]. 海军大连舰艇学院学报,2017,40(3):47-50.

[64]LIU Q,YIN X D,BIAN G,et al,2016. Leveling marine magnetic survey data using the wavelet multi-scale analysis[C]//ICEESE:95-99.

[65]刘昭蜀,赵焕庭,等. 南海地质[M]. 北京:科学出版社,2002.

[66]祁贵仲. 局部地区地磁日变分析方法及中国地区 Sq 场的经度效应[J]. 地球物理学报,1975,18(2):104-117.

[67]曲赞,李永涛. 探测未爆炸弹的地球物理技术综述[J]. 地质科技情报,

2006,25(3):101-104.
[68]任来平,张襄安,刘国斌．海洋磁力测量系统误差来源分析[J]．海洋测绘,2004,24(5):5-8.
[69]任来平,赵俊生,侯世喜．磁偶极子磁场空间分布模式[J]．海洋测绘,2002,22(2):18-21.
[70]任来平,张启国,马刚．水下铁磁体的海面磁场计算模型研究[J]．海洋测绘,2004,24(6):16-19.
[71]任来平,欧阳永忠,陆秀平,等．水下铁磁体磁场特征平面[J]．海洋测绘,2005,25(4):1-4.
[72]任来平,余成道,欧阳永忠,等．均匀磁化球体的磁力线方程[J]．海洋测绘,2005,25(5):4-6.
[73]任来平,翟国军,黄谟涛,等．海底管线磁场计算模型[J]．海洋测绘,2007,27(1):1-6.
[74]任来平,李凯锋,赵俊生,等．拖体定位中的海洋动态环境效应补偿[J]．海洋测绘,2010,30(3):6-8.
[75]单汝俭,金 国,曾志成．局部地区地磁日变及拟合方法研究[J]．长春地质学院学报,1990,20 (3):315-322,340.
[76]孙刃．磁异常正反演技术在水下磁性目标探测中的应用研究[D]．北京:中国地质大学(北京), 2014.
[77]王传雷,祁明松,陈超,等．高精度磁测在长江马当要塞沉船探测中的应用[J]．地质科技情报,2000,19(3):98-102.
[78]王亶文．国际地磁参考场在中国大陆地区的误差分析[J]．地球物理学报,2003,46(2):171-174.
[79]王磊,边刚,任来平,等．时差对海洋磁力测量地磁日变改正的影响分析[J]．海洋测绘,2011,31(6):39-41.
[80]王磊,卞光浪,翟国君,等．磁异常相关的四种物理信号性质分析[J]．海洋技术,2011,30(4):105-108.
[81]习宇飞,刘天佑,杨坤彪,等．欧拉反褶积法用于井中磁测数据反演与解释[J]．工程地球物理学报,2008,5(2):181-186.
[82]夏国辉,郑双良,吴莉兰,等．1980 年代中国地磁正常场图及其数学模式[J]．地球物理学报,1988,31(1):82-89.
[83]夏伟,边刚,金绍华,等．海面与海底地磁日变化差异及其对海洋磁力测量的影响[J]．海洋测绘,2015,35(1):7-10.

[84]夏伟,边刚,金绍华,等. 远海区海洋磁力测量地磁日变改正时差计算方法研究[J]. 海军大连舰艇学院学报,2015,38(1):50-54.

[85]肖付民,刘雁春,暴景阳,等. 海道测量学概论[M]. 北京:测绘出版社,2016.

[86]肖付民,石杰,刘雁春,等. 利用小波探测海洋磁力梯度高频弱磁扰动[J]. 武汉大学学报(信息科学版),2010,35(9):1044-1047.

[87]肖昌汉,等. 四航向计算船磁方法[J]. 海洋测绘,2006,24(8):10~15.

[88]徐文耀,朱岗崑. 我国及临近地区地磁场的矩谐分析[J]. 地球物理学报,1984,27(6):511-522.

[89]徐文耀. 地磁学[M]. 北京:地震出版社,2003.

[90]徐世浙. 迭代法与 FFT 法位场向下延拓效果的比较[J]. 地球物理学报,2007,50(1):285-289.

[91]徐世浙,王瑞,周坚鑫,等. 从航磁资料延拓出海面磁场[J]. 海洋学报,2007,29(6):53-57.

[92]姚俊杰,孙毅,赵宏杰. 地磁日变观测数据理论分析[J]. 海洋测绘, 2002,22(6):8-10.

[93]姚长利,李宏伟,郑元满,等. 重磁位场转换计算中迭代法的综合分析与研究[J]. 地球物理学报, 2012, 55(6): 2062-2078

[94]叶宇星,冀连胜,刘天将. 海洋重磁勘探仪器简介[J]. 物探装备,2011,21(5):308-312.

[95]于波,边刚,刘雁春,等. 用海洋磁力仪探测潜艇的方法[J]. 海军大连舰艇学院学报,2005,28(5):39-43.

[96]丁波,刘雁春,暴景阳,等. 海洋磁力梯度测量的误差源分析[J]. 海洋测绘,2006,26(1):8-11.

[97]于波,刘雁春,边刚,等. 拖鱼最佳拖曳距离确定方法[J]. 武汉大学学报(信息科学版),2006,26(6):133-137.

[98]于波,刘雁春,边刚,等. 海洋工程测量中海底电缆的磁探测法[J]. 武汉大学学报·信息科学版,2006,31(5)454-457.

[99]于波. 海洋磁力测量垂直空间归算与背景场模型构建[D]. 大连: 海军大连舰艇学院,2009.

[100]丁波, 翟国君, 刘雁春,等 噪声对磁场向下延拓迭代法的计算误差影响分析[J]. 地球物理学报,2009,52(8):2182-2188.

[101]袁景山,梁放,关英梅,等. 地磁场时空差异对磁测精度影响的探讨[J]. 东北地震研究,2003,19(2):41-45.

[102]袁照令,李大明．利用高精度磁探测探查水中的钢铁构件[J]．地质与勘探,2000,36(3):64-66.

[103]赵俊生,边刚,肖付民,等．海洋磁力测量军事应用研究进展[J]．海军大连舰艇学院学报,2012,29(10):44-47.

[104]翟国君,黄谟涛．海洋测量技术研究进展与展望[J]．测绘学报,2017,46(10):1752-1759.

[105]张用夏．中国海洋航空物探的发展与成果[J]．海洋地质与第四世纪地质,1989,9(3):9-17.

[106]PRICE A T,WILKINS G A. New methods for the analysis of geomagnetic fields and their application to the Sq field of 1932-3[J]. Phil. Trans. Roy. Soc. London,A,1963,256:31-98.

[107]ADJAOUT A,SARRAILH M. A New Gravity Map:A new Marine Geoid around Japan and the Detection of the kuroshio Current[J]. Journal of Geodesy,1997,71:725-735.

[108]BIAN G,LIU Y C,YU B,et al. ,Research on Testing Methods of Instrumental System in Marine Magnetic survey[J]. Marine Science Bulletin,2007,9(2):1-11.

[109]BIAN B,XIA W,JIN S H,et al. Datum Reduction for Correction of Multi-station Geomagnetic Diurnal Variations Using the Least Square Method[J]. Chinese Journal of Geophysics. 2015,58(2):207-212.

[110]BHATTACHARYYA B K. Bicubic spline interpolation as a method for treatment of potential field data[J]. Geophysics,1969,34(3):402-423.

[111]BLAKELY R J. Potential theory in gravity and magnetic applications[M]. Cambridge:Cambridge University Press,1995.

[112]BULLARD E C,MASON R G. The magnetic field astern of a ship[J].Deep-Sea Reaearch,1961,8(1):20-27.

[113]AULD D R,LAW L K,GURRIE R G. Law Cross-over error and references station location for a marine magnetic survey[J]. Marine Geophysical Researches,1979,4:167-179.

[114]HARDWICK C D. Important design considerations for inboard airborne magnetic gradiometers[J]. Geophysics,1984,49(11):2004-2018.

[115]TROMPAT H,BOSCHETTI F,HORNBY P. Improved downward continuation of potential field data[J]. Exploration Geophysics,2003,34(4):249-256.

[116]HOLYMAN H W. How to determine and remove diurnal effects precisely[Z].

World Oil,1961:107-112.

[117]KEATING P,PILKINGTON M. Euler deconvolution of the analytic signal and its application to magnetic interpretation[J]. Geophysical Prospecting,2004,52(3):165-182.

[118]KRAMER H J. Observation of Earth and Its Environment Survey of Missions and Sensors[M]. 3rd edition Berlin:Springar,1996.

[119]VALLÉE M A,SMITH R S,DUMONT R. Correcting magnetic temporal variations with a base station[R]. Geological Survey of Canada,2002.

[120]NABIGHIAN M N,GRAUCH V J S,HANSEN R O,et al. 75th Anniversary: The historical development of the magnetic method in exploration[J]. Geophysics,2005,70(6):33ND-61ND.

[121] BENKOVA N P. Spherical Harmonic Analysis of the S_q Variations. May August 1933[J]. Terr. Mag. Atomos. Elect, 1940,45(4):425 432.

[122]O'CONNELL M D. A heuristic method of removing micro-pulsations from airborne magnetic data[J]. The Leading Edge,2001,20(11):1242-1246.

[123]O' CONNELL M D, SMITH R S, Vallee M A. Gridding aeromagnetic data using longitudinal and transverse horizontal gradients with the minimum curvature operator[J]. The Leading Edge,2005,24(2):142-145.

[124]FAGGIONIAND O,CARATORI T F. Quantitative evaluation of the time-line reduction performance in high definition marine magnetic surveys[J]. Marine Geophysical Researches,2002,23(4):353-365.

[125]PARKINSON W D,JONES F W. The geomagnetic coast effect[J]. Reviews of Geophysics and Space Physics,1979,17(8):1999-2015.

[126]REFORD M S. Magnetic method[J]. Geophysics,1980,45(11):1640-1658.

[127]RIDDIHOUGH R P. Diurnal Corrcetions to Magnetic Surveys—An Assessment of Errors[J]. Geophys,Prosp,1971,19(4):551-567.

[128]SABAKA T J,OLSEN N,LANGEL R A. A comprehensive model of the quiet-time,near-earth magnetic field:phase3[J]. Geophysical Journal Internatioal,2002,151(1):32-68.

[129]STRANG VAN HEES G L. Gravity Survey of the North Sea. Marine Geodesy,1983,6(2):167-182.

[130]WHITHAM K,NIBLETT E R. The diurnal problem in aeromagnetic surveying in Canada[J]. Geophysics,1961,26(2):211-228.

附录　CGSM 制和 SI 制中磁学量对照表

物理量	符号	CGSM 单位制		SI 单位制		转换系数
		单位	量纲	单位	量纲	
磁感应强度	B	高斯(G)	L−1/2M1/2T−1	特斯拉(T)	MT−2I−1	$1T=10^4G$
磁通量	Φ	麦克斯韦(Mx)	L2/3M1/2T−1	韦伯(Wb)	L2MT−2I−1	$1Wb=10^3Mx$
磁场强度	H	奥斯特(Oe)	L−1/2M1/2T−1	安/米(A/m)	L−1I	$1\ A/m=4\pi\times10^{-3}Oe$
磁化强度	M	CGSM(M)	L−1/2M1/2T−1	安/米(A/m)	L−1I	$1\ A/m=4\pi\times10^{-3}CGSM(M)$
磁矢位	A	CGSM(A)	L1/2M1/2T−1	韦伯/米(Wb/m)	LMT−2I−1	$1\ Wb/m=10^6CGSM(A)$
磁矩	m	CGSM(m)	L5/2M1/2T−1	安·米^2(A·m^2)	L2I	$1\ A\cdot m^2=10^3CGSM(m)$
磁化率	κ	CGSM(κ)	量纲一	SI(κ)	量纲一	$1\ SI(\kappa)=1/4\pi\ CGSM(\kappa)$
导磁系数	μ	CGSM(μ) 真空的磁导系数 $\mu_0=1$	量纲一	亨/米(H/m) 真空的磁导系数 $\mu_0=4\pi\times10^{-7}$亨/米	量纲一	$1\ H/m=(1/4\pi)\times10^{-7}CGSM(\mu)$
磁标位	U	奥斯特·厘米(Oe·cm)	L1/2M1/2T−1	安(A)	I	$1A=4\pi\times10^1Oe\cdot cm$
磁极化强度	J	CGSM(J) ($J=M$)	L−1/2M1/2T−1	特斯拉(T) ($J=\mu_0M$)	MT−2I−1	$1T=4\pi\times10^{-10}CGSM(J)$
磁偶极矩	P_m	CGSM(P_m)	L5/2M1/2T−1	韦伯·米(Wb·m) ($P_m=\mu_0M$)	L2MT−2I−1	$1\ Wb\cdot m=4\pi\times10^4CGSM(P_m)$

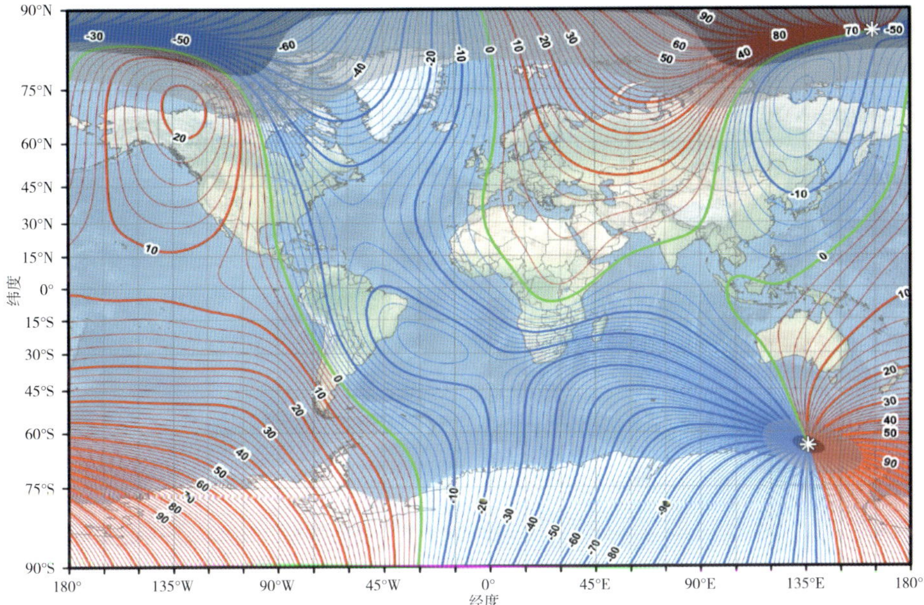

图 2-2-2　全球等偏线图

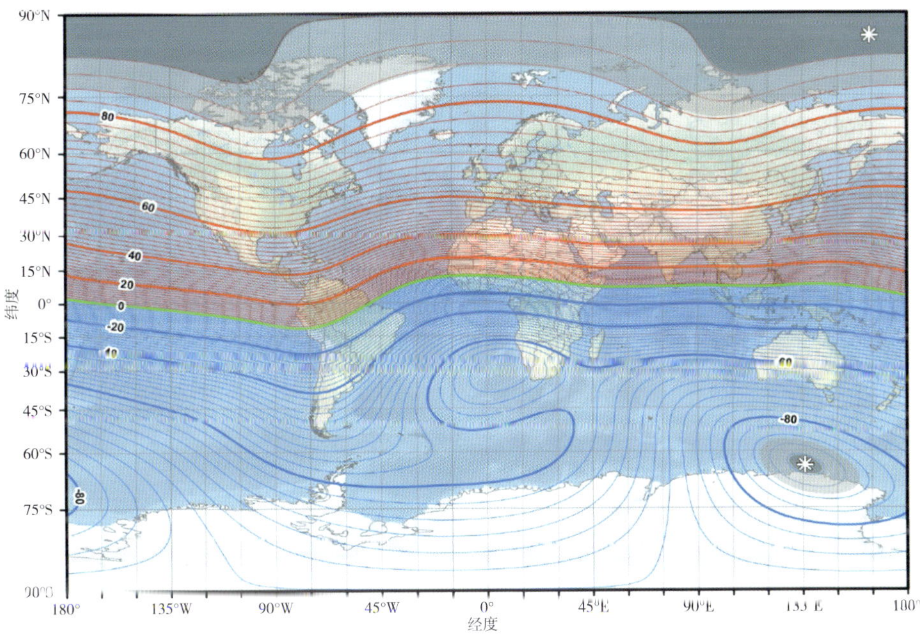

图 2-2-3　全球等倾线图

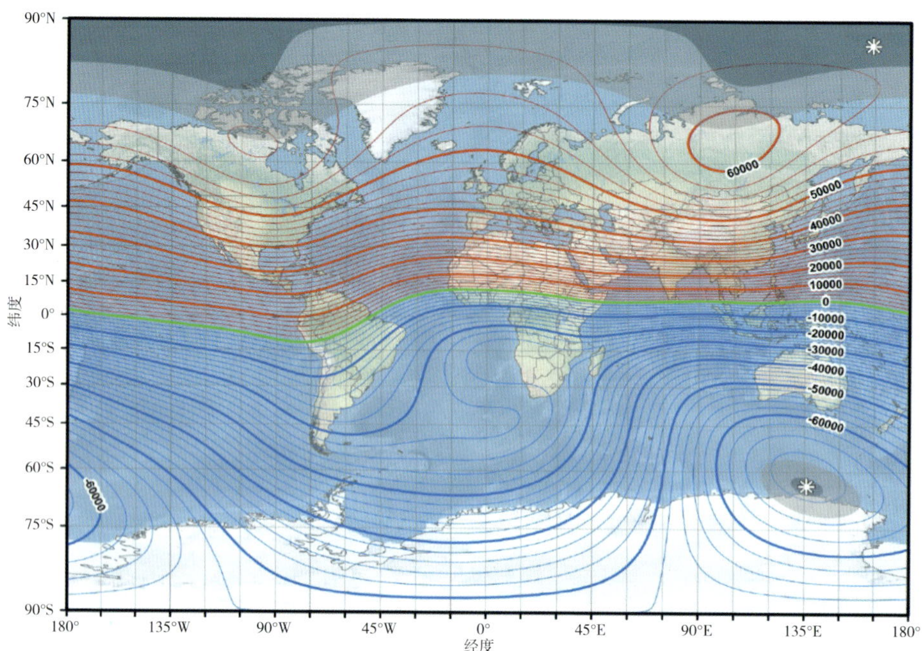

图 2-2-4 全球水平分量等值线图

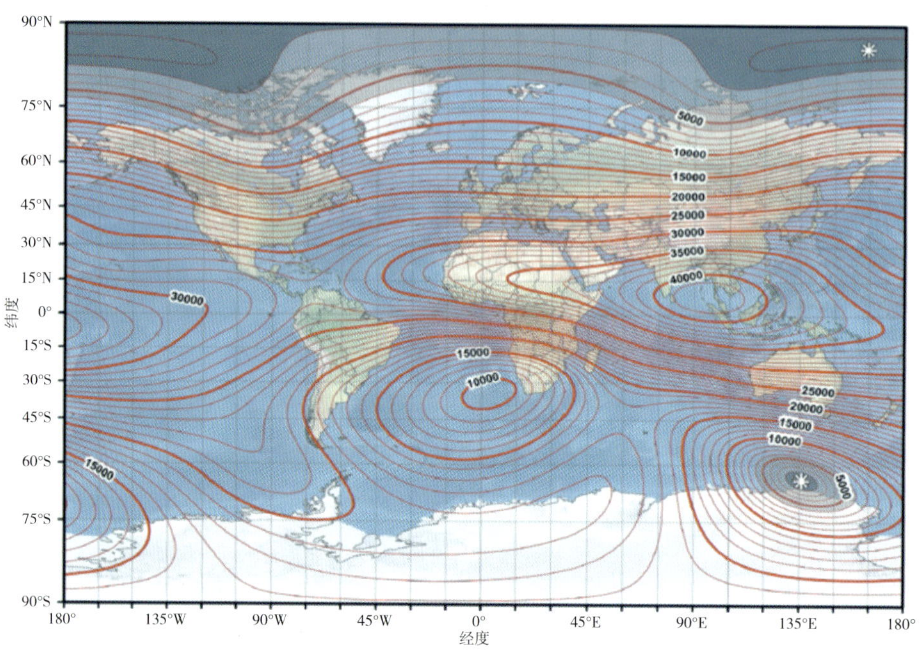

图 2-2-5 全球垂直强度等值线图

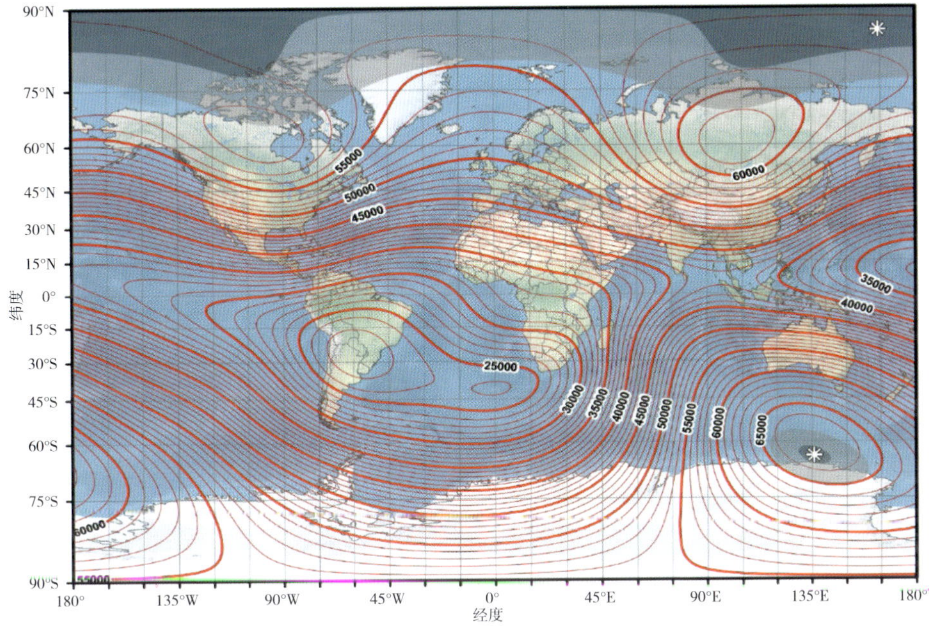

图 2-2-6　全球总场强度等值线图

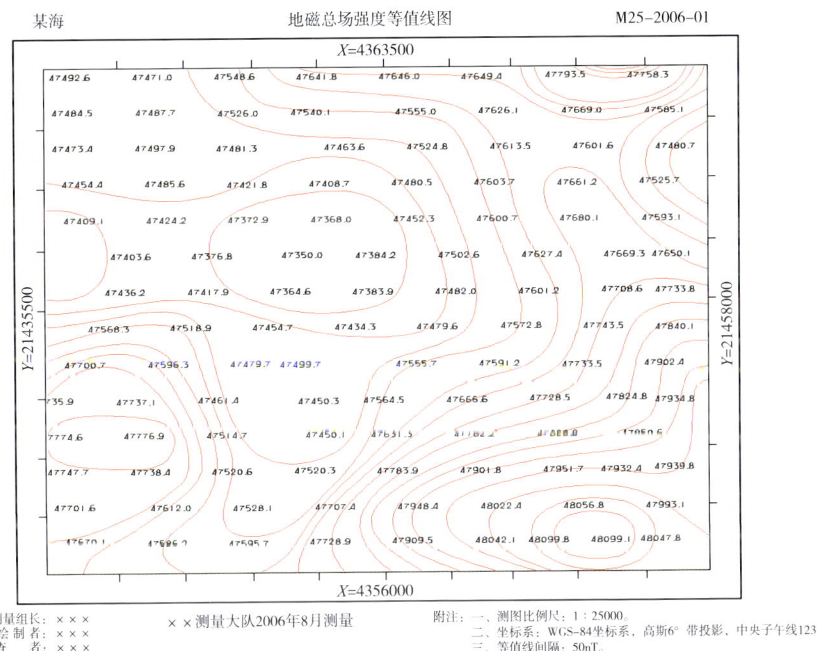

图 5-10-2　某海区地磁总场强度等值线图

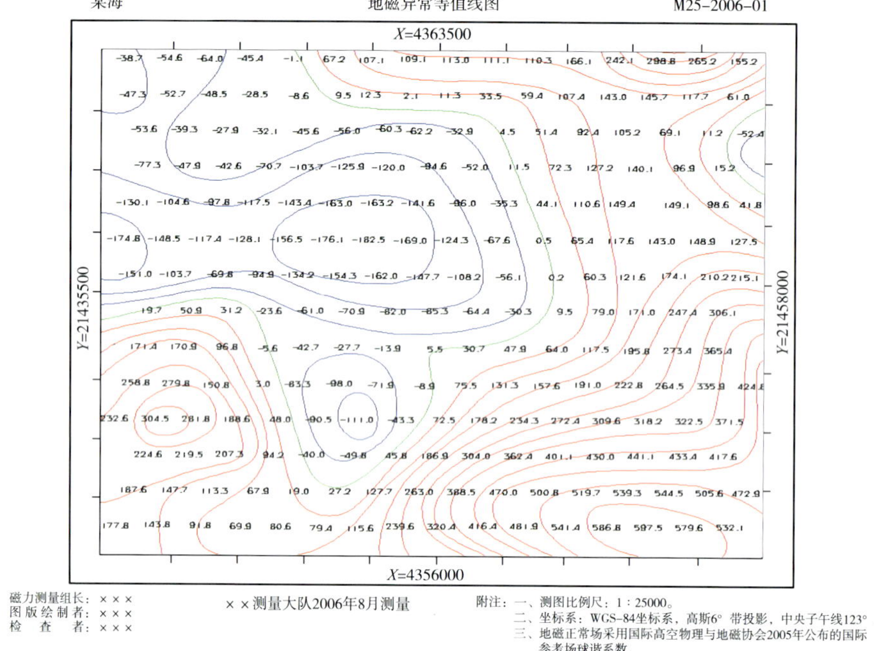

图 5-10-3　某海区地磁异常等值线图

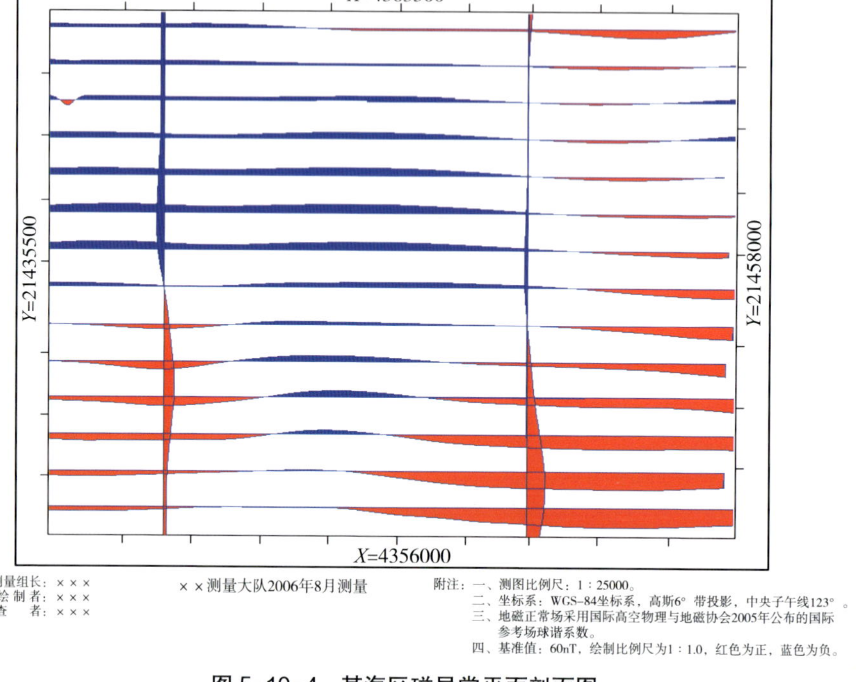

图 5-10-4　某海区磁异常平面剖面图

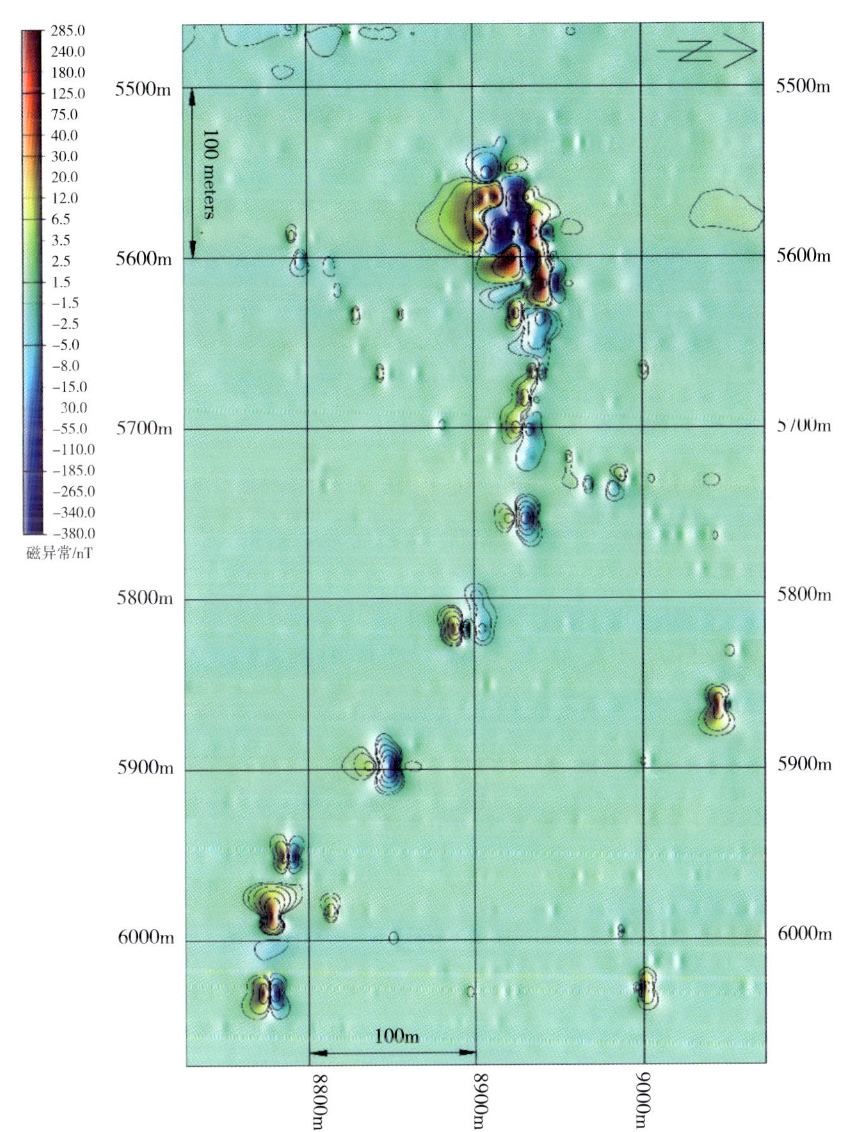

图 7-1-5　海底沉船探测结果

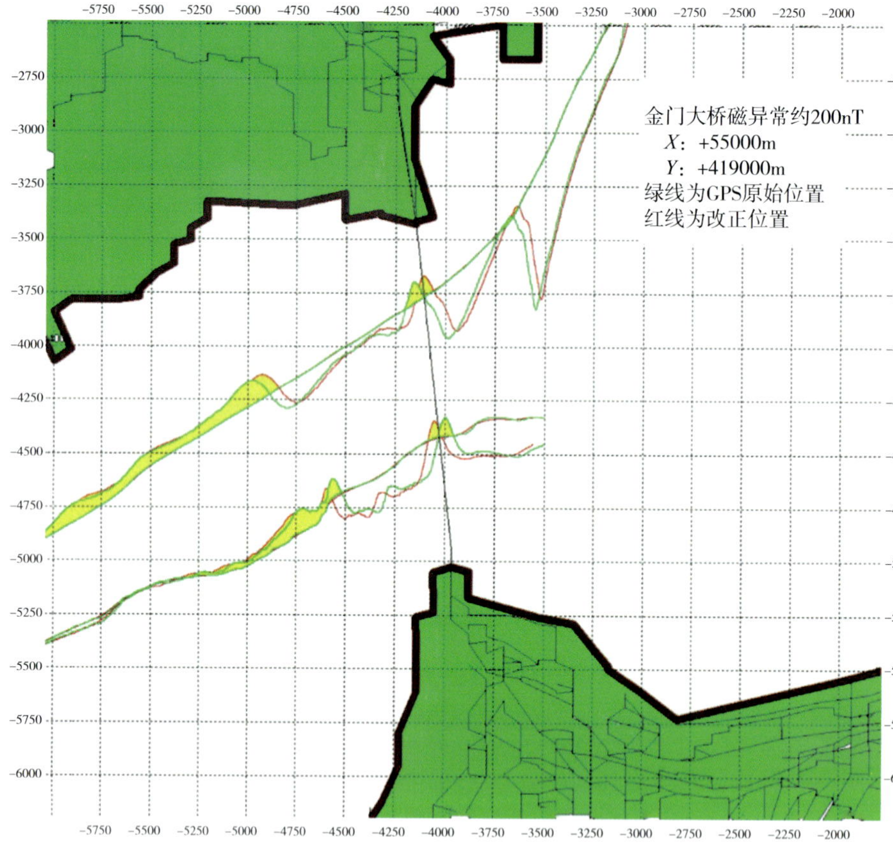

金门大桥磁异常约200nT
X：+55000m
Y：+419000m
绿线为GPS原始位置
红线为改正位置

图 7-1-6　金门大桥磁异常探测结果

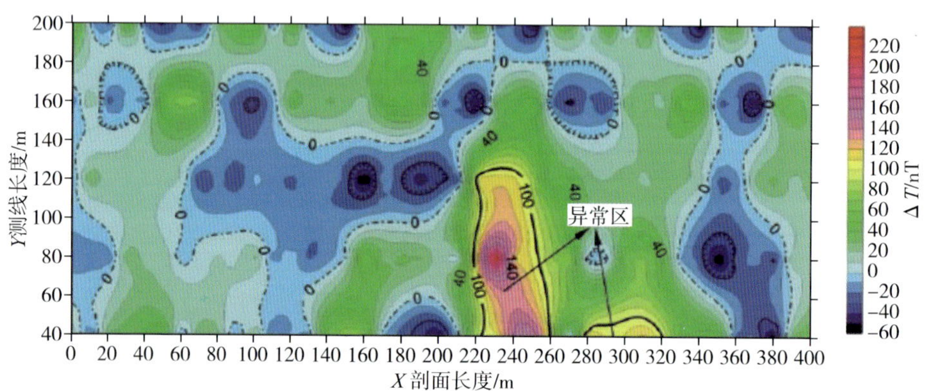

图 7-1-7　垃圾掩埋区域磁异常等值线图